深度思考

人工智能的终点与人类创造力的起点

加里·卡斯帕罗夫（Garry Kasparov）/ 著

集智俱乐部 / 译

Where Machine
Intelligence Ends and
Human Creativity Begins

DEEP
THINKING

中国人民大学出版社
·北京·

导　言

　　那是汉堡的 1985 年 6 月 6 日，天朗气清，棋手们却没有闲情去享受这样的天气。当时，我正在一个拥挤的礼堂中，礼堂里的桌子排成圆圈，桌子上摆放着 32 张棋盘。每张棋盘对面都有一位对手，当我到这张棋盘前的时候，他会迅速落子，这种模式被称为"车轮战"。众所周知，车轮战是几百年来的业余爱好者挑战世界冠军的主要方式，但是这次的车轮战是独一无二的。因为我的每位对手，所有的 32 位，都是计算机（电脑）。

　　我从一台机器前走到下一台前，持续移动了 5 个多小时。在这次对垒中，四家顶尖的国际象棋计算机制造商派出了它们最先进的产品，其中 8 台来自电子公司 Saitek，写着名为"卡斯帕罗夫"的商标。一位组织者语带警告地提醒我，与机器对弈是不一样的，因为它们永远都不像人类棋手那样会疲劳或投子认输；它们会坚持到最后一刻。但我喜欢这种有趣的新挑战，也喜欢它所引来的媒体关注。那年我 22 岁，而且到年底，我将成为历史上最年轻的国际象棋世界冠军。我无所畏惧，在这种情况下，我的自信力充分。

这次挑战的结果证明，当时计算机的国际象棋水平不足为虑，至少对国际象棋职业选手无法构成威胁。虽然我一度面临不利，但仍取得了 32∶0 的完美比分，赢得了每场竞赛的胜利。我感觉自己在与某台"卡斯帕罗夫"机对弈的过程中，一度遇到了麻烦。如果这台机器能在我这里获胜或平局，人们就会觉得我有意为这家公司扬名而放弃了竞赛，所以我必须加倍努力。最终，我发现了一种使用弃子迷惑计算机的方法，这种方法能保证我完胜。从人类的角度看来，或者至少是在这场竞赛中代表人类的我的角度看来，这是人机对弈的旧日美好时光。但这个黄金时代却是如此残酷地短暂。

12 年后，为了捍卫我的国际象棋生涯，我在纽约仅与一台机器对弈，这是一台价值 1 000 万美元、绰号"深蓝"的 IBM 超级计算机。这场较量，实际上是一场重赛，成为历史上最著名的人机竞赛。《新闻周刊》（Newsweek）的封面文章称之为"人脑的终极之战"，许多书籍将其与奥维尔·莱特（Orville Wright）的首次飞行和登月计划相提并论。这种说法固然是夸张的，但这场竞赛在我们人类与智能机器爱恨交织的关系史上，应该有一席之地。

时光飞逝，20 年后的今天，也就是 2016 年，你可以下载数之不尽的免费国际象棋应用到手机里，这些应用可以碾压任何人类特级大师。因此，你可以很容易联想到这样的场景：一个机器人，像我当年在汉堡那样，流连于棋盘之间，获得与世界上最优秀的 32 位人类棋手同时对弈的胜利。人机对弈的棋局已经逆转，就像我们人类与自身技术的永恒竞赛经常呈现的局面那样。

神奇的是，如果真有一台机器在一个坐满人类职业选手的房间进行车轮对决，那么它实现从一个棋盘位到另一个棋盘位的物理移动，比实现落子计算的难度还要高。尽管科幻小说中，出现外观和行为接近人类的自动机器已有百年之久。考虑到今天已由机器人完成的所有体力劳动，可以客观地说，相比复制人类的运动能力，机器人在复制人类思想上取得了更大的进展。

根据人工智能和机器人专家们所称的"莫拉维克悖论"（Moravec's paradox），在国际象棋及其他许多领域，机器所擅长的事就是人类较弱的，反之亦然。1988 年，机器人专家汉斯·莫拉维克（Hans Moravec）写道："要让计算机在智力测试中展现出成人水平或者学会玩跳棋相对容易，但要让计算机在知觉和移动方面具备与一岁幼童相当的技能很困难甚至不太可能。"[1] 当时我并不了解这些理论，从 1988 年的情况来看，让人工智能攻克跳棋而不是国际象棋是一种保险的做法，但 10 年后，显然国际象棋也应当被列入被攻克的名单了。国际象棋特级大师们在洞察布局和战略规划方面表现优异，这两方面都是机器的弱点。然而机器能在几秒内计算出最优的战术组合，即使是最强的人类选手，研究出这些战术组合也需要几天时间。

在我与深蓝的人机竞赛得到广泛关注之后，人机之间悬殊的计算能力使我有了开展实验的想法。这个想法可以概括为"如果不能击败它们，那么就加入它们"，即使 IBM 不参加，我也希望能够继续进行计算机国际象棋实验。因为我想知道：如果人与机器一起合作而不是作为对手，会发生什么？我的这个想法在 1998 年西班牙莱昂举行的一场比赛中被付诸实践，我们称这场比赛为"高级国际象棋比赛"。在比赛中，每位选手身边都有一台运行着自己中意的国际象棋软件的个人电脑。这样做是为了创造有史以来最高水准的国际象棋赛事，结合了人与机器的优点。然而，随后我们发现，事情并没有像计划的那样发展，但这种"半人半机"另类竞赛的有趣结果使我确信，在人类认知与人工智能领域，国际象棋仍然会有许多用武之地。

我并非这种信念的首倡者。早在会下国际象棋的机器能够被制造出来之前，它就一直是圣杯（holy grail）一样的存在了。当它终于进入现实科技所能掌握的范围之内时，我机缘巧合地成为拿到圣杯的那个人。实际上，逃避还是拥抱这场新的挑战，我根本没有选择。我怎么能够抵抗它的诱惑？这是一个向普罗大众推广国际象棋的机会，甚至比博比·菲舍尔（Bobby Fischer）与鲍里斯·斯帕斯基（Boris Spassky）冷战时期的对决，以及我与阿纳托利·卡尔波夫（Anatoly Karpov）的世界冠军争霸赛更有影响力。这种人机竞赛有潜力吸引一大堆财力雄厚的赞助商，特别是科技公司。英特尔在 20 世纪 90 年代中期赞助了一期大奖赛，以及我与维斯瓦纳坦·阿南德（Viswanathan Anand）1995 年在世界贸易中心顶层的世界冠军赛。因此，我感受到不可抗拒的好奇心。这些机器真的能下出世界冠军级别的国际象棋吗？它们真的会思考吗？

早在制造智能机器的技术构想出现之前，人类就梦想着它们。在 18 世纪晚期，有一台名叫"土耳其人"（Turk）的国际象棋机器被认为是那个时代的奇迹。它通过一个木质雕刻的人物移动棋子，最出人意料的是，它下棋的水平很高。在 1854 年毁于火灾之前，"土耳其人"在欧洲和美洲的巡回展出受到了极大的好评，据说它击败了著名的国际象棋爱好者拿破仑·波拿巴（Napoleon Bonaparte）和本杰明·富兰克林（Benjamin Franklin）。

当然，这只是一个骗局；"土耳其人"的内部柜子里有一个人，它的桌子下隐藏着一组设计精巧的滑动面板和机械结构。颇具反讽意味的是，今天的国际象棋比赛也受到了选手作弊行为的困扰，这些选手使用强悍的计算机程序来击败他们的人类对手。他们被发现使用复杂的信号设备与同伙交流，比如帽子上的蓝牙耳机或鞋子中的电子设备，或者直接躲在洗手间里使用智能手机。

第一个真正的国际象棋程序其实早于计算机的发明，写这个程序的不是别人，正是艾伦·图灵（Alan Turing），这个破译纳粹恩尼格玛密码（Nazi Enigma code）的英国天才。1952年，他自己充当中央处理器，在纸带上运行了一个国际象棋算法，这个"纸带计算机"能够玩对抗赛。这种联系超越了图灵个人对国际象棋的兴趣。国际象棋长久以来一直被看作人类智慧的独特象征，因而建造一个可以打败世界冠军的机器也许就是在建造一个真正具有智能的机器。

图灵的名字与"图灵测试"（Turing test）永远联系在一起，图灵测试是一个思想实验，后来变成了现实。图灵测试的实质在于：计算机是否可以欺骗人类，让人产生它就是人类的想法；如果答案是"是的"，那么就可以说它通过了图灵测试。早在我与深蓝对弈之前，计算机就已经可以通过"国际象棋图灵测试"了。尽管它们依然表现拙劣，而且经常下出绝对非人类的棋路，但是有一些计算机之间的对决即便放在人类的高水平比赛中也毫无违和感。不过随着机器年复一年的越来越强，人们也越来越清晰地意识到，比起人工智能的本质，国际象棋程序其实更多的是让我们了解到了国际象棋的局限。

你不能说这场已经持续了45年之久的、举世瞩目的国际象棋机器研究高潮要草草收场了，只是事实证明，制造一台强大的会下国际象棋的计算机与创造一台图灵及其他人梦寐以求的、像人类一样会思考的机器，并不是一回事。深蓝被赋予智能的方式，与可编程闹钟被智能化的方式并无二致。虽然输给一台价值1 000万美元的闹钟并不会让我感觉好受一些。

研究人工智能的人们也是一样，他们对这些成果及其取得的关注感到高兴，但是深蓝并不是前辈们在几十年前梦想着创造一台能够打败国际象棋世界冠军的机器时真正想要实现的东西，这个事实让他们沮丧。他们得到的不是一台具备人的创造力和直觉、会像人一样思考和下棋的计算机，而是一台像机器那样运行、每秒可以系统地评估多达两亿个可能的棋步并通过暴力计算能力获胜的计算机。这无论如何都不是在贬低深蓝所取得的成就。毕竟，这是人类的成就。所以在一个人输掉比赛的同时，人类还是获得了胜利。

比赛中的紧张气氛令人难以忍受，再加上 IBM 方面可疑的举动和我作为人类的疑心，赛后我并没有心情去做一个有风度的失败者。在这里补充一下，我从来都不是一个好的失败者。我相信伟大的冠军棋手并不适合轻易接受失败——当然我的情况就是如此。我笃信公平竞赛的原则，然而，我觉得这正是 IBM 蒙骗我和旁观大众的地方。

我承认，20 年来首次重新审视与深蓝之间那场让我声名狼藉的比赛的方方面面并不容易。20 年来，关于我与深蓝的那场较量，我几乎完全成功地避免了去讨论大家已知之外的事情。[2] 有很多关于"深蓝"的书，但这是第一本包含所有事实真相的，也是唯一一本基于我的视角讲述的书。除了痛苦的回忆，这也是一段有启发的、有益的经历。我的伟大导师米哈伊尔·博特温尼克（Mikhail Botvinnik）——第六位国际象棋世界冠军——总是教导我要寻求每一步落子的本质。最终找到深蓝的本质令我感到满足。

我的国际象棋职业生涯和在人—机认知领域的研究，并没有随着深蓝而结束，这本书也并非其终点；事实上，这本书只是它们的全新开始。像我之前那样与计算机进行正面交锋并不是人—机关系的标准样板，尽管它是一种象征，代表着这场人与人造物之间，每天发生的、在许多方面持续进行的、既合作又竞争的奇异竞赛。与此同时，我的高级国际象棋实验也在互联网上蓬勃发展，在这里人与计算机合作的团队之间相互竞争，取得了显著的成果。计算机智能的提高是取得成功的关键因素，但选择更优的人机协同工作策略则更加重要。

人—机认知领域的研究，使我有机会造访像 Google、Facebook 和 Palantir 这样以机器算法安身立命的公司。当然，还有一些出乎意料的邀请函，其中一份来自世界最大的对冲基金的总部，在那里机器算法每天可能会造成数十亿美元的损益。在那里，我遇到了 IBM 机"沃森"（Watson）创造团队中的一名成员，沃森参加过《危险边缘》（Jeopardy）的节目，被称为"深蓝的接班人"。还有一次，我去澳大利亚参加一个面向银行管理层的研讨会，讨论人工智能对金融行业可能产生的影响。这些人对人工智能的关注点各不相同，但他们都希望能够站在这场机器智能革命的前沿，或至少不被甩在后面。

多年来，我一直都有机会向商界人士发表讲话，这些讲话通常都会围绕诸如企业战略、如何改进决策过程之类的主题展开。但最近几年，我接到越来越多讨论关于人工智能和我称之为"人—机关系"的邀请。除了分享我的观点，这些活动让我有机会近距离聆听商业圈对智能机器的关注点。因此，这本书的大部分内容都致力于阐述这些问题，并将其中的必然事实与猜想、夸大其词区分开来。

2013 年，我很荣幸地成为牛津大学马丁学院的高级访问学者，在那里我有机会与一群杰出的专家共事。在牛津，人工智能既是哲学命题也是技术课题，我喜欢这种跨领域的尝试。这个被牛津命名为人类未来研究所的研究机构，是合作推进人—机关系前沿发展的理想场所。在这本书中，我希望能向你们介绍一些复杂的、往往晦涩难懂的专家研究、预测和意见，并且以翻译和向导的角色，向读者介绍它们的现实意义，当然，这种解说也会长期增长我自己的见解和问题。

我将人生大部分的时间都花在思考人类如何思考这个问题上，而且我认为这将是研究机器如何思考，以及它们欠缺什么的坚实基础；接下来，这种洞察也有助于我们了解到目前为止机器可以做什么及不能做什么……

19 世纪的约翰·亨利（John Henry）是传奇的非裔美国人，被称为"金属驾驭者"，在开凿岩石山体隧道的过程中，他与一架新发明的蒸汽驱动的大锤展开了竞赛。人们将我视为国际象棋和人工智能领域的约翰·亨利，对我来说既是祝福也是诅咒，因为在我位列世界顶级棋手的这 20 年间，计算机的国际象棋水平从弱得可笑发展到几乎不可战胜。

正如我们看到的那样，这是一个在几百年间不断重复的模式。曾经，对于企图以笨拙、脆弱的机器代替马和牛力量的尝试，人们报以讥讽；对于憧憬通过坚硬的木头和金属复制鸟类飞翔能力的想法，我们嗤之以鼻；然而，我们最终不得不承认，没有什么体力劳动不能被机器替代或超越。

　　现在人们普遍认为，这种不可阻挡的前进步伐是值得庆贺的，而不应恐惧它，虽然人们在这方面的表现常常是进两步、退一步。每当机器侵入新的领域时，恐慌和怀疑的声音就开始浮现，如今社会的这些声音越来越大。产生这种情况的部分原因是被取代的人和产业不同于以往。毕竟当初汽车和拖拉机出现的时候，马和牛不能够给报纸编辑写信。干粗活的劳动者也缺乏发声的能力，他们通常被认为幸运地从艰辛的劳作中得到了解放。

　　纵观 20 世纪的这几十年，有数不清的工作岗位消失或被自动化技术所改变。整个行业快速湮灭，人们甚至没有时间发出一声叹息。20 世纪 20 年代，电梯操作员的工会曾有超过 17 万名成员，就像 1945 年 9 月在纽约发生的那样，他们能够通过罢工使城市瘫痪，但正因为如此，当自动电梯在 50 年代开始取代他们的工作岗位的时候，没有多少同情的声音。当时的情况，就像美联社（Associated Press）所报道的那样："（因为他们的罢工）数以千计的人们，艰难地攀爬着似乎无穷无尽的楼梯，甚至在全球最高楼帝国大厦也不例外。"[3]

　　想象到这些情景，你可能会说自动电梯技术生逢其时。然而，对无操作员自动电梯的担心，与我们今天听到的，对无人驾驶汽车的忧虑非常相似。事实上，当 2006 年，我被邀请到位于康涅狄格州的奥的斯电梯公司（Otis Elevator Company）参观时，我了解到一些意料之外的事情：其实，自动电梯技术 20 世纪初就已经存在，只是由于人们对没有操作员的电梯感到不安、拒绝搭乘而被束之高阁。1945 年电梯操作员大罢工和行业公关的长期努力，改变了人们的看法，同样的过程已经在无人驾驶汽车行业开始上演。这是一个从自动化出现，人们感到恐惧到最终被接受的循环。

　　当然，对旁观者来说自动化带来了所谓的自由和原有秩序的崩解，但对行业内劳工而言，自动化意味着失业。发达国家中受教育程度高的阶层长期以来都享受着向他们的蓝领兄弟灌输未来自动化世界荣耀的特权。服务业从业人员在街区工作了几十年后，他们友善的面孔、人性的声音和娴熟的手法都被自动柜员机、复印机、电话网和自助结账流水线所取代。机场使用 iPad 替代了餐饮服务员。大量的呼叫中心在印度刚刚出现，自动化的算法就已经开始取代它们了。

让数百万的冗余劳工"重新培养信息时代的技能"，或者让他们"加入创新型企业经济"，说起来比做起来难太多。谁又能知道所有的这些新培训会在多长时间之后变得毫无价值？现在还有什么职业是"计算机不能取代"的呢？现在脑力劳动者阶层的情况也发生了转变，机器终于冲着白领、大学毕业生和决策者来了。机器取代他们只是时间问题。

约翰·亨利赢得了与机器竞赛的胜利却不幸当场丧命，"锤子依然在他手上"。我幸免于类似的命运，而且人们仍然下国际象棋，事实上现在下国际象棋的人比以往任何时候都多。那些末日预言家们声称计算机统治的游戏没人玩的论断已经被推翻。其实想到我们还在玩许多更简单的像井字棋、跳棋这样的游戏，这种论断的真伪就显而易见了。关于新技术的末日预言一直都是人群中流行的娱乐话题，仅此而已。

我依然是乐观的，或许因为我从未在这种机器替代物上找到很多的优势。人工智能正在向改变我们生活每一部分的方向迈进，这种现象是从互联网诞生以来，或许是自从电力代替畜力以来，所不曾见的。任何强大的新技术都有其潜在危险，我当然不会回避讨论这些危险；从史蒂芬·霍金（Stephen Hawking）到埃隆·马斯克（Elon Musk），许多知名人士都表达了他们对于人工智能作为一种危及人类生存的潜在威胁的恐惧。专家们不会那么容易陷入警钟长鸣的状态，但他们也很担心。如果人编程某台机器，人类会知道它的能力范围。但是如果机器能对自己编程，谁知道它会做什么？

到处都是自助值机设备、到处都是摆满了 iPad 的餐馆的机场，在漫长的安检线上，雇用了数以千计的人类员工（大多都使用机器）。是因为他们可以做机器做不了的事情吗？或者，像操作电梯或驾驶汽车那样，在刚开始我们并不信任机器去做可能让人类生命陷入危险的工作？在人类操作员被替换之后，电梯运行变得更加安全了。在杀死人类的能力方面，即使是《终结者》（Terminator）系列电影中那个令人厌恶的天网，也比不上车辆事故中导致我们自己丧生的人类驾驶员。超过 50% 的飞机坠毁事故可以归结为人为错误，尽管总体而言，航空旅行因为自动化程度的提高而变得更加安全了。

换言之，自动防故障装置是必需的，但勇气也不可或缺。20 年前，当我与深蓝隔桌而立的时候，我感觉到了一些新的令人不安的东西。当你第一次乘坐无人驾驶车，或者你的新计算机老板第一次在工作中发出命令时，你也许会有类似的感觉。我们必须直面这些恐惧，才能充分利用技术，最大程度地发挥潜能。

许多今天看来最有前景的工作，在 20 年前甚至并不存在，这种趋势将会持续并不断加速。移动应用开发者、3D 打印工程师、无人机驾驶员、社交媒体经理、基因咨询师……这些都是近年来才出现的职业，而且只是一小部分。虽然各行各业对专家的需求一直存在，但机器智能的发展让采用新技术创造新事物的门槛不断降低。这意味着那些职位已经被机器人所取代的人不必再接受大量的重复性训练，这是一个让我们摆脱日常重复劳动、学会利用新技术发展生产的良性循环。

使用机器代替体力劳动，让我们能更加专注于人的特质：我们的思想。随着时间的推移，具有智能的机器将继续这一过程，接管更多低层次的认知活动，从而在创造力、好奇心、美丽和快乐等方面，提升我们的精神生活层次。使我们真正成为人类的正是这些特质，而不是那些特定的活动或技能，比如挥动锤子或者下国际象棋。

第 1 章

智力游戏

国际象棋的历史非常悠久，以至于我们不是完全清楚它的起源。目前最普遍的观点是将古印度的恰图兰加（chaturanga）游戏视为国际象棋的前身，其可上溯至公元6世纪以前。后来该游戏被传到波斯，在阿拉伯国家流行，之后被摩尔人带到了欧洲南部。到了中世纪晚期，欧洲贵族将其标准化，并出现了许多棋谱。

15世纪末，欧洲人扩大了后（queen）和象（bishop）的行动范围，使得游戏更加灵活多变，国际象棋最终成型，成为我们今天所熟知的样子。除了一些小规则被标准化以外，18世纪国际象棋的玩法大部分与今天相同，一些古老的规则、局部换子的方法仍然存在。在这悠长的历史中，历代国际象棋大师们的每一步行动、每一次辉煌和每一次失误被完美地保留在象棋符号中，就像琥珀留存动植物的印迹一样。

这些重量级玩家对国际象棋的发展起到了非常重要的作用，但历史和实体遗存起到的作用不可被忽视，比如12世纪由海象牙雕刻而成的路易斯岛的棋子、1500年波斯的伟大诗人鲁米（Rumi）的诗集插图中所展示的国际象棋玩家、1474年由威廉·

卡克斯顿（William Caxton）出版的第三本以英文印刷而成的书《国际象棋游戏》（*Game and Playe of the Chesse*）、拿破仑的私人棋谱。由此你便开始理解为什么国际象棋迷反对将国际象棋仅仅当作一种游戏。

国际象棋的悠久历史和广受欢迎不足以解释其为什么是独一无二的文化遗产，而这些全球范围内的遗存恰恰可以证明这一点。我们当然无法精确地知道有多少人经常下棋，但利用现代抽样方法进行一系列广泛调查之后，可以估算出有数亿人。国际象棋在每个大洲都很受欢迎，尤其是在它传统上就流行的前苏联地区国家和因前世界冠军维斯瓦纳坦·阿南德的成功而变得热门的印度。[1]

每年我大部分时间都在出差，而我个人的且很不科学的调查方法是观察我出差时在公共场所被认出的频率。我现在居住在纽约，在美国我经常能若干天不被认出来，而那些认出我的人往往来自东欧。不管是好事还是坏事，国际象棋冠军可以很安心地走在美国的大街上，不必担心索要签名的人和狗仔队。然而我在新德里作演讲时，在酒店遭到了国际象棋粉丝的围堵，酒店不得不保护我的安全，所以我难以想象他们的全民偶像阿南德出现时会是什么样子。

国际象棋在苏联盛极一时，那时人们会聚集在火车站或机场向国际象棋冠军欢呼，而现在其只在亚美尼亚较盛行，这个仅有 300 万人口的国家，其国际象棋国家队有着惊人的金牌获得率。尽管我有一半的亚美尼亚血统，但没必要用血统来解释亚美尼亚的成功。事实上，当一个社会倡导某类事物时，无论是通过习俗还是法令，相应的结果都会随之而来，国家宗教、传统艺术、国际象棋等莫不如是。

"为何国际象棋是这样？"这个问题能否从这个游戏自身的固有属性中找到答案呢？国际象棋中战略与战术的交融以及预判、灵感和决心的融合所体现的独特魅力是不是该问题的答案呢？说实话，我不这样认为。实际上，随着整个社会几个世纪的演变，国际象棋也随着周围环境的变化而变化，就像达尔文雀一样。例如，文艺复兴时期人们思想进步，浪漫的玩家们为这个游戏注入了更多活力，促进了国际象棋的发展。另外，有人认为人在心理上会更乐于接受国际象棋 8 乘 8 的棋盘，而不是 9 乘 9 的将棋棋盘和 19 乘 19 的围棋棋盘。这是一个有趣的想法，但我们真的只需要了解在启蒙运动时期，世界联系日益密切如何导致从单词拼写到啤酒配方再到国际象棋规则等都被标准化。如果 1750 年左右流行 10 乘 10 棋盘的话，我们今天可能就沿用它了。

　　通常会有一种观点认为，下棋下得好代表着智力水平高，无论对人类棋手还是机器棋手都是这样。作为一名年轻的国际象棋世界冠军和明星，我个人经历过这种看法，它也给许多人带来了副作用。我们这些精英棋手确实有很好的记忆力和集中精力的技巧，但大家对我们也有不少正面的和负面的误解。

　　国际象棋下棋技巧和一般意义上的智力之间的联系其实是很弱的。事情的真相顶多只是所有国际象棋棋手都是天才，而并不能说所有天才都会下国际象棋。实际上，国际象棋之所以如此有趣，还在于人们无法精确地区分优秀的国际象棋选手和伟大的国际象棋选手之间的区别。最近已经有研究试图通过精密的脑部扫描来揭示非常厉害的棋手们最依赖大脑的哪些功能，尽管心理学家们已在数十年间通过一系列测试对这个问题作出了广泛的分析。

　　到目前为止，所有这些研究的结果都证实了人类国际象棋具有妙不可言的性质。对弈的开局阶段对职业棋手来说主要是研究和回忆。我们会根据自己的偏好和之前对对手的了解，从我们的记忆库中来选择开局方式。在走棋回合中，似乎涉及更多处理视觉空间信息的脑活动，而不是解数学题那种计算类的脑活动。这就是说，我们实际上是在对走棋和落子做可视化处理，尽管这并不是以形象化的方式进行的，就像许多早期研究者们所假设的那样。棋手的水平越高，他们表现出来的模式识别能力和将信息"打包"以便回忆的能力就越强，专家将这类信息"包"（packaging）称为"组块"（chunking）。

　　接下来就是评估阶段了，我们要去理解和评估我们所看到的局面。具有同等实力的不同棋手往往对同一局面的看法大相径庭，并会给出完全不同的走法和策略。这是一个足够涵盖各种各样的风格、创意、辉煌的广阔的空间，当然，也包括重大失误。所有对棋局的看法和评估都必须通过计算来验证，这种计算，就是新手所依赖的"我下在这里，他走那里，我再下到那里"的机制，许多人错误地认为这种机制就是国际象棋的全部。

　　最后是执行阶段，走一步必须决定一连串的行动，还要决定什么时候作决定。在正式的国际象棋比赛中，时间是有限的，所以走一步你要用多久？是 10 秒还是 30 分钟？时间一分一秒地流逝，而你的心在与它赛跑！

　　一场高水平的国际象棋比赛会持续六七个小时，压力很大，而以上所有事情无时无刻不在发生着。与机器不同，我们还必须时刻处理身体和情绪上的反应，这些反应包括由落子带来的担心和兴奋、身体的疲倦和饥饿，以及被浮现在意识中的日常生活所分散的注意力。

歌德（Goethe）借笔下的人物称国际象棋为"智力的试金石"[2]，而苏联的百科全书将国际象棋定义为一种艺术、一门科学和一项运动。马塞尔·杜尚（Marcel Duchamp）自己就是一名厉害的棋手，他表示"我个人认为，虽然艺术家不一定都是国际象棋棋手，但国际象棋棋手都是艺术家"。脑部扫描将进一步揭示下棋过程中大脑如何工作，甚至能得到让一个人变成优秀棋手的方法。但我仍然相信，只要我们喜欢艺术、科学和竞赛带来的乐趣，我们就会继续喜欢国际象棋并尊崇它。

由于互联网传播传奇故事谣言的能力无与伦比，我已经被大量关于我智力水平的错误信息轰炸。在虚构出的"历史上智商最高的人"的名单里，我在阿尔伯特·爱因斯坦（Albert Einstein）、史蒂芬·霍金（Stephen Hawking）两人中间，他们参加过智商测试的次数可能和我一样：0。1987 年，德国《明镜周刊》（Der Spiegel）派出的一小组专家在巴库的一家酒店里用不同方式对我的脑力进行了大量测试，其中一些测试是专门针对我的记忆力和模式识别能力设计的。

我既不清楚也不在乎这次智商测试有多正式。国际象棋测试证明我确实很擅长国际象棋，记忆测试证明我有良好的记忆力，这些并非秘密。但他们告诉我，我的短板是"图形思维"，这一点在我用铅笔将点连成图案的任务中得到了证明，我一度难以下手。我不知道当时我脑中想了什么或没有想什么，但我仿佛看不到那些点了，我难以激励自己去完成这项任务，这种表现我在我女儿阿伊达（Aida）做作业的时候也从她身上看到过。

《明镜周刊》问我，我这个世界冠军和其他高水平棋手有何不同？我回答道："接受新挑战的意愿。"[3] 今天我也会作出同样的回答。当你已经是某一领域的专家时，这种不断挑战新事物（比如不同的方法、艰巨的任务）的意愿正是区分"好"和"伟大"的标志。你的巅峰表现集中体现在你的优势上，但改进你的短板有让你最大化收获的潜力。无论是运动员、高管还是整个公司都是如此。当你已经做得很好的时候，维持现状的诱惑可能很难克服，它会让你停滞不前，所以离开舒适区去冒险吧！

所有"天才"创造的神话都令人激动，不过它们更像是对国际象棋本身的赞美。

几百年来，人们将国际象棋大师视作艺术家和天才来表达对他们的赞誉。1782 年，法国优秀棋手弗朗索瓦-安德烈·达尼康·菲利多尔（François-André Danican Philidor）在蒙上双眼的情况下同时进行了两场对弈，他因这无出其右的智力水平而被世人称道。正如当时一家报纸所描述的那样，"人类历史上不可磨灭的印迹，这件事应该作为展示人类记忆力的最佳样本被载入史册，直到人类不再有记忆的那一刻。"[4] 菲利多尔在他那个时代当然非常厉害，但其实任何有能力的棋手只要稍加练习，都能不看棋盘同时进行两场对弈。如今蒙眼同时对弈这一项目的世界纪录不断被刷新，最新官方纪录是 46，该纪录是由德国一名大师级棋手创造的[5]。

无论国际象棋起源于哪里，它始终是智力和战略思维的象征，它的引申义还广泛流行于政治、战争、各种运动乃至情感纠葛等方面。也许每当橄榄球教练用"在那里下国际象棋"比喻橄榄球比赛场面时，或人们用"三维国际象棋"来形容常见的政治斡旋时，国际象棋棋手应该向他们收取费用。

流行文化也一直将国际象棋视作智力和战略思维的标志。好莱坞明星亨弗莱·鲍嘉（Humphrey Bogart）和约翰·韦恩（John Wayne）都是国际象棋爱好者，他们在台前幕后都会下几盘棋。我最喜欢的一部詹姆斯·邦德（James Bond）系列电影《来自俄罗斯的爱》（From Russia with Love）中有许多国际象棋的镜头。在电影的开头部分，邦德的同事向他发出警告："这些俄罗斯人是优秀的国际象棋棋手。当他们想实现一个阴谋的时候，他们会执行得非常出色。这场竞逐经过精心策划，敌人的策略就是如此。"

冷战结束后，俄罗斯不再以反面形象出现在电影中了，但流行文化对这一古老的棋盘游戏的青睐还没有结束。如今许多著名电影都突出了国际象棋的场景。《X 战警》（X-Men）中 X 教授和万磁王曾在棋盘两边对弈。《哈利·波特》（Harry Potter）中出现的巫师棋的片段让人联想到《星球大战》（Star War）里 C-3PO 和楚巴卡之间下棋的场景。甚至《暮光之城：破晓》（Breaking Dawn）中那些迷人的吸血鬼也在下棋。

可以下棋的机器在文艺作品中也占据重要地位。在 1968 年上映的斯坦利·库布里克（Stanley Kubrick）导演的电影《2001：太空漫游》（2001：A Space Odyssey）中，计算机哈尔 9000 在与弗兰克·普尔（Frank Poole）的对弈中轻松取胜，预示着计算机最终会杀死他。库布里克喜欢国际象棋，所以电影中棋盘布局来自历史上的一场真实的比赛，《来自俄罗斯的爱》开场也是如此。亚瑟·克拉克（Arthur Clarke）小说版的《2001：太空漫游》中并没有描写对弈，但里面提到如果哈尔的能力得到充分发挥，它能轻易地击败船上任何一个人，但这会带来不好的情绪，所以它被设定为只有 50% 的概率获胜。克拉克补充道："它的人类伙伴假装不知道这件事。"

广告商们会被要求展现品牌的优势，这里我们再次看到国际象棋被习惯性地视为优胜者的象征。在银行、咨询公司、保险公司的广告中经常出现国际象棋，那么它出自现在本田货车、宝马汽车、在线交友网站的广告中怎么解释？当你考虑到在美国大约只有 15% 的人口下国际象棋时，可见其文化势能是无与伦比的。

然而，国际象棋棋手在人们心中也有一种消极的刻板印象，仿佛他们的大脑是以牺牲情商为代价才培养出了高超的处理能力。的确，国际象棋可以成为安静的人的避难护所，他们喜欢与自己的思想为伴，显然国际象棋不需要团队合作和高超的社交技能。尽管 21 世纪已经是技术的世纪，硅谷成为技术的圣地，"极客"和怪才们用智慧掌控世界已成为常态，但尤其在美国，反智主义浪潮仍然此起彼伏。

无论你同意与否，对国际象棋和职业棋手的盲目推崇大部分都源于对国际象棋缺乏了解。相对而言，很少有西方人下国际象棋，更少的人知道规则以外的东西。诸如投骰子、洗牌抽牌是有随机因素的游戏，我注意到那些没有随机因素的游戏通常被认为很难，甚至被视作工作而不是放松的娱乐活动。国际象棋没有运气的成分，它是一场完全信息博弈，对弈过程中双方始终知道布局的所有信息。在国际象棋中没有失败的借口，没有臆测，也没有棋手不可控的因素。

正是这些原因，国际象棋对棋艺的要求非常严格，对于那些没有棋逢对手的新手来说非常不友好，毕竟没有人想浪费时间，就像哈尔的程序员所想的那样。扑克和双陆棋虽然也需要技巧，但它们的运气成分足以让每一个玩家在每一场比赛中都有输的可能，而国际象棋不会这样。

计算机、手机和网络在线的国际象棋游戏在一定程度上解决了这个问题，这些游戏每时每刻都有各种级别的对手供玩家选择，新型在线国际象棋游戏总能让玩家找到对手进行直接对弈。如果你在线下棋时无法确定对手是计算机还是人，那么它还可以被视作有趣的国际象棋图灵测试。大多数人在和人类对手对弈时会更加投入，而面对计算机对手时，即使计算机的下棋水平被调低，人们也会觉得和它们下棋没有什么效果。

尽管现在国际象棋程序已强大到很难说出其与人类特级大师之间的差别，但想制造一台低水平的国际象棋计算机却被证明是很难的。在同一场比赛中，这样的程序倾向于在强大的棋步和荒唐的失误之间切换。有些讽刺的是，之前半个多世纪人们致力于制造出地球上最厉害的国际象棋计算机，如今程序员们却更头痛该如何让它们表现得差一些。不幸的是，亚瑟·克拉克并没有给出任何关于通过编程让哈尔变成平庸之辈的线索。

从某种角度看，当我们靠运气取得一场游戏的胜利时所产生的喜悦和自豪有些荒诞，不是吗？我想，希望一直好运相伴获得无所谓值得不值得的、出乎意料的成功是人之天性，人人都喜欢失败者。然而，"有好运比做得好更好"一定是人们说出的最可笑的话了。在几乎所有竞争性的尝试上，你必须极其优秀，运气才有可能派上用场。

在 1985 年我成为世界冠军之前，我就已经致力于改善国际象棋在西方世界的形象，我会站出来反驳那些对于国际象棋及棋手的负面刻板印象。我知道以我自己为例会非常具有说服力，所以在采访中或新闻发布会上，我有意识地展示自己在国际象棋之外的兴趣爱好，以呈现自己丰满立体的形象。这并不困难，因为在各领域中我对历史和政治尤其感兴趣，但主流新闻里关于我的文章仍然选取刻板的视角，把我和其他国际象棋特级大师塑造成了异类，而非在某领域有特殊才能的普通人。

这些做法有现实的考虑，也有社会因素的作用，文化传统的改变事实上非常缓慢。无论好坏，在西方，国际象棋常常被划分为慢速的、困难的游戏，是为聪明人和书呆子乃至与世隔绝的怪人准备的。随着学校国际象棋推广计划的开展，这种观念在大众层面不攻自破。毕竟，六岁孩子很容易学会并享受的游戏怎么会是困难和枯燥的呢？

我所成长的苏联官方将国际象棋提升为一种全民休闲活动，在那里国际象棋并不神秘，而更多地被视为一种专业运动。苏联的国际象棋特级大师和教练都备受尊敬和过着体面的生活。几乎每一位公民都会下棋，而庞大的基数就意味着能发掘出更多顶尖的国际象棋人才，进而给予他们特别的训练。这种传统在沙皇时期就已经根深蒂固了，而十月革命后，布尔什维克党为了在新生的无产阶级社会中传播价值观，也高度重视国际象棋的发展。早在 1920 年，为了让优秀的国际象棋棋手参加在莫斯科举办的第一届苏俄国际象棋冠军赛，他们被免于服兵役，不必去前线参加内战。[6]

几年后，约瑟夫·斯大林（Joseph Stalin），虽然并非国际象棋棋手，但为了向国际展示苏联人的良好形象，从而证明培养他们的体制的优越性，继续大力发展国际象棋。虽然我不同意这样的结论，但不可否认，苏联在国际象棋领域称霸全球几十年，在 1952—1990 年间的 19 次国际象棋奥林匹克比赛中获得了 18 次金牌[7]。从 1948 年的第二次世界大战之后第一届世界国际象棋冠军赛开始，除了 1972 年那一届外，所有冠军都由 5 位苏联人包揽，直到苏联解体。由于苏联解体，在 1990 年纽约举办的冠军赛上，在与阿纳托利·卡尔波夫的对弈中，我自豪地将苏联国旗换成了我母亲克拉拉（Klara）手工制作的俄罗斯国旗[8]。

生于阿塞拜疆首都巴库的我能成为职业棋手，得益于 20 世纪 70 年代国际象棋因政治需要而进一步受到国家重视。那时苏联领导人因美国棋手博比·菲舍尔（Bobby Fischer）横扫苏联顶尖棋手而恐慌。1972 年菲舍尔击败鲍里斯·斯帕斯基夺得世界冠军之后，为了民族自尊心，国家大力寻找和训练棋手以重新夺回冠军宝座。然而在 1975 年冠军赛上，菲舍尔主动退赛，卡尔波夫获得冠军，苏联重夺世界冠军的时间比预期要早了许多。

我很小的时候就被招募进苏联国际象棋体制，在前世界冠军米哈伊尔·博特温尼克开办的学校里接受训练。被称为"苏联国际象棋学校元老"的博特温尼克也被载入了计算机国际象棋的历史。作为一名训练有素的工程师，博特温尼克将他退役后大部分的时间都花费在与程序员团队合作开发国际象棋程序上，然而他的努力几乎完全失败了。

无论是作为职业还是消遣，下棋对我来说都是件再普通不过的事情了。作为年轻的棋界新星，我被允许出国比赛，从而第一次感受到了将国际象棋棋手视为奇怪的天才和精神不稳定之人的偏见。这种偏见于我而言毫无道理。我认识许多精英棋手，如果说他们都不"正常"，不管所谓的"正常"指的是什么，总之他们每个人都是很不一样的。仅从世界冠军中看，瓦西里·斯梅斯洛夫（Vasily Smyslov）风格柔和，米哈伊尔·塔尔（Mikhail Tal）抽烟不断、棋局多变，博特温尼克整天穿着西服、打着领带，是一名严谨的职业棋手，而斯帕斯基喜欢享受生活，偶尔会穿网球服进入比赛现场。

我被视为烈火，而我的劲敌、先后 5 次在世界冠军赛与我对决的卡尔波夫则被视为寒冰，无论对弈时还是生活中都是如此。他温文尔雅的风度和持久的性格与他安静而如巨蟒缠身的棋风相匹配，而我的激情与直率反映在棋局上则颇具攻击性。我们所有人唯一的共同点也就只有擅长国际象棋了。

小说或现实中的一些典型案例经常塑造出持久的刻板印象。1857—1958 年，新奥尔良的保罗·莫尔菲（Paul Morphy）在欧洲游历时击败了欧洲最优秀的棋手，成为第一个获得非正式国际象棋世界冠军的美国人。他像英雄一般返回美国，但不久后就离开了国际象棋界去继续从事自己的律师工作。他在挣扎中生存，后来精神崩溃了，有人认为是下国际象棋的压力所致，不过这并没有什么证据。

美国第二位世界冠军博比·菲舍尔是更加近代的人，他的兴衰被更好地记录了下来。1972 年，在冰岛雷克雅未克举办的那场传奇的比赛上，菲舍尔击败了鲍里斯·斯帕斯基，夺走了苏联的冠军宝座。国际媒体空前重视对这场"世纪大战"的报道，一部分原因在于菲舍尔令人吃惊的表现。尽管是处于冷战的白热化阶段，每一场比赛都在全世界的电视上转播，包括美国的电视。当时我 9 岁，已经是一名俱乐部的优秀棋手了，我热切地追踪着菲舍尔与斯帕斯基的比赛。虽然菲舍尔在他的冠军之路上击败了两位苏联棋手，但他在苏联也有很多粉丝。当然，他们是崇拜他的国际象棋水平，而我们则是安静地欣赏他独特的个性。

在这场比赛中，他为美国赢得了巨大的胜利，比赛结束之后，全世界都为之倾倒。国际象棋第一次成为在商业上取得成功的运动。菲舍尔的精彩表现、国籍背景和个人魅力创造出了一个独特的机会。他成为民族英雄，人气与穆罕默德·阿里（Muhammad Ali）相当。（1972 年美国国务卿亨利·基辛格曾在比赛前鼓励菲舍尔，他会类似地在拳击比赛前鼓励阿里吗？）

荣耀也给菲舍尔带来了责任和巨大的压力，他不再参加比赛了。1975 年比赛的弃权让他丢掉了珍贵的冠军称号，而这三年间他早已远离国际象棋。曾有人愿意出大价钱让他复出。如果他能和新晋世界冠军卡尔波夫对弈，就可以挣到闻所未闻的 500 万美元。机会其实有很多，但菲舍尔只是一股纯粹的破坏力。他打破了苏联的国际象棋体制，却没能建立起什么。他是一名理想的挑战者，也是一位可悲的冠军。

1992 年，被认为棋艺已经生疏的菲舍尔前往南斯拉夫与斯帕斯基进行了一场所谓的冠军回访赛，当时他已经是鼓吹反犹太人和反美国人的偏执狂了，此后他受到了联合国的制裁。比赛结束后他就很少露面了，但每次出现都让国际象棋界震惊。菲舍尔对"9·11"恐怖袭击的欢呼，极大地破坏了人们以往对国际象棋和棋手们的看法。

冰岛因菲舍尔在本地取得过伟大胜利而为他提供难民庇护，2008 年他在冰岛孤独地逝世了。当时我经常打听他的近况，但我从来没有与他对弈过，甚至没有见过他。人们通过各种渠道了解到他被诊断为精神分裂症和阿斯伯格综合征，确信他是一个痴傻而危险的人。如果菲舍尔确实变疯狂了，我只能说我确定不是国际象棋让菲舍尔变得疯狂。菲舍尔悲剧性的精神崩溃并不是下国际象棋所致，而是他失去自己的生活后脆弱的心灵遭受打击所致。

我不否认关于国际象棋的许多传言对我和我的名誉有利。无论是我对人权问题的看法、我在商圈和学术圈所作的讲座和研讨会，还是我的基金会在教育方面的工作、我关于决策和俄罗斯的书籍，都很受大家欢迎，这让我发现"前国际象棋世界冠军"的确是一张其他同行所没有的名片。正如我在 2007 年出版的关于决策的书《棋与人生》（*How Life Imitates Chess*）中所详细介绍的那样，国际象棋在各方面塑造了我的思维。

1985 年我成为历史上最年轻的世界冠军，当时我仅有 22 岁。过早的成功让我和采访我的人都有些尴尬，因为无论哪个领域，很少有年轻明星能知道自己为何脱颖而出。来自《时代周刊》（*TIME*）、《明镜周刊》乃至《花花公子》（*Playboy*）的记者并没有问我很多关于国际象棋的开局与残局的问题，而是很热切地问我有关苏联政治、我的饮食和睡眠习惯的问题。我尽了最大的努力，但我确信那些毫无亮点的回答让他们很失望。我的成功其实真的没有什么玄机，只有天赋、努力以及从我母亲和博特温尼克那里学到的自律。

在我的职业生涯中，我曾花过一些时间重新思考，在我的人生中以及在世界上，利用国际象棋还能做些什么，但我没有机会长时间钻研于此。直到 2005 年退役之后我才有时间深入思考思维本身，并且将国际象棋视为一种研究决策过程的工具，这种决策过程贯穿于我们生命的每时每刻。

而我和计算机的对弈则是我职业生涯中的例外，也是本书的缘起。作为称霸国际象棋棋坛达 20 年的棋手，与机器的对弈促使我思考国际象棋在竞赛之外的意义。每次与新一代计算机棋手对弈，都意味着一次神圣的科学探索，我在这场探索中，紧握着人类的旗帜，站在人与机器认知的连接点上。

我本可以像其他国际象棋大师一样拒绝这些对弈邀请，但我被这些挑战和实验本身所吸引。我们能从强大的国际象棋计算机棋手那里学到什么？如果计算机能下出世界冠军级别的棋，那么它在其他方面还能做什么？它们是智能的吗，智能的意义究竟是什么？机器会思考吗，如果将我们的想法告诉它们，它们会回答什么？这些问题中，有一些已经有答案了，而剩下一些则会引起比以往更加激烈的争论。

第 2 章

弈棋机的崛起

1968 年，当小说和电影《2001：太空漫游》创作之时，人们并没有预知到这种情况：计算机——或者其他机械的自动化和计算装置——将会在国际象棋领域战胜人类。正如你所预料的那样，在计算机时代的早期，关于机器潜力的预测铺天盖地。人们对完全自动化的世界存在着各种想象，乌托邦式的梦想与反乌托邦式的噩梦同时充斥着大街小巷。

这是我们在批判或者赞扬任何预测，以及作出我们自己的预测之前，必须牢记的一个关键点。每一项具有颠覆性的新技术以及它们所带来的社会变革，都将产生一定规模的正面和负面影响，这些影响会随着时间的推移发生转变，而这种转变往往是突然发生的。想想机械化时代人们争论最多的话题：就业。从 20 世纪 50 年代开始，工厂的自动化设备、商务计算机、节约劳力的家用装置等的大幅推广导致了数百万工作岗位甚至整个行业的消失，而呈火箭般速度增长的生产力也带来了出乎意料的经济增长，以及比消失的工作岗位更多的工作岗位。

我们是不是应该对那些被蒸汽机取代了工作的"钢铁驾驭者"约翰·亨利们报以怜悯？或者为那些成千上万的由于被技术取代而不得不接受再教育的办公室打字员、流水线工人以及电梯操作员感到悲伤？还是我们应该为他们能够逃离如此冗杂、劳累、疲惫或危险的工作而庆幸呢？

我们的态度很重要，并不是因为无法阻挡科技发展的步伐，而是因为我们面对这些颠覆式影响的态度决定着我们所能作出多好的准备。在朝向全面自动化和人工智能的未来大步前进的时候，乌托邦式的梦想与反乌托邦式的噩梦之间有很大的空间。我们每一个人都不得不作出一个选择：接受这些新挑战，还是抵制它们。我们是自己主动去塑造未来并且重新定义我们与新技术的关系呢，还是任由其他的力量来重新定义我们？

正如我痴迷于国际象棋机器一样，一代又一代的杰出科学家痴迷于国际象棋，他们着手制造会下棋的机器。你或许会认为，那些带来 20 世纪 50 年代第一波计算机和自动化浪潮的数学家、物理学家和工程师，即使他们中有人非常喜欢国际象棋，对这种棋盘游戏也不会有任何学以致用的浪漫幻想。在这群追求绝对逻辑和科学的人中，有几个另类，他们坚持认为：如果我们可以把机器训练成国际象棋高手，那我们也必定能够解开人类认知的秘密。

这种想法其实是一个陷阱，每代机器智能的后来者都不免坠入其中。产生这种想法，是因为我们混淆了机器智能的表现与实现方法。机器智能的表现，指的是机器在某个领域有复制或超越人类表现的能力；其实现方法，指的是如何获得这种能力。在智人（Homo sapiens）所独有的高等智能领域，这种谬误已经被证明是不可避免的。

实际上有两个独立但相关的谬误版本。第一个是，"机器能够做到 X 的唯一办法就是它的通用智能水平达到接近人类一般智力的水平。"第二个是，"如果我们能够制造一个可以和人类一样做 X 的机器，那么我们就会想出一些非常深刻的关于智能性质的东西。"

机器智能的这种浪漫化和拟人化是自然的。在建造新东西时借鉴现成的模板是合乎逻辑的做法，对于智能来说，还有比人类思维更好的模板吗？但是一次又一次地，让机器像人类一样思考的尝试均以失败告终，而只关注结果、不管实现方法制造出的机器总能获得成功。

要制造有用的机器，并不一定要采用与自然界相同的方式或者超越自然的方式。类似的例子在物理技术发展的千年长河里比比皆是，它也适用于软件和人工智能机器。飞机不需要震动翅膀，直升机根本不需要翅膀。轮子在自然界中并不存在，但它对我们十分有用。那么为什么计算机一定要像人脑一样工作才能实现其功能？国际象棋就像人类和机器思维的十字路口一样，它被证明是探索这个问题的理想实验室。

直到 20 世纪 40 年代机械与模拟电子技术被普遍使用，50 年代真空管让位于半导体，机器能否变得智能的问题才开始在科幻之外的技术专家和公众眼前浮现。一旦机器思考的过程不能再被肉眼跟踪，它就好像被赋予了灵魂一样。17 世纪机械计算器已经出现，键盘驱动的桌面版本在 19 世纪中叶被生产了上千台。1834 年，查尔斯·巴比奇（Charles Babbage）设计了编程机械计算器，1843 年，阿达·洛夫莱斯（Ada Lovelace）编写了第一个"计算机"程序。

尽管这些机器具有令人印象深刻的复杂性，但没有人会认为它们比怀表或蒸汽机车更聪明。即使不知道像收银机这样的机械设备如何工作，你也可以听到里面齿轮转动的声音，打开它就能看到齿轮转动。一台机器可以进行逻辑和数学运算这类"脑力劳动"，而且比人类更快，这令人十分惊奇；同样令人惊奇的是，几乎没有人把机器如何做到这些拿来与人类的思维作比较。

之所以发生这种情况，部分原因是这些早期机器的工作方式相对易于理解，还有部分原因是在科幻之外，人类的认知过程没有被很好地理解。让我们追溯到遥远的公元前 4 世纪，当时亚里士多德（Aristotle）认为：大脑是一种冷却器官，而感官和智慧居住在"心"中。当你需要记忆某些事情时，你会听到"用'心'学习"这样的短语。直到 19 世纪末，随着神经元的发现，人们才可能认识到大脑是一个电力驱动的计算装置。在此之前，大脑的概念是一种更加形而上的概念，关于"动物的元气"以及灵魂到底安于何处这些问题，自罗马时代开始就争论不休。

抛开灵魂的概念，我们现在大体上同意，思想不会超越生命的物质部分与经验的总和。思想不仅仅是推理，它包括了感知、感觉、记忆以及独具特色的愿望，包括了占有、表达意愿和渴望。对于实验来说，在培养皿中用干细胞培养出大脑是有趣的，但如果没有任何输入或输出，它们永远不能被称为心灵。

当你回顾计算机的发展史就会发现，似乎第一台机器一发明，下一步就是把它变成国际象棋棋手。在计算机诞生的第一个十年里，研究会下棋的机器（用计算机来下棋）总是最前沿的课题。除了国际象棋享有的声誉外，许多计算程序的创造人都是专业的国际象棋棋手，所以他们很快将国际象棋的潜力看作对他们的编程理论和电子发明具有挑战性的测试平台。

机器如何下棋？它的基本理论从1949年起就没有改变，当时美国数学家和工程师克劳德·香农（Claude Shannon）写了一篇描述如何做到这一点的论文。在"为计算机编写下棋程序"[1]这一章节中，他提出了一种"计算原理或'程序'"，用于艾伦·图灵先前在理论中设计的通用计算机上。可以看出在计算机时代多么早期的时候，香农就把"程序"这个词引入了计算机的专业术语中。

正如许多跟随他的人一样，从路由电话到语言翻译，香农对把国际象棋游戏这一"也许没有实用重要性"的研究作为奋斗目标表示了些许歉意。但他在其他领域看到了这样一台机器的理论价值。香农也解释了为什么国际象棋是如此优秀的计算机测试平台：

> 创造会下棋的机器是一个理想的开端，因为：
>
> 其一，在允许的操作（走棋）和最终的目标（将军）中，需要解决的问题有明确的定义；
>
> 其二，求得问题的满意解，既不太难也并不过于简单；
>
> 其三，下棋通常需要"思考"，才能掌握国际象棋的熟练技巧；
>
> 这个问题的解决将迫使我们要么承认机器化的思考存在的可能性，要么进一步定义"思考"这个概念；
>
> 其四，国际象棋的离散结构，与现代计算机的数字化性质十分契合。

尤其是第三点，香农仅仅用一句话就填补了计算机科学与形而上学的差距。因为无论是一个会下棋的机器具有思考能力，还是思考这个概念并非我们所认为的那个意思，国际象棋都需要思考的能力。我也很佩服他使用"熟练"这个词，因为简单地记住规则，随机地采取有规律的行动，或从内存（或一个数据库）中读取下法的行为不是香农所定义的"思考"。

　　这个见解回应了诺伯特·维纳（Norbert Wiener）在他 1948 年出版的著作《控制论》（*Cybernetics*）结尾处的一句话："到底有没有可能制造一台会下国际象棋的机器，以及这种能力是否代表了机器和心灵之间潜在的根本区别。"[2]

　　香农继续描述了下棋程序需要的各种因素，包括规则、权值、评估功能，最重要的是未来国际象棋机器可能使用的搜索方法。他描述了搜索的最基本要素，即我们所说的"极小化极大"算法，这起源于博弈论，并被应用于许多领域的逻辑决策中。用非常简单的话说，就是用一个极小化极大系统评估决策的可能性，并把这些决策从最好到最坏进行排序。

　　在国际象棋这样的游戏中，程序使用其评估系统来评估给定位置上尽可能多的下法变化，并在每个位置得到一个值。返回值最高的下法将从下法列表中移动到顶部。在允许的时间内，该程序必须尽可能深入地评估两位玩家的所有可能的动作。

　　香农的一个重要贡献就是总结了"A 型"和"B 型"两种搜索技术。说实话，这样命名实在太糟糕了。如果将"A 型"命名为"暴力搜索"、将"B 型"命名为"智能搜索"可能会更易于为人们所理解。A 型是一种穷举的搜索方法，可以搜索每一步可能的下法和变势，每下一步棋，搜索深度就越来越深。B 型描述了一种相对有效的算法，这种算法更像是通过专注于几种更优的下法，并且仅仅深入考量有限的更优下法，而不是检查所有下法来确定决策，这类算法更贴近人类玩家的思考方式。

　　这就类似于你在一个面包店的玻璃橱窗前选择一个蛋糕。在购买之前，你并不需要查看蛋糕清单里的每一个蛋糕，即使要这样做，也不需要询问每个蛋糕是什么品种、它的主要配料是什么。因为你自己知道最喜欢哪种类型的糕点，它们看起来像有什么样的味道。你可以在作出选择之前快速缩小选择范围，然后再花时间在有限的范围内作出决定。

　　但请等等！现在，你在橱窗的角落看到了一个你从未见过的蛋糕，并且它看起来十分美味。那你就必须放慢选择的脚步，可以向店员了解更多的信息并通过自己的评估，以确定它是不是你真正喜欢的东西。但回头想想，为什么这块蛋糕看起来很美味？因为它在某种程度上类似于你之前喜欢的东西。正如一些国际象棋高手下棋时，在普通人开始计算局势之前，早就开始计算每一步的优劣了。大脑的模式匹配部分已经敲响了一个警钟，吸引棋手注意一些有趣的东西。

冒着过度比喻和让你饥肠辘辘的危险，我要说明的是面包店本身也很重要。如果你是每天去同一家面包店，你的选择几乎是自动的，这也许取决于在什么时间或者你的心情。但如果这是一家作为外国人的你从未去过的面包店怎么办？你没有见过店里的任何一种蛋糕，你的直觉和经验也几乎毫无价值。此时此刻，你必须使用暴力搜索，即"A型"搜索，查看每一个蛋糕、蛋糕的每一种配料，并在决定之前品尝样品。你也许仍然会找到自己喜欢的口味，但是以这种方式进行决策需要更多的时间。

进入陌生面包店的例子描述了一个国际象棋新手的境遇，或者在某种程度上说，描述了一个厉害的棋手处于混乱和全新的情况的境遇。但国际象棋是一个有限的游戏，每一颗棋子的位置都会构成我们直观上就可以解释的局势和棋形。这成千上万种局势对于一位国际象棋大师来说已经烂熟于胸，但他也仍然需要分解、旋转、扭曲这些棋子，直到他可以使用。下棋时，除了那些确实会被记住的开局之外，高手们并不会像一个超快速模拟机那样依靠记忆。

当我看到一个棋局的时候，无论是我自己下还是看别人下，我思考落棋点的过程都很少是系统而有意识的。有些走法是别无他选的，这意味着要么规则迫使你必须这么下，比如在被将军时，要么其他一切落棋都明显会导致失败。这在整个游戏过程中都会发生，例如在损失了一小块利益时，你必须重新夺取优势或是弥补棋形的巨大漏洞。有些局面包含几十步强制走法，走这些棋步的时候几乎不需要真正的搜索。就像你不必有意识地告诉自己不要撞到车上，走这些棋步对于比赛中的棋手来说实际上只是条件反射。

不考虑强制走法，每一步都有三四个合理的落棋点，有时候会有十几个。在我的脑海里真正的搜索再一次开始之前，我已经选择了几种下法做更深入的分析，我们称之为备选落棋点。当然，如果这是我自己在下，我就不会从头开始考虑；我会一直谋划我的策略，并在对手的落棋时间内就看到最可能的变式。如果他走了我预料中的棋步，我会立即给出回应。而且我经常会提前思考四到五步，只会在局势超出预料的时候暂停，以重新计算我的策略。

我大部分的决策搜索和局势评估时间都花在主要的几个变式上，我一开始凭借直觉选的一步很可能就是最好的一招。我用自己的计算能力尝试验证我的直觉。如果对手的下法很意外，是我在思考过程中从未考虑到的，我可能需要额外的时间去理解全局棋势，寻找对手的弱点和新的机会。

人脑不是电脑，它不能像下棋机器那样，把一个兵所有备选的移动位置以有序的方式列出，并按照评分来排序。即使是最严谨的人，他的大脑也会在竞赛的热烈氛围中"想入非非"。这既是人类认知的弱点，也是优势。有时，这些不合常理的"想入非非"会干扰你对局势的分析。其他时候，这些"想入非非"会带来灵感，这些漂亮或矛盾的棋步，可不会一开始就出现在你脑中的棋步列表里。

我在自传《棋与人生》中写道，直觉的幻想可以穿透计算的重重迷雾。我在这里忍不住向大家分享与第八位世界冠军米哈伊尔·塔尔——被称为"里加的魔术师"——对决的精彩绝伦的故事，因为他在棋盘上的战术想象力实在是令人拍案叫绝。他在 1976 年写的一本书中进行了自我介绍，塔尔讲述了在与另一位苏联国际象棋特级大师的比赛中，弃马以扭转局势时，他脑海中闪过的灵感。*

> 想法一个接一个地堆积起来。我想给对手一个精妙的应对，在一种局面中起作用、在另一种情况下自然失去意义的一步棋。结果，我的脑袋里充满了一堆完全混乱的、各种各样的走子方式，以及著名的"变化之树"，教练们在训练时会建议你只保留"树"的主干而切断其他小分支，在这种情况下，各种决策在我脑海中以难以置信的速度传播着。突然，不知道什么原因，我的脑海里闪过了苏联著名的儿童诗人科尼·丘可夫斯基（Korney Chukovsky）的经典诗篇：
>
> > 噢，多么困难的一项工作啊，
> > 从沼泽中拖出一只受困的河马。
>
> 我不知道一只出现在棋盘上的河马与这局棋有什么关联，不过既然观众们确信我正在继续研究着当前的局势，我在这个时候就试图解决怎么把一只河马拖出沼泽。我记得我在心中盘算了各种各样的方法，包括杠杆、直升机、甚至绳梯。经过长时间的考虑，我承认自己是一名失败的工程师，然后我狠下心来："既然没法救，那就让它淹死吧！"

---

* 这里引用米哈伊尔书中的故事。——译者注

　　突然间，河马消失了，它从棋盘上消失不见了，正如它突然出现在棋盘上那样，自由而来自由而去。随后，局面并不那么复杂了。这时我有某种感觉，感觉到计算所有的变化是不可能的，并且弃马是非常自然而然的事情，纯粹而且直观。既然我承诺要带来一场精彩的比赛，那么我就无法避免地走下这一步。

　　接下来的一天，我很高兴在报纸上读到：米哈伊尔·塔尔如何对局面经过了漫长的40分钟的思考，通过精确的计算，作出了局部的牺牲，成全了大局。[3]

　　塔尔是一个有着罕见的幽默和诚实的人，正如他在国际象棋领域取得罕见的辉煌一样。注意力和思维组织对于一名职业国际象棋选手来说至关重要，但我怀疑我们比自己想象的要更加依赖这种直觉的飞跃。

　　国际象棋游戏是一场激烈的竞争，而不是实验室实验。在巨大的压力下，一台不停滴答作响的时钟，会让选手的神经脆弱不堪。即便是国际象棋特级大师，也会漏看某些信息，失误的可能性也变得更大。有时你花10分钟时间才发现某一步棋是一个致命的错误，恐慌和绝望便如潮水般涌来。或者，在对手走子之后，你首先会觉得像是朝着辉煌的胜利又近了一步，这时又会感到多么得意扬扬！但你有额外的10分钟时间来测试这步棋，以确认你之前的直觉吗？你是否依然坚定地走下这一步，并且祈祷直觉没有将你引入歧途？当然，计算机永远不会担心发生这些心理波动中的任何一个，这是它们如此难以战胜的原因，因为它们每秒都能够分析数百万种局势。

　　回到1949年，克劳德·香农对于A型程序的成功抱过一些希望，这种程序将分析越来越深入的迭代中的每一种可能的棋步。数字的量级似乎表明这种方法是不切实际的。他感到遗憾的是，即使A型机器每1微秒能够评估一种局势（"非常乐观的估计"），每走一步都要花费16分钟以上，也就是说下完一场典型棋局的40步需要10个小时。而且这种机器依然十分低能，因为它只能在穷尽的搜索树中提前计算3步的策略，只足够击败一个非常弱的人类玩家。[4]

　　国际象棋程序的主要问题是每一个决策都包含着巨大的子决策数量，即所谓的"分支系数"。从一开始，这些功能的实现绝大多数都依赖于调用计算机的资源。对弈双方都以16枚棋子开始，4枚强子、4枚轻子和8枚兵。在国际象棋游戏中，仅前4步就有超过3 000亿种可能的走法，即使这些变化中有95%是糟糕的走法，一个A型程序仍然需要检查完它们后才能确定。

情况其实更糟，平均每种局势都有 40 种符合规则的走子的方式。所以，如果你考虑每一种走法以及对手的每一种应对，你就已经有 1 600 步的走法需要进行评估。这仅仅考虑了两"层"，程序员称之为半步，一半是白方的走子，一半是黑方的走子。每两次（四"层"）移动后，都有 250 万种可能的走法；三次移动后，走法达到了 41 亿种。平均每局比赛要下 40 步，这就导致所有可能走法的数量超出天文数字。国际象棋比赛中的所有走法的总数要比宇宙中的原子数还要大。

香农自己也是一个正经的懂棋的棋手，他把机器的希望寄予了 B 型的策略，这一类策略会有选择地、更有效地思考。B 型算法不是将每个可能的局势和每个变化分支看作具有相同的搜索深度，而是通过像一个好的人类棋手那样，把注意力集中在最合理和最强的落子上，然后深入地计算落下这些子之后的局面变化，同时抛弃那些不合时宜的落子方式。

人类棋手能够很快意识到，只有屈指可数的几种走法才是有意义的，而且棋手越强，作出初始排序和筛选就越迅速越准确。初学者更像是 A 型的计算机，因为他们倾向于全面地去观察整个棋盘，依靠蛮力来计算每一步的后果。这种方法适用于每秒能看几百万个局面的计算机，但人类无法像这样去处理棋局。即使是人类世界的国际象棋冠军，每秒也只能评估 3～4 种局面。

如果你能够设法在给定的局面条件下找到 4～5 个最合理的落子，并抛弃其余的走法，虽说这已经很困难了，但决策树分成几何分支的速度仍然算是非常快的。因此，即使你成功地创建了一种可以更智能地搜索的"B 型"算法，你仍然需要大量快速的处理和大量内存来跟踪所有这些数百万个局面评估。

我在前面提到过艾伦·图灵的"纸带计算机"，这是第一个已知的、具备下棋功能的国际象棋程序。当我 2012 年受邀在曼彻斯特的图灵百年纪念大会上发表演讲时，我甚至有幸和运行在现代计算机上的重建版本对弈过。以现代化的标准来看，它相当愚钝，但考虑到在图灵所处的年代甚至没有一台计算机来测试它，它仍然被认为是一个十分了不起的成就。

当在几年之后终于出现能够运行国际象棋程序的计算机的时候，人们发现这些计算机慢得实在是令人沮丧，所以人们开始假设香农是对的，真正最有希望的是"B 型"程序。这是一个合乎逻辑的结论，因为那时的机器距离可以像香农乐观估计的那样以 1 微秒一个局面的速度进行计算，还有几十年之久。任何考虑到每一个可能的走子的程序想要看起来合理地下棋，都需要几周的计算时间来达到必要的搜索深度，如果想要下一手好棋，则需要好几年的时间来搜索。但是事实证明，而且不是最后一次证明，类人思维比暴力算法更好的假设在很大程度上是错误的。

1956 年，洛斯阿拉莫斯核实验室是国际象棋计算进一步发展和研究的大本营，这座实验室融合了维纳、图灵、香农的理论，并把它们变成了一台实实在在的能下棋的机器。其中一台第一代计算机——巨大的 MANIAC 1 拥有 2 400 个电子管，以及将程序存储在内存中的革命性能力。这台机器一交付，一些氢弹科学家就通过编写一个国际象棋程序来测试它的效能。当然！由于计算机的资源非常有限，他们不得不使用"缩小"版的国际象棋，棋盘缩小到只有 6 行乘以 6 列，并且没有象。在自己击败自己，然后输给了一个强大的国际象棋选手（尽管人类玩家让了一个后）后，机器击败了一个刚刚学习下棋的年轻志愿者。它没有成为头条新闻，但这是人类在智力游戏中第一次输给了计算机。

就在那个里程碑之后一年，1957 年，卡内基梅隆大学的一群研究人员宣称，他们已经发现了一种符合"B 型"程序的棋子算法的秘密，能让一台机器在十年之内击败世界冠军。考虑到当时计算机的缓慢的运算速度，而且昂贵的费用，这一点与约翰·肯尼迪（John Kennedy）1962 年的声明一样大胆：美国将在十年之内把人类送上月球。

也许这仅仅是不知天高地厚的、非常不现实的想法。即使在 1967 年前调用美国的整个工业实力来与国际象棋世界冠军对弈，他们的预测也几乎不会成功。阿波罗计划需要开发新材料和新技术，而且肯尼迪的目标只有通过利用几乎所有相关技术的极限才能实现。不过，在相对可预测的时间线上大胆构思并且发展相关产业，阿波罗计划依然是一个时代的伟大成就。阿波罗计划的负责人们在 1962 年只知道人类登月需要做的所有事情，而不知道到底该怎么做。

相比之下，尽管计算机的功率大致依据摩尔定律每两年翻一番[5]，但直到 1997 年，在卡内基梅隆大学团队做出预测的 30 年后，一台世界冠军级别的国际象棋机器才出现在人们面前。然而人们很快就明白，他们的撒手锏"敏捷"算法是有致命缺陷的，而他们并不真的知道最好的改进方向在哪里。国际象棋太复杂，而计算机太慢。在 20 世纪 60 年代，上百万的工时用于国际象棋算法，当然在编程知识和硬件设计方面取得了巨大进步，但是，以当时硬件的存储和计算能力，想要击败象棋大师还是远远不够的，真正击败大师的机器直到 20 世纪 80 年代才出现。

即使当时有相当于美国航空航天局的预算投入，但在 1967 年之前实现这个震惊世界的程序也是难以想象的，甚至到 1977 年实现都是相当难以置信的。1976 年在洛斯阿拉莫斯国家实验室安装的 Cray-1 超级计算机是世界上速度最快的计算机，其速度为每秒 1.6 亿次（160 兆次浮点运算）。相比之下，2003 年与我战成平手的"小深"（Deep Junior）程序，它运行在四块奔腾 4 芯片上，每一块芯片的运算速度都比 Cray-1 快了 20 倍，已经能比 1997 年使用专用硬件的深蓝下得更好。[6]*

这不是因为小深比深蓝更快，它并没有更快。事实上，深蓝平均每秒能思考的局面数大概是小深的 50 倍，1.5 亿对 300 万。但原始计算速度只是机器下棋实力的其中一个因素罢了，编程的效率对于充分利用硬件也至关重要。根据 20 世纪 70 年代以来几代国际象棋程序员的经验，程序棋力的大部分收益来自更智能的、能在代码中进行稳定优化的搜索程序。

当程序员必须将下棋的知识添加到机器的搜索算法中时，利弊的权衡就成了不得不思考的问题。例如，最基本的国际象棋程序必须了解将军的概念和棋子的相对价值。比如你告诉了机器车和象都值 3 个兵，实际上车比象攻击力更强，那么机器就不会下得很好。计算价值——谁拥有更多的棋子，这是机器做得又快又好的一件事情。而且这也不需要程序员具备很多的下棋知识来分配这些标准值。

在计算棋子的价值之后，你需要有更多的抽象知识，比如哪个玩家控制了棋盘上的更多空间，兵的布局是否合理，以及王是否足够安全。每次你给计算机一个信息来评估某一步时，搜索就会变得更慢。总而言之，国际象棋程序要么快速而愚钝，要么缓慢而智能。这是一个令人着迷的平衡艺术，需要几十年才能创造出足够聪明、足够快的机器来挑战世界上最好的人类棋手。

不论早期的预测是多么失败，在接下来的二十年里国际象棋机器的发展稳中有

---

* 专用芯片应该是"深蓝"，奔腾 4 是通用芯片。——译者注

升。在程序员不断的实验和试误中，在摩尔定律义无反顾的推动下，国际象棋机器终于在1977年达到了能在人类棋手中排名前5%的水平，即专家水平。机器仍然会下出很糟糕的棋，充满了不合逻辑的下法，即使是一个很弱的人类棋手也不会考虑的下法。但是，它们正在变得足够快，以便在对抗人类的同时，以精准的防守和尖锐的战术来掩盖这些偶然的失误。

更快的硬件只是其进步的一部分。其余大部分来自更好的编程、更快的搜索算法。alpha-beta算法允许程序快速剔除糟糕的走法，因此可以超前看更多步。这是香农描述为"A型"算法或暴力算法的极小化极大算法的演变。程序停止对任何返回值比当前选择的走法估值更低的走法的计算。伴随着这一关键改进和其他优化，"A型"程序的能力逐渐超过了"B型"程序的能力。高效的暴力算法如此好地达成了下棋的目的，让每一次令国际象棋机器仿效人性思维和直觉的尝试都宣告无效。一些国际象棋知识依然是必要的，但速度才是王者。

所有现代的国际象棋程序都将这种alpha-beta优化搜索算法应用于基本的极小化极大概念。在这种结构上，程序员构建局势评估函数，调优它以获得最佳结果。使用这种技术的第一个程序，运行在当时一些最快的计算机上，达到了可观的棋力。到20世纪70年代后期，像TRS-80这样的在早期个人电脑上运行的程序都能够打败大多数业余爱好者。

下一次的飞跃来自新泽西州著名的贝尔实验室，这个实验室在几十年之内获得了大量专利并产出了多位诺贝尔奖得主。肯·汤普森（Ken Thompson）用数百个芯片构建了一个专用的国际象棋机器。他的机器，贝利（Belle），每秒可以搜索约18万个局面，而当时的通用超级计算机只能处理5 000个。贝利在比赛期间可以预先看到最多9个半步（层），贝利能够达到一位人类大师的水准，比任何其他象棋机都要好得多。1980—1983年，它赢得了每一个计算机棋类竞赛，之后终于被一个运行在下一代Cray超级计算机上的程序所超越。

受益于英特尔和AMD提供的处理器速度的快速增长，诸如萨根（Sargon）、国际象棋大师（Chessmaster）和弗里茨（Fritz）等国际象棋程序持续变强。由于新一代国际象棋机器在卡内基梅隆大学被设计出来，置于贝利内的专业下棋硬件得以复出。汉斯·伯利纳（Hans Berliner）教授是计算机科学家，也是国际象棋通信赛（通过发送邮件下国际象棋，现在通常是通过电子邮件）的世界冠军。他的团队的机器 HiTech 在 1988 年获得了"国际象棋特级大师"的评级，达到了一个里程碑，但是很快他的研究生默里·坎贝尔（Murray Campbell）和许峰雄（Feng-hsiung Hsu）做出了更好的机器：他们的专用硬件机器"深思"（Deep Thought）在 1988 年 11 月的常规比赛中成为第一台击败人类大师的国际象棋机。1989 年毕业后，他们携深思加入 IBM，在那儿重启了该项目，并且为迎合公司"蓝色巨人"这个昵称，"深思"成为"深蓝"（Deep Blue），国际象棋机器故事的最后一个伟大篇章开始了。

第 3 章

人机大战

自机器发明以来，人类与机器的竞赛就始终是科技的热点话题。新的有关人机大战的术语不断地出现，但人们想表达的基本意思总是惊人的相似："人类正在被取代""人类正在输掉与机器的赛跑""人类将成为时代的弃儿"等，因为科技正在做本该是人类做的事情。对人机关系的类似叙述在工业革命时期尤为多，在那时，蒸汽机和自动化机械在农业与制造业中的应用开始大规模地出现。

在 20 世纪 60 年代和 70 年代的机器人革命时期，故事线越来越不寻常，人机大战开始遍及社会的各个角落。当时，即使人们投靠了像工会这样更强大的社会和政治代表团体，他们的工作机会也会逐渐被更精确和更智能的机器侵蚀。随后到来的信息革命又将服务业与支柱产业中数以百万计的工作岗位推向了消失的命运。

现在，我们来到人机大战故事的下一个章节，依然是关于争夺工作的故事。在这个章节里，机器"威胁"到了那些撰写机器文章的作者及其同阶层的人们。每天关于机器如何成为律师、银行家、医生和其他白领专业人士的头条新闻层出不穷，并且与人类不同，机器不会犯错。每个职业终将感受到来自机器的强大压力，否则就意味着人类止步不前。要么，我们把这些变化视为机器人正用铁臂扼住我们的咽喉；要么，我们努力超越自我，让人类更上一层楼，就像我们一直以来做的那样。

把工作机会的流失戏剧化地归因于科技进步，要比归因于时代的发展更让人感到欣慰。劳动从人类自身转向人类发明的过程与人类的文明史别无二致，它与几个世纪以来生活水平的提高和人权的改善是分不开的。人们手拿人类知识结晶所造就的控制器，待在一个自动控制环境的房间里，感叹着不再依赖自己的双手去工作，这是何等奢侈的一种享受啊！世界上还有很多地方的人们依然整日靠自己的双手来谋生，那里依然没有干净的水和现代的医疗条件。那些地方不但极度渴求技术，甚至会因为技术缺乏而招致实实在在的死亡。

今天感受到压力的不只是受过大学教育的专业人士。印度电话呼叫中心的员工们的工作机会已经开始被移交给人工智能代理；中国电子装配线上的工人们正在被机器人所取代，取代的比例甚至会大到让底特律都感到震撼。在发展中国家中，有一整代的工人成为家庭中首先逃离农业劳作或其他勉强维持生计的工作的人。将来，他们会回到田间地里去吗？也许有些人会，但恐怕绝大多数人不会做此选择，这就像在问律师和医生们是否愿意"回到工厂"一样，而显然那些工厂早就不存在了。所以，人类没有退路，只能一往无前。

我们没有必要去臆想科技会在什么时候停止进步，或者会在哪里止步不前。公司企业已然全球化，劳动力正变得像资本一样具备流动性。那些工作在自动化领域的人们害怕目前的技术浪潮使他们陷入贫穷，但是他们也依赖下一波技术浪潮来推动经济增长，这是创造可持续的新工作机会的唯一途径。即使有可能去放慢（如何放慢？）智能机器的开发和应用步伐，也只是让痛苦缓解一小段的时间而已，但从长远来看，反而会使情况更糟。

不幸的是，一直以来，政客和企业 CEO 们为了满足一小部分选民的眼前利益，牺牲了未来更长远、更大的利益。为了让劳动人口适应时代变化，为他们提供再教育与培训的机会要远远比在鲁德分子*泡沫中尽力保留工作岗位更高效。可是这需要长

---

*　强烈抵制技术革新的人。——译者注

远计划并牺牲短期利益，类似的做法在国际象棋比赛中十分常见，但当今的领导者们对这种做法并不感冒。

唐纳德·特朗普（Donald Trump）凭借"从墨西哥等国家抢回工作机会"的许诺，赢得了 2016 年美国大选，就好像美国工人可以或者应该和那些薪水只有他们 1/10 的其他国家工人去争抢制造业的工作一样。给国外的产品提高关税，会使几乎所有商品变得昂贵，给国内最穷的人们带来最严重的影响。如果苹果公司在美国本土生产红色、白色、蓝色等各式 iPhone 手机，其成本比在中国生产同样的产品贵一倍，那么苹果公司又能卖多少部这样的产品呢？你不能只享受全球化带来的利益，又不想承受它带来的弊端。

聚焦于像人工智能这样能改变世界的重大突破所带来的负面效应是我们的一种特权。除非我们真的可以雄心勃勃地持续创新，然后在遇到新的问题的时候不断地解决它，这样才能真正解决突破所带来的负面效应，正如我们一直以来所做的那样。美国确实需要补充被自动化所取代的工作，但它要做的是用新的工作去创造未来，而不是想着从机器手中把过去的工作拿回来。这是可以做到的，并且已经做到了。这里我指的"已经做到的事"，并不是指美国农民的比例从 1920 年的 30% 降到了 2% 以下，而是指近来的工具再造（retooling）。

1957 年 10 月 7 日，谢尔盖·科罗廖夫（Sergey Korolyov）设计的微型人造卫星斯普特尼克（Sputnik）号发射成功，使得持续数十年的太空竞赛进入了冲刺阶段。艾森豪威尔（Eisenhower）总统立即下令所有的项目都要加快速度，这种急功近利可能是导致 1957 年 11 月美国第一颗人造卫星凡高德（Vanguard）发射失败的原因。媒体在电视直播中谑称这次失败为"败北尼克"（Flopnik：Failure + Sputnik，失败的斯普特尼克），这种尴尬反而导致当时的美国政府为了达到目的更加急功近利。

随后，"斯普特尼克时刻"（Sputnik moment）这个短语就进入了美国的国家词典，用来表示外国的成就，并以此提醒美国，竞争对手始终虎视眈眈。例如，20 世纪 70 年代，石油输出国组织（OPEC）的石油禁运被认为是一个"斯普特尼克时刻"，它激励美国开发可再生能源。随后的"斯普特尼克时刻"是 80 年代的日本制造业、90 年代的欧盟扩张以及最近十几年的亚洲崛起。

最近一次警醒美国巨人的"斯普特尼克时刻"出现在 2010 年，这一年中国上海的儿童在标准化的数学、科学和阅读考试中拿到了远远超过其他国家儿童的高分。2016 年 10 月 13 日，《华盛顿邮报》（*Washington Post*）的头条警示道："中国人工智能的崛起令美国黯然失色"，或许这与 2010 年的考试分数并无关联，而是另一个"斯普特尼克时刻"？可以看到，美国人应对新挑战的记录一直很差，当然，这不包括最初的那个斯普特尼克号。

早年斯普特尼克号的影响，自然而然会被往事冲刷得烟消云散，多日来亦真亦幻的恐惧也随同那个直径 23 英尺的金属球一同烟消云散。那时美国人的社论专栏中充斥着对共产主义思想和技术的惊奇与恐惧。斯普特尼克卫星以最原始的方式烧掉了美国人的信心，同时也创造了恐惧和愤怒，挫伤了美国人民的自豪感和优越感。

美国做出了回应。1958 年，即肯尼迪总统大胆地许诺在 20 世纪 60 年代末前将一名男子送上月球的三年前，时为参议员的肯尼迪支持《国防教育法》立法，这项法案在全美范围内直接资助科学教育。该项目所培养的新一代工程师、技术人员和科学家，设计并构建了我们今天所生活的数字世界。

国家振兴的努力是否可以像阿拉丁神灯中的精灵一样被召唤，这还是一个悬而未决的问题。战争和恐惧是引发一致行动的必要条件，想到这一点实在令人沮丧，毕竟我们在一个远离战争和恐惧的世界中显然生活得更幸福。但现存的威胁确实让人高度集中精力，正如塞缪尔·约翰逊（Samuel Johnson）描述的即将走上绞刑架的情形一样。全美国范围内的任何变革性成果都需要获得政治家、商界领袖和多数民众的支持。

20 世纪 70 年代，美国消费者购买了数以百万计的日本高级轿车，中国学生热情洋溢地奔向美国各大高校和公司。在当今全球化的世界中，技术竞争让我们彼此获益，促使我们做正确的事情或至少做更好的事情。即使是美国也不能放弃追求科学卓越。美国仍然具有独特的创新潜力，可以推动整个世界经济向前发展。一旦美国满足于一个平庸的世界，那么这个世界将趋向贫穷。

当美国国会讨论苏联取得的成功时，艾森豪威尔总统的科技特别助理詹姆斯·基利安（James Killian）博士，同时也是麻省理工学院院长，对这个技术问题给出了颇富文学气息的回答："毫无疑问，苏联对科学和工程领域充满了崇敬和热情，并在这两个领域培养了大批受过专业训练的人士"。1957 年 12 月《原子科学家公报》（*Bul-*

letin of the Atomic Scientists）期刊引述了基利安博士的话，期刊的编辑极力批评了美国的观念模式，是其让苏联在太空领域更为领先的，正如该刊社论所表明的："我们满足于小富即安，没有致力于更宏大的目标，也没有挖掘我们的潜能"。

这是对美国慵懒、短视和不愿意在最前沿科技领域冒风险的相对礼貌和专业的说法。我认为这正是美国再次找回自我的地方。硅谷依然是世界最伟大的创新中心，美国比世界其他任何地方都拥有更多实现成功所必需的条件。但是，你最后一次听到一项政府法规鼓励创新而不是限制创新是什么时候呢？

我坚信自由企业将推动世界进步。苏联对技术的尊敬与美国创新所释放的巨大能量无法比拟。当政府通过过度管制和短视政策阻碍创新时，问题就出现了。贸易战和限制性移民政策将阻碍美国吸引世界上最优秀、最聪明的人才，这些人才是即将到来的"斯普特尼克时刻"所必需的。

试图阻止机器智能对人类的影响，就如同过去人们到处游说反对电力和火箭一样。如果使用得当，机器将会继续让我们更加健康和富有，也会让我们更加聪明。一个有趣的话题是：第一个能够直接增加人类知识量、提高我们对于世界的认知的发明到底是什么？从 13 世纪开始，玻璃打磨技术促成了眼镜的发明，并最终发展出望远镜和显微镜，这两样（强化人类能力的）工具大大提高了人类通过航海和医学研究来掌控环境的能力。可能只有指南针是较早的发明，它为人类提供了以前几乎不可能获得的信息。始于公元前 3000 年的算盘，其功能相当于一台机器，但它可能是（历史上）第一个增强人类智能的设备。尽管字母表、造纸术和印刷机并没有直接创造知识，却像互联网一样在知识的保存和传播上起到了关键作用。

我曾经在线上游戏中打败了计算机，反而成为上述理论的反面例子。不论机器能够替代人类做多少工作，人类都不会与我们（制造）的机器竞争。人类是在和自己竞争，通过不断创造新的挑战来拓展能力、提高生活质量。反过来，这些挑战需要能力更强的机器和更有能力的人来制造、训练和维护这些机器，一直到我们能够生产出可以做这些工作的机器，循环往复。如果人类感到被自己的技术超越了，那是因为我们还不够努力，我们还需要更大的目标和梦想。与其担心机器能够做什么（来替代人类），不如考虑考虑机器还不能做到的事（让机器实现更多的功能）。

再次声明，我并非不同情那些生活和生计遭受颠覆性的新科技负面影响的人。世上很少有人能比我更了解职业生涯被机器威胁是什么滋味。没人能够确定当国际象棋机器人打败世界冠军时会发生什么。那时是否还会举办专业的国际象棋联赛？如果人们认为世界上最好的棋手是一台机器，世界锦标赛还能得到赞助和媒体报道吗？人们还会继续下国际象棋吗？

所幸这些问题的答案是肯定的，但这些末日场景也成了国际象棋协会某些人批判我当初迫切参加人机对战的理由。或许我可以婉拒并推迟这件不可避免事件的发生，迫使程序员们去挑战其他顶级选手。如果一台机器击败了阿南德或者卡尔波夫（这两位是 1997 年 5 月我与"深蓝"再次对决时排在我名字后面的选手），这个故事就会变成"很好，可是它能击败卡斯帕罗夫吗？"但那也只能维持到 2000 年，那时我已经不是世界冠军了，或者在 2005 年，我不再排名第一、已经退出国际象棋比赛了。我从来都不是逃避挑战的人，作为第一个在比赛中输给一台计算机的世界冠军被世人记住，总好过作为一个在计算机面前临阵脱逃的世界冠军被载入史册。

而且，我并不想临阵脱逃。对于这些全新的考验、科学的追求、促进国际象棋发展的新途径，以及，坦率地说，伴随而来的关注和金钱，我感到十分激动。为什么要让别人成为第一个吃螃蟹的人，不论螃蟹是好是坏？作为参与者，我为什么要放弃这样一个独特的、具有历史性意义的角色，而成为时代的观众？

我也不相信那些具有启示性的预测所说的，如果我在比赛中输给机器会发生什么。我对国际象棋在数字时代的未来总是充满乐观，并非因为"尽管汽车跑得更快，但人类还是需要跑步"这类陈腐的和不精确的说辞，尽管当下许多人这么认为。约翰·亨利曾说过，汽车没有使步行过时或让行人失业。尤塞恩·博尔特（Usain Bolt）的最高时速为每小时 30 英里，地球上的许多事物速度都超过了他，譬如郊狼每小时 40 英里，袋鼠每小时 44 英里。[1]那又怎么样呢？

国际象棋与体育运动之间存在较大的差异，因为强大的国际象棋机器可以直接或间接地影响人类的国际象棋下法。你可以认为它们更类似于类固醇和体育运动中的兴奋剂，可以提升运动员的成绩或在滥用的情况下给体育运动带来伤害。国际象棋的下法是实操的和具体的，人类可以精确模仿计算机下棋时的走法或策略。如果机器向人类展现了部分国际象棋最为流行的开局是不好的，那么人类如何击败机器呢？人类玩家自己会成为机器人，会反思机器展示给人类的走法和思路吗？获胜者会是家里放着最强大计算机的玩家吗？是否会有计算机辅助作弊行为呢？这些都是现实和严肃的问题，但这些问题与像计算机很好地解决了下国际象棋的问题、使人类之间的对抗变得过时之类的忧郁的幻想是不一样的。

与几乎所有的新技术一样，对于每一个潜在的不利因素，强大的国际象棋机器的性能和可用性都在日益增加。不过，我承认我较晚才认识到这一点。计算机国际象棋软件的头几代，在我们的白话中被称为"国际象棋引擎"，性能太弱，对专业玩家几乎无用。最受欢迎的程序主要针对休闲消费者[2]，他们更多地关注漂亮的 3-D 棋盘或动画效果，而不是引擎的力量。即使在 20 世纪 90 年代初，国际象棋机器变得更加强大并成为危险的对手，但国际象棋机器的走法仍然是不优美和不人性化的，对于受过严格训练的选手用处不大。

相反，我早期的兴趣在于开发计算机工具来帮助我和其他的专业选手做好准备工作。准备和其他的专业选手比赛无须在数十本参考书和充满复杂分析的笔记本中苦苦搜寻战法，通过计算机中充满数千场棋局的库能够在几秒钟内检索到，并且它可以轻松完成更新。1985 年，我开始与德国技术作家弗雷德里克·弗里德尔（Frederic Friedel）讨论开发一个类似的应用程序，他是一位严肃的计算机棋迷。他和一个程序员好友马赛厄斯·维伦韦贝尔（Matthias Wüllenweber）在汉堡成立了国际象棋库（ChessBase），并于 1987 年 1 月发布了同名的开创性项目。伴随着该项目的问题，一个古老的棋盘游戏进入了信息时代，至少你可以拥有一个 Atari ST。正如我在 1987 年所说的那样，对于国际象棋的学习者来说，只要点击几下就可以收集、组织、分析、比较和复盘各种国际象棋下法，计算机的这类能力就像印刷机一样具有革命性意义。

说回到国际象棋引擎，在 20 世纪 90 年代早期，我曾经在几次激烈的比赛中输给了顶尖的计算机程序，并且很明显的是，它们一直在变得更强大。在此之前，回到全世界大部分地区家庭电脑还很不常见的年代，机器的能力常常不是被高估就是被低估。早期有一些在我看来较为乐观的理论认为，尽管国际象棋分析过程中可能性分支呈指数化增长会在一些问题上制造障碍，但编程技术和越来越快的 CPU 总会使得机器棋手的排名稳步上升。

我逐渐意识到，强大程序的不断增长在很大程度上将全球范围的体育界变得更加民主化了。我在国际象棋界的成功就是一个"出生地决定命运"的例子，这点与我的天赋和我那决心极强的母亲具有同样的重要性。在苏联，我能够轻易接触到关于国际象棋的图书、杂志、教练，并总有强大的对手与我对弈。可能除了前南斯拉夫，世界上再没其他地方能够具备这些优势。其他国际象棋强国也得益于悠久的国际象棋传统为国际象棋人才提供了必需的资源支持其发展。

并不昂贵的个人电脑上即可配置特级大师级水平的国际象棋程序，这一现象结束了上述等级化的局面，尽管计算机程序比不上一位经验丰富的人类教练，但是总比什么都没有要好太多了。结合互联网把游戏送到世界每个角落的能力，转变正在发生。培养精英棋手的关键因素就是及早发现他们，多亏了强大的计算机，现在这在任何地方都变得非常容易了。目前世界精英棋手名单上囊括了众多国际象棋传统并不悠久国家的棋手代表，这绝非巧合。计算机正在许多方面产生类似的影响，削弱了权威的影响力。中国和印度的国际象棋正在政府支持和本土明星效应下突飞猛进，而利用大师级水平的机器进行训练的能力迅速帮助它们实现了这种飞跃。在此之前，它们必须通过引进苏联教练、耗费巨资举办国际锦标赛或者送本土选手出国参赛才能让他们感受到强劲的竞争。中国目前有 6 位选手在全球排名前 50。俄罗斯的顶级选手依然最多，11 位，但他们的平均年龄是 32 岁，而中国顶尖选手的平均年龄是 25 岁。

如今的世界冠军马格努斯·卡尔森（Magnus Carlsen）来自挪威，生于 1990 年。他一直都觉得计算机国际象棋程序比人类更强大是很正常的事情。讽刺的是，他是一位非常具有"人类风格"的选手，他走棋的思路并没有很电子化。然而，对于他的大部分同辈人来说，情况并非如此，我们还将进一步仔细研究这个问题。

在讲述我面对国际象棋机器的亲身经历之前，有必要让我们回看这段漫长的（人机）对抗史。尽管由于个人职业因素，我在此类人机竞赛上花费了大量的精力，但回首以往，我不得不说比起体育竞技层面的得失，更有趣的是我们能从机器象棋的历史，尤其是机器与人类高手之间的竞赛中，了解到更多关于人工智能和人类认知的知识。

这既不是由于人类创造的硅晶产物不可避免地在棋艺上超越了我们，也不是因为许多比赛本身对非职业选手来说极具吸引力。最有意思的比赛是那些在某些方面代表了机器走棋的优势的比赛，因为它们反映了科学的进步。比赛结果最引人注目，这是无可厚非的，但胜负之外的东西更加重要。将国际象棋看作一种更好地理解计算机和人类各自擅长的领域，以及人类纠结什么、为什么纠结的途径，这比竞技的结果更重要。

通过国际象棋的国际等级分制度，我们整理出一份简单的图表，从中可以看到，从大型机到专用硬件再到现今的顶尖程序，其国际象棋水平以线性方式稳步提升。从20世纪60年代的新手水平，到70年代的高手水平，再到80年代后期的特级大师级水平以及90年代的世界冠军级水平，机器从来都没有大跃进，这只是一个缓慢而稳定的演进过程，在全球的软件开发者们互相学习、相互竞争的同时，摩尔定律在计算机硬件上施展着不可阻挡的魔法。

这种从国际象棋新手到特级大师的机器发展历程正在全世界数不清的人工智能项目上重演。人工智能产品从可笑的弱势演进到有趣的弱势，再演进到造作而有用的，最后发展到超越人类的程度。

从自动驾驶汽车和卡车上，从 Apple 的语音助手 Siri 上，我们看到了从语言识别到语音合成的发展路径。对于技术而言，总有一个临界点，使其从有趣的消遣变成必需的工具。然后另外一个转变会来临，此时的工具会变成比创造者预想的还要强大。通常来讲，这是数年来技术集成的结果，互联网就是一个六层不同技术共同起作用的例子。

人类对一个新技术从怀疑到坦然接受的转变是如此之快，令人惊叹。尽管科技的快速发展已经成为我们生活中的常态，我们还是会赞叹，或者恐惧，或者既赞叹又恐惧，人类只需要短短几年就能够接受任何新鲜事物。在这振奋人心的重要时刻，惊诧与坦然接纳相互交织，时刻保持头脑清醒显得很重要，这样我们才能够看清前方的道路，并做好最充分的准备。

那是 1963 年，我出生于巴库（阿塞拜疆首都）的 9 天前，在我于汉堡同时面对32 台计算机的 22 年前，以及我与"深蓝"的宿命之战的 34 年前，历史上首次国际象棋机器与人类特级大师之间的比赛在莫斯科举行。当时的对战已经差不多被人们遗忘了，并且其国际象棋技艺水平也不足以名垂青史，但它仍然是一座里程碑。

苏联的国际象棋特级大师戴维·布洛斯坦恩（David Bronstein）（2006 年与世长

辞）在许多方面与我志趣相投。他是一个对棋盘内外的发展都充满好奇和实验精神的人，并最终因为其坦诚的天性惹怒苏联当局而获罪。布洛斯坦恩提出了许多提高国际象棋水平的新想法，甚至是国际象棋的变种游戏。[3] 从一开始他就对国际象棋机器和人工智能感兴趣，并始终热衷于和最新一代的程序竞赛。布洛斯坦恩也看到了通过计算机象棋深入了解人类思维的潜力，并撰写了许多关于计算机象棋的文章，一直到其职业生涯的结束。

1963 年，布洛斯坦恩依然是全世界最强的选手之一，[4] 距离他在一场世界锦标赛中与伟大的波特温尼克打平手已经过去 12 年了。1963 年 4 月 4 日，在莫斯科数学研究所，他与在一台苏联 M-20 大型机上运行的苏联程序下了一场完整的比赛。我真想问问布洛斯坦恩在最初的几步棋后是怎么想的。他不能完全确定这台机器就像一个初学者。这是迈向未知的一步，面对这个独特的对手没有办法做什么准备。

人们很快就证实，就像塞缪尔·约翰逊那句著名的调侃，令人惊喜的并不是国际象棋机器下得还不错，而是它下得确实不行。布洛斯坦恩略带攻击性地玩弄弱小的机器。他让计算机赢了几个子，并将它的棋子转移到进攻位置，然后将黑方的王赶出棋局。他在 10 步之内就完成了漂亮的将军，只用了 23 步就结束了比赛。

布洛斯坦恩打败 M-20 的情景是一个第一代人类高手对阵国际象棋机器的原始版本：计算机变得贪婪，因此受到了惩罚。早期程序的评估函数严重依赖于棋子的价值，就是说，哪一边的棋子和兵更多。这是评估和编程最简单的因子；为棋盘上的一切赋值然后计数——毕竟计算机很擅长数数。这一套价值体系在两个世纪以前就被确定了：兵的值为 1，马和象的值为 3，车的值为 5，后的值为 9。[5]

棋子中"王"是棘手的，因为它的机动性不是特别强，而它必须不惜代价地被保护着。王不能被俘获，如果王无处可逃，那么游戏就结束了：这就是"将军"。一个有趣的事情是，如果给王分配 100 万的赋值，那么计算机程序将不会把王置于危险境地。计算机能够很好地明白，将军是确定的和终止性的事件。如果有方法在三步内实现将军，无论在人类看来有多么复杂，计算机都能够找到这三步走法。

仅仅将精力集中在棋子数量上，是人类新手下棋的方式，特别是小孩。他们只关心吃掉对手的棋子，忽略棋局上的其他因素，诸如棋子走法、哪方的王更安全等。最终，人们从经验中得知，尽管点数棋子数量很重要，但如果己方的王被将军，你吃掉对手的棋子数量多少都无关紧要。

根据棋盘上位置的不同，棋子实质价值的变动范围很大。比如，一枚位置良好的马与在有限范围内的车价值相当甚至更大。在中局阶段，即国际象棋中充满活力和富有战术性的阶段，如果棋局能够进入残局，则一枚象的价值可能超越三枚兵。在比赛中调整不同价值量是有可能的，但这么做需要计算机算法附带更多的知识，因此会减慢搜索速度。

早期的国际象棋机器无法像人类那样从经验中学习。那些充满求知欲的孩子每次都能从将军中学习经验，即使他们输得很惨，他们会在记忆中积累有用的下法。计算机会一次又一次犯同样的错误，而人类在犯错后能够理解并且很好地避免再犯。即使在 20 世纪 80 年代，如果你设定好时间，与计算机反复对弈，你总可以用同样的方式一步一步击败计算机。

时间因素很重要，因为随着搜索的扩展，从一个微秒到下一个，计算机可能会切换到不同的下法。人类在每一步棋上花 60 秒与花 55 秒，其下法不会有太大差异，但是对计算机而言就有很大不同了，因为每一瞬间都被直接投入更深层次的搜索中，计算机必须在高质量的下法中获得线性回报。

早期的国际象棋程序和人类初学者之间具有明显相似性其实是一个陷阱，这是人们经常犯的错误，认为计算机像人类一样思考。正如莫拉维克悖论所指出的，电脑非常擅长国际象棋中的计算，而计算则是人类认为最麻烦的；计算机不擅长识别模式并进行类比评估，而这是人类的强项。除了将军，几乎所有用于评估棋局的因素都依赖许多其他因素。加之当时计算机运行速度慢，导致早期专家认为开发强大的 A 型（暴力）程序是不可能的。

尽管要花一些时间才能搞明白他们错了。许多早期程序都尝试 B 型，B 型程序像人类一样，寻求减少计算机算法搜索树的规模来提升计算机搜索速度和深度的优势，即能够以可预测的方式提升计算机的性能。

20 世纪 50 年代末，麻省理工学院开发了第一款具备比赛能力的国际象棋程序，领先了被布洛斯坦恩击败的苏联开发的程序几年的时间。麻省理工学院开发的莫托克-麦卡锡（Kotok-McCarthy）程序运行在 IBM 7090 上，其中包括一些将成为日后每一个强大算法基础的技术，譬如用以加快搜索速度的 alpha-beta 剪枝技术。

领先的苏联队当时采用了 A 型方法，有趣的是，不像美国人那样，机器被强大的棋手们包围着。艾伦·莫托克（Alan Kotok）和约翰·麦卡锡（John McCarthy）的国际象棋造诣都非常弱，因此对游戏规则有相对浪漫的想象。对我来说，苏联支持暴力搜索并不讽刺，相反，这反映了它对如何下好棋和取胜有较好的了解。如果国际象棋下得很好，那它将是一个非常精确的游戏。当强大的棋手较量的时候，一个兵的差异就足以决定胜负。较弱的棋手则受限于自身和频繁的错漏。在新手或非玩家眼中，国际象棋游戏就像一列上下冲刺的过山车，双方都会以充满大漏招的方式来回下棋。

如果您正带着浪漫的憧憬来设计国际象棋机器，那么科学精确度将不会像灵感时刻那样重要。如果您依靠对手来取得回报，那么偶尔的错误就不会显得那么糟糕，这意味着有一个自我实现的预言在起作用。B 型思维认为，整个系统一开始是混乱和嘈杂的，因此需要尽早选择最好的下法。莫托克–麦卡锡程序仅以 4 步开始，而非向前看最好的 10 步或 20 步。也就是说，程序先挑出 4 步最佳的下法，然后找出 3 个最好的答案，之后再挑选出 2 步最佳的下法，依此类推，其变得越来越深入和狭窄。

从表面上看，程序设计与强大的人类玩家所做的分析工作相似，但它忽略了一点，人类能够有效地开展分析，仅仅是因为人类对数千种方法的评估和人脑巨大的并行处理使得人类能够以强大的准确性来选择初始的三四步。期望一台毫无经验积累的机器通过靠集中运算的方式来选择几步正确的下法，近似于蒙眼玩飞镖，而非下盲棋。

对于国际象棋而言，人工智能实验室的好处之一在于：它有着良好的测量进展和监测不同理论的方法——这就是直接在棋盘上比试！苏联人比美国人起步晚，但是他们的 ITEP 程序开发得更快，1966—1967 年间双方通过电报进行了一场比赛。以莫斯科理论和实验物理研究所命名的 ITEP 机器采用的是 A 型方法，与过时的莫托克–麦卡锡程序相比，它实在是太精确了，它以 3–1 的成绩赢得了比赛。

大约在这个时候，美国程序员理查德·格林布拉特（Richard Greenblatt）凭借其对国际象棋更好的理解在莫托克–麦卡锡概念的基础上极大地扩大了搜索范围。相比于莫托克–麦卡锡程序 4，3，2，2 的搜索宽度，理查德·格林布拉特的 Mac Hack Ⅵ

程序起始搜索宽度为 15，15，9，9，它降低了"噪音"水平，并使程序效果更加准确和强大。Mac Hack Ⅵ程序还增加了数千个开局下法的数据库，成为第一个在人类国际象棋锦标赛中参赛并获得国际象棋等级分的电脑程序。尽管取得了这些改进和成功，但是 B 类程序剩下的日子已屈指可数。暴力搜索的时代正在到来。

　　我初识电脑是在 1983 年，尽管那时我并不和它们下棋。英国电脑公司爱康（Acorn），被誉为"英国的苹果"，那一年赞助了我和维克托·科尔奇诺（Viktor Korchnoi）在伦敦的比赛，比赛现场展示了它们的产品。无论是企业、业余爱好者还是其他早期使用者，整个欧洲都在第一批家用电脑上投注了大量资金，爱康的业绩非常好。我赢得了比赛，这使我离次年与阿纳托利·卡尔波夫在世界锦标赛上的对决更近一步，同时爱康给了我一台家用电脑让我带回巴库。我坐在阿洛夫洛特（Aeroflot，苏联民用航空总局）的飞机上，旁边是苏联大使，而我易碎的新奖杯还配有专用的 VIP 座位和毯子。

　　对于我，一个苏联人，拥有一台电脑看起来有点像科幻小说。首先，我把自己的一生都用来攀登国际象棋的奥林匹斯山，几乎没有时间放在其他兴趣上。其次，除了研究机构以外，苏联仍然是一个电脑的荒漠。1977 年苹果第二代产品 Apple Ⅱ 的苏联仿制品——AGAT——于 1983 年面世，并且慢慢地开始出现在全国的学校里。因为其价格大约相当于苏联平均月工资的 20 倍，大部分普通公民很难触及。并且，就像苏联大部分的山寨技术一样，作为一个已经面世 6 年的电脑的复制品，它也不算好。美国的 BYTE 杂志在 1984 年写到，"AGAT 很难在当今的国际市场中占有一席之地，即使市场给了它这个机会。"[6]

　　这并不是冷战的后果。此时美国的个人电脑革命已经开始了。虽然个人电脑依然很昂贵，但对于中产阶级就很容易承受了。1982 年 8 月超级热门的康莫多尔 64（Commodore 64）发布。1983 年上半年具有标准配置的 IBM PC XT 面世。到 1984 年下半年，超过 8% 的美国家庭拥有电脑。与此形成鲜明对比的是，阿塞拜疆的巴库，一个超过 100 万人口的首都城市，个人电脑的数量大概在我和我的那台爱康乘坐的飞机落地时才从 0 变成了 1。

　　我想说，这次与电脑的初次相遇是我人生的一个转折点，但是就像我之前所说的，那时的我太忙了。我相信，我的亲戚朋友大部分都用过我这台 8 比特的爱康，一个 BBC 的微机模型，来玩电脑游戏。其中一个游戏以一种十分重要的方式改变了我对电脑的认识和我的人生，但它不是国际象棋游戏，而是挪动一只绿色的青蛙过马路。

1985 年上半年的一天，我收到了一个陌生人寄来的包裹，这人名叫弗雷德里克·弗里德尔，一个国际象棋爱好者，也是一位在德国汉堡工作的科学家。他送给我一个精美的笔记本和一个软盘，里面有好几个电脑游戏，其中有我最喜欢的叫"跳跃青蛙"（Hopper，1984 年爱康发布的一款操纵一只绿色的青蛙过马路的视频游戏）的游戏。我承认自己在接下来的几周时间内花了大量闲暇时间来玩"跳跃青蛙"并不断刷新我的成绩。

几个月后，我到汉堡参加活动，其中一场与电脑仿真有关。我拜访了弗里德尔先生在郊区的家，见到了他的妻子和两个儿子——10 岁的马丁（Martin）和 3 岁的托米（Tommy）。他们让我感到了宾至如归般的舒服，弗雷德里克热情地向我展示他在电脑方面的最新进展。我也谈到了我已经完全掌握了他寄给我的几个游戏中的一个。

"你知道，在巴库我是最好的'跳跃青蛙'玩家"，我并没有提到在巴库没有人和我比赛这件事。我告诉他我的最高成绩是 16 000 分，但这个非同寻常的数字并没有让他有所回应，哪怕抬一抬眉毛，这让我有点吃惊。

"非常好"，弗雷德里克说，"但是在我们家这个分数不算高"。

"什么？你能比这还高？"我问他。

"不，不是我"。

"哦，那么马丁一定是电脑游戏高手了。"

"不，不是马丁。"

当弗雷德里克的笑容让我意识到这间房子里的"跳跃青蛙"高手只有 3 岁时，我有一种不祥的预感。我难以置信地说，"你不是在说托米吧！"当弗雷德里克让他的小儿子坐到我们身边的电脑前等待游戏开始的时候，我更加有理由害怕了。因为我是客人，他们让我先开始，碰巧我打出了个人最高成绩，19 000 分。

然而我的成功很短暂，托米开始玩了。他小小的手指快得我都看不清，没过多久就达到了 20 000 分，然后是 30 000 分，我认输，我可不想坐在那里看他表演一直到午饭时间。[7]

在"跳跃青蛙"游戏上输给一个小朋友是比任何一场输给卡尔波夫的比赛更容易接受，但这还是让我思考良多。我的祖国拿什么和一批在西方国家长大的电脑小天才竞争呢？作为在苏联大城市中为数不多的拥有电脑的人之一，我轻易地被一个德国"小屁孩"打败了。

所以当 1986 年我和电脑公司阿塔利（Atari）签署了赞助协议后，作为回报，我从该公司拿回了 100 多台机器，在莫斯科成立了苏联第一家青年电脑俱乐部。我持续不断地把旅行中带回来的硬件和软件提供给这个俱乐部，这里成了众多有天分的科学家和爱好者的活动中心。

他们经常给我一个自己项目所需的设备清单让我帮忙带回来，这就导致了当我旅途归来到达机场时就会上演一场好戏：我就像是圣诞老人一样派送礼物。有一些电脑专家出现在欢迎我回家的国际象棋粉丝中，希望我能设法找到他们愿望清单上的物品。我甚至记得有一个人冲我大喊，这在今天的机场会引起安保人员的注意，"加里，你把温彻斯特（Winchester）带回来了吗？"这是当时一款许多人梦寐以求的硬盘驱动器。[8]

有时候，弗里德尔和我也会讨论电脑对于职业国际象棋的可能意义。就像那时候的公司可以迅速采用电脑制作传单、处理文字和数据库，那么为什么没有类似"跳跃青蛙"的国际象棋游戏呢？这将会是一个有力的武器，我必须率先拥有它。

如上所述，我们的谈话促成了第一版国际象棋软件"国际象棋库"的诞生，这个名字很快就成了职业国际象棋软件的同义词。1987 年 1 月，我尝试了这个程序的早期版本，为一场同步展示的与一个强大对手的特殊比赛做准备。1985 年在一场类似的比赛中我以小比分输了，当时我与一个强大的德国职业联赛组的 8 位成员同时比赛。我有点疲惫又过于自信，尤其是我不了解对手，也没有办法快速为此做准备。

为了再次比赛，我必须努力探索国际象棋数据库究竟能对职业国际象棋和我的生活带来多大的改变。用一台阿塔利 ST 及一张弗雷德里克和马赛厄斯（Matthias）给我的标着"00001"的国际象棋数据库软盘，我就能够在数小时内调出并回顾对手之前的比赛，在没有电脑的情况下这个过程大概需要耗费几周的时间。而我只用了两天时间准备，就很舒服地进入了比赛状态，最终我以破竹之势通过 7-1 的大比分赢得了比赛。那时我就意识到自己接下来的职业生涯将会有大量的时间在电脑前度过，但我并没有意识到我要花多长时间来和电脑比赛。

　　若干年后，当一位记者和一位摄影师来到我的住所时，我向他们展示了电脑如何在准备阶段快速而全面地主导国际象棋比赛。为了配合报道，摄影师想要拍几张我坐在棋盘前的照片。但唯一的问题是，我手边一个棋盘都没有！我所有的准备工作都是在笔记本电脑上完成的，这台康柏电脑真正体现了"便携"这一概念。它的重量接近 12 磅，即便如此，也比我带着纸质笔记本和一大摞开放的百科全书到处旅行轻便很多，也更加高效。让电脑优势更加强大的是，最新的比赛刚一结束就能从互联网上下载结果，而不用等待数周甚至数月之后阅读杂志上的发布。

　　很快，几乎所有的国际象棋特级大师参加每一场锦标赛的时候都会携带电脑。不过，当时代际差异仍然很大：许多年长的棋手觉得个人电脑太复杂、太陌生，尤其是几十年来他们已经用传统的训练和备战方法赢得了数次比赛。电脑依然很昂贵，很少有选手会像我这样拥有赞助协议以及世界冠军奖金。

　　电脑和数据库的诞生对职业国际象棋带来的改变，很好地隐喻了新科技对工业和社会的广泛影响。这是一个众所周知的现象，但我觉得它的动机鲜有人关注。年轻人没有那么多思维定式，更容易尝试新鲜事物。但年长并不是这些人不接受新事物的唯一原因，他们的成功也是一个原因。当你已经很成功了，当现状对你有利时，你就很难主动改变你的方式。

　　在给商界人士的演讲中，我把这叫作"过去成就的重力"，并常常引用我个人的惨痛经历作为例子：2000 年我败给弗拉基米尔·克拉姆尼克（Vladimir Kramnik），错失了世界冠军的头衔。当时我正处于成就的巅峰，经历着前所未有的顶级锦标赛连胜纪录，我的排名不断被推向更高。我觉得好极了，并为 10 月份在伦敦的比赛做了深入的准备，我一共安排了 16 场比赛。克拉姆尼克是我当时最危险的对手，比我年轻 12 岁，他这些年来在和我的比赛中表现强劲，但这是他第一次参加世界冠军锦标赛，而我已经第 7 次参加了。我有经验、分数更高，而且感觉很好，我怎么会输呢？

　　答案就是"在对手的强项中走棋，并且拒绝改变"。克拉姆尼克做好了十分狡猾的准备，利用他执黑子的时机，把我拉进了我所讨厌的局面。这种局面完全对他有利，导致我在后面的比赛中只有忙于招架的份儿。但我并没有完全避开这些局面以及往我的强项中走棋，而是继续铤而走险，就像一头被红布蒙住头的公牛。最终我以 2 败、13 平的成绩输了比赛，一场都没有赢。

当时我 37 岁，也不算太年长，我也从来不担心把自己推到前沿，包括拥抱新科技。我的弱点在于拒绝承认克拉姆尼克比我准备得更充分——备赛一直都是我的强项。败给克拉姆尼克那一刻之前的每一次成功都像是把我放在青铜液里蘸了一遍又一遍，成功一次蘸一层，使我愈加顽固、无法改变，并且更重要的是，看不到作出改变的必要。

我所比喻的重心并不只是个人发展或者自我认知的问题。抵抗颠覆和改变也是一种标准的商业行为，市场领导者常采用这种方法来保持其对市场的领导。现实生活中有无数这样的例子，但我要从一部科幻作品中选出一个荒诞的例子，这是一部在 1951 年上映的名为《白衣男子》（*The Man in the White Suit*）的电影，由亚历克·吉尼斯（Alec Guinness）领衔主演。吉尼斯所饰演的主角是一位离群索居的化学家，他发明了一种穿不坏也穿不脏的神奇布料，却没有得到你所期望的名誉、财富和诺贝尔奖，反而是被一群愤怒的暴徒满大街追着跑——这是因为最后各个利益相关体都意识到了他的发明将来意味着什么：不再有人需要新的衣服，纺织工业将会被淘汰，数以千计的工作机会也将随之消失，也不再有人需要洗衣皂和洗衣工，因此他们加入了讨伐者的行列。

我是不是有点扯远了？当然，我不认为你和我一样，怀疑灯泡公司会出售一款永不破裂的长明灯泡，就算它们真的能被造出来。但拒绝并拖延变革、想要从一个已经存在的商业模式中再多挤出几美元的利润，往往只能让命定的衰落来得更加严重。1999 年，我曾经为搜索引擎公司阿尔塔·维斯特（AltaVista）代言过一个电视广告，但那并不意味着当国际象棋界的谷歌出现时，我想让它那样被人遗忘。[9]

当数字信息席卷国际象棋界的时候，我只有二十几岁，而且这种变化是逐渐展开的，而不是像海啸一般。通过屏幕上的游戏进行练习要比纸质材料便捷很多，这绝对是一个强有力的优势，而不是像核爆炸一样可怕的事。若干年后互联网带来的影响也如此巨大，大大加快了大师们通过棋盘开展信息战。也许在周二莫斯科的一场比赛中用到的一个精彩的、从没人用过的开局点子，在周三的时候就会被全世界的十几位选手效仿。这大大缩短了这些被我们称为"开局新意"的秘密武器的寿命，从数周或数月缩短到几个小时。你再也不能指望用一个狡猾的陷阱诱捕两个以上对手了。

当然，只有当你的对手们也会上网并且与时俱进的时候，但这种情况并不常见。让一位 50 岁的特级大师抛弃他挚爱的、写满比赛分析的皮面精装笔记本，印刷精良的锦标赛告示以及其他备赛习惯，无异于让一位作家用文字处理器写作，或者让一位画家在屏幕上而不是在油画布上画画。但是在国际象棋界，这就是适者生存的法则。那些迅速掌握新技术的选手生存下来了，极少数没有跟上时代的选手都从榜单上跌落下来了（排名下降了）。

虽然没有办法证明这种因果关系，但我确信在 1989—1995 年间，也就是当国际象棋库成为标准时，许多资深棋手的迅速衰落与他们无法适应新技术有很大的关系。1990 年的评级名单中有 20 名出生在 1950 年之前的活跃棋手排在世界前 100 名之列。到 1995 年，只有 7 个，而其中只有一个是精英：永恒的维克托·科尔奇诺。他出生于 1931 年，在 1983 年由奥肯赞助的伦敦候选人比赛中是我的对手。另一个例外是我伟大的竞争对手卡尔波夫，他出生于 1951 年。尽管他个人不愿意接受电脑和互联网，但他的水平仍然保持在他 50 来岁的巅峰状态。即使他才华横溢、经验丰富，并作为前世界冠军坐拥充足的资源，他还是要依靠同事的协助进行研究才能保持这种巅峰状态，这是少有人具备的优势。人们要告别旧时代，减少依靠助理或比赛中俗称的计时员所带来的优势，这也是技术进步给国际象棋界带来民主化影响的一种体现。

虽然这可能缩短了少数老棋手的职业生涯，但电脑也使年轻棋手提升得更快。这不仅是因为它是国际象棋引擎，而且是因为个人电脑数据库程序可以让富有可塑性的年轻头脑与可用信息流相结合，这就让新想法像消防软管中的水流一样，源源不断地奔涌而出。甚至当我看到孩子们眨眼间就能从一个游戏跳到另一个游戏、从一个分析分支转到另一个的时候，也会感到吃惊。以电脑为中心的训练也有缺点，稍后我会提及，但毫无疑问，它彻底颠覆了整个赛场或者棋局，对于年轻人来说甚至还有更多。随着我的职业生涯的发展，我将面临每个冠军的挑战，以抵挡下一代棋手，这一代棋手还是与精密工具一起成长的，而这些工具在我还是个孩子的时候并不存在。

我生逢其时，正好赶上这波潮流，并没有被它淘汰。但是，这个时机也让我站在前线与越来越强大的新对手较量。1985 年 11 月 9 日，国际象棋机器终于进入了世界冠军赛，对手就是我。

　　什么时候国际象棋机器能够打败世界冠军？这是一个历史上每一位国际象棋编程者都被问过许多次的问题。正如你所预料的，在计算机很初级的时期，人们预测的年份就已经非常不靠谱了。至少，我们知道的卡内基梅隆大学的研究组在 1957 年曾大胆预测在 1967 年机器就能做到，这种说法从某种程度上说被"打脸"了，因为来自同一所学校的一个团队所创造的"深蓝"计算机最终做到了，但时间是 30 年后，而不是 10 年后。

　　1982 年，在洛杉矶举行的第 12 届北美计算机国际象棋锦标赛上，世界上最好的国际象棋机器相互争夺最高排名。肯·汤普森（Ken Thompson）的专用硬件机器贝利继续表现出卓尔不群的优势，并展现出日后被深蓝最终实现的硬件架构和定制棋盘的潜力。汤姆森与贝利的代码开发人员乔·康登（Joe Condon）在著名的贝尔实验室工作，他们也是 Unix 操作系统的创始人，这仅仅是他们众多成就中的一个。

　　就结果而言，贝利是对香农在 1950 年提出来的"快速而愚蠢的"A 型暴力程序与"智能但缓慢"的 B 型人工智能程序之间的两难选择做出了一个明确回答。很明显，贝利强大的计算能力、足够快的搜索，足以下出非常优秀的国际象棋。尽管贝利相对缺乏认知和其他评估限制，但是它每秒高达 16 万个位置的计算速度足以使更智能的微处理器，包括克雷（Cray）超级计算机，只能望其项背。正因为此，在 1982 年关于计算机棋手什么时候能击败世界冠军（当时的卡尔波夫）的采访中，卡尔波夫表现出谨慎的乐观态度。

　　蒙蒂·纽伯恩（Monty Newborn），国际象棋机器发展的背后驱动者之一，特别是作为推动者和组织者，则非常乐观地回答机器将在 5 年内击败人类国际象棋冠军。另外一位专家迈克·瓦尔沃（Mike Valvo）也是国际象棋专业棋手，他认为这将发生在 10 年内。当时流行的个人电脑程序萨根的创作者确切地认为会是 15 年。汤普森则认为还有 20 年的时间，这意味着他同绝大多数人一样持悲观立场，认为这将在 2000 年左右发生。有少数人甚至说这永远不会发生，他们认为即使有更快的机器，但随着国际象棋知识的不断丰富，机器也将遵循收益递减法则。然而，这是最后一次，人们的问题是"何时或是否"，而不仅仅是"何时"。

　　到 20 世纪 80 年代后期，经过 10 年的稳步发展，计算机国际象棋团体清楚地意识到，在人与机器之间的对决中，胜利在望的时候到了，他们可以更有效地缩小预测成败的时间范围。1989 年，在加拿大埃德蒙顿举行的世界计算机国际象棋锦标赛上，43 名专家的调查报告反映了人机对决近期的成就。一年前，计算机刚刚在比赛中打败了大师，计算机下一步的改进路线也逐渐突出重点：更多的知识和更快的速度。然而，只有一方正确地选择了 1997 年作为注定的年份，而其他的猜测都在 10 年之内。值得注意的深蓝团队的成员默里·坎贝尔预测的是 1995 年，克劳德·香农则认为是 1999 年。

一再强调计算机国际象棋团体这些年来的早期错误预测和不理性有点不公平。毕竟人的计算能力是较弱的，而我们的后见之明总是完美的。但有一点必须指出，因为在许多情况下他们的错误，无论是过度乐观还是放弃式的悲观，都是今天我们对人工智能各种预测的历史借鉴。

我们常常高估每一个技术进步的潜在可能，也常常会淡化其弱点。我们很容易狂热地想象着任何新的发展将会在一夜之间改变一切。这种一贯失误的唯一原因往往是不可避免的技术障碍。人性与技术发展的本质不同。我们看到进展是线性的、直接的。实际上，只有已经开发并被采用的成熟技术才是真实的。例如，摩尔定律准确地描述了半导体的进步，太阳能电池效率以缓慢而稳定的方式不断改善。

在这样的进展可以被预测之前，我们还要经历两个阶段：努力进取，然后突破。这符合比尔·盖茨的格言，"我们总是高估未来两年将会发生的变化，而低估未来十年的变化。"[10] 我们期望线性进步，得到的却是多年的挫败而后成熟。之后正确的技术结合在一起，或者达到一定数量后在一段时间内迅速崛起，这让我们感到震惊，直到达到成熟阶段并趋于平稳。我们的头脑将技术进步看作是一条对角线，但它通常更像是 S 形。

20 世纪五六十年代的国际象棋机器发展水平仍处于比较纠结的阶段。研究人员用极少的资源进行了大量的实验，试图找出 A 类或 B 类哪个是最有前景的，而在硬件上使用的原始编码工具非常地缓慢。国际象棋知识是关键的吗？速度是最重要的因素吗？这么多基本概念仍悬而未决，使得每一个新的突破都可能成为一个重大的突破。

一个强大的棋手决定把科学家们认为的关于机器的乐观观点看作是自己的个人优势。在轮到我成为电脑国际象棋最想要打败的对手之前，苏格兰一位名叫戴维·利维

（David Levy）的国际象棋国际大师正在把打败机器变成一个有利可图的副业。早在1968年，当听到两位杰出的人工智能专家预测10年内机器将击败世界冠军后，利维下了一个著名的赌注，认为没有电脑能够在一场比赛中打败他。如果你看过在1949年克劳德·香农创造路线图后的20年里制造的国际象棋机器，你可能会认可他的观点。

为了快速澄清一些术语，在2 400分左右的评估中，国际象棋国际大师级高于大师级（2 200分），在特级大师级（2 500分及以上）以下。如今有270位被认为是精英，世界上约40名棋手超过了这个纪录，达到马格努斯·卡尔森的纪录2 882分。我的巅峰成绩是1999年的2 851分，当我和"深蓝"打第二场比赛时，我的评分是2 795。值得注意的是，随着时间的推移，评级越来越高：博比·菲舍尔在1972年的高峰期的评分是2 785，就像珠穆朗玛峰一样，但是不少玩家已经超过了这个数字，而我不能说其超过了菲舍尔。我们称两个对手之间的系列较量为"比赛"，而称与许多棋手的较量为锦标赛。

20世纪70年代初，利维的国际象棋水平比电脑程序强得多，直到赌注到期前，还没有程序能达到大师级水准。此外，利维也很了解电脑棋手的优点和缺点。他认识到，由于深度搜索能力越来越强，电脑程序在战术复杂性方面正变得相当危险，但是电脑程序对于战略计划和残局下法的微妙之处知之甚少。他会耐心地行动，采用"无所事事但做得好"的反电脑战略，直到电脑过分投入，并在自己的棋局中显现出弱点，然后利维设法利用这些弱点反击电脑程序。

直到西北大学开发出一个简称为"国际象棋"（Chess）的程序前，利维看起来所向披靡。拉里·阿特金（Larry Atkin）和戴维·斯莱特（David Slate）开发的程序是第一个在不犯人类严重错误的情况下，能够以强大的、一致的能力击败专家级棋手的程序。到了1976年，"国际象棋4.5"就足以赢得级别较低的人类赛事。1977年，"国际象棋4.6"在明尼苏达州的一场公开赛中取得了第一名，它的表现即使还达不到大师级，也接近专家级了。

程序开发的徘徊阶段已经结束，快速增长阶段已经到来。更加快速的硬件和20年持续的程序改进相结合，让这种态势达到了顶峰。在人们经历过数十年对电脑程序潜在优势的高估和失望之后，真正的进步比任何人的预期都来得更快。1978年，当利维对阵电脑世界冠军时，"国际象棋4.7"比他想象的同时期任何电脑程序都要强大。尽管在六场比赛中，电脑程序取得了一平一胜的战绩，但它还不足够强大。

利维一直是推动电脑国际象棋界发展的重要力量，关于电脑国际象棋他撰写了无数书籍和文章。他是国际电脑游戏协会（ICGA）的主席，该组织负责监督 2003 年我在纽约市对阵"小深"国际象棋程序的那场比赛。1986 年，利维在《ICGA 杂志》（*ICGA Journal*）上发表了一篇题为《算法程序何时能够打败卡斯帕罗夫?》的文章，我想，他应该为将自己的目光转向别人而感到高兴。

利维收集整理了自己的获奖历史，并向社会发布了他的请战邀约，对于任何能够击败他的国际象棋电脑程序，都将获得 1 000 美元的奖金，美国科学杂志《欧姆尼》（*Omni*）为该赌注增加了额外 4 000 美元的奖金。直到 10 年后，卡内基梅隆大学的一群研究生用一台名为"深思"基于硬件的定制国际象棋电脑赢得了这场比赛。

第 4 章

机器的要害

"好吧，"计算机深思说，"伟大问题的答案……"

"是?"

"关于生命、宇宙和万物……"深思说。

"是什么?"

"是……"深思说，它停顿了。

"是什么呀?"

"是……"

"到底是什么…… !!! ……?"

"42"，深思说，无限威严而平静。

"42!"卢恩克沃尔（Loonquawl）喊道，"这就是你经过 750 万年运算呈现出来的全部结果吗?"

"我非常仔细地检查过，"计算机深思说，"这绝对是答案。说实话，我认为问题在于，你从未真正了解问题是什么。"[1]

如同所有最棒的笑话都很深刻一样，在道格拉斯·亚当斯（Douglas Adams）的小说《银河系漫游指南》（*The Hitchhiker's Guide to the Galaxy*）中，宇宙中运行速度最快的计算机和它的制造者之间的对话给人留下了深刻的印象。我们永远在寻找答案，而没有在这之前首先确保我们理解了问题或是搞清它们是否正确。在我关于人机关系的讲座中，我很喜欢引用巴勃罗·毕加索（Pablo Picasso）的一句话，他在一次采访中说道："计算机是无用的，它们只能告诉你答案。"[2]一个答案意味着一个终点，意味着完整的一步，但是对毕加索而言，世上从没有终点，只有要去探索的新问题。计算机是提供答案的绝佳工具，但是它们不知道如何提问，至少不是人类意义上的提问。

2014 年，关于这一说法我得到了一个有趣的回应。我被邀请在全球最大的对冲基金——位于康涅狄格州的桥水基金（Bridgewater Associates）总部发言。令人意外的是，他们聘请了戴夫·费鲁奇（Dave Ferrucci），IBM 人工智能项目沃森的创始人之一，沃森因为在美国电视台的益智问答游戏节目《危险边缘》（*Jeopardy*）中的胜利而成名。听起来，费鲁奇对 IBM 专注于数据驱动的人工智能方法并想尽快将令人印象深刻的沃森系统及其突如其来的声名变成商业产品的行径感到失望。他一直致力于更复杂的"路径"，即旨在解释事物的"为什么"，而不仅仅是通过数据挖掘找出实用的相关性。也就是说，他希望人工智能进行超出即时实际结果的探索，为了能揭示原理的结果而非简单地给个答案。

有趣的是，费鲁奇觉得，以反传统闻名的桥水基金可能是比作为世界上最大技术公司之一的 IBM 更适合开展此类雄心勃勃的实验性研究的地方。当然，最重要的是，桥水基金正在寻找能改善投资结果的预测分析模型。该基金相信支持费鲁奇的研究是值得的，就像他所指出的，"想象我们能开发出一台可以结合演绎方法和归纳方法来发展、应用、完善和解释基本经济理论的机器。"[3]

这是一枚值得我们虔诚追求的圣杯，尤其是"对基础理论的解释"。即使是世界上最强大的国际象棋程序，也无法超越初级策略序列去解释它们卓越棋技背后的原理。它们下了厉害的一步棋，只是因为机器"觉得"这步棋优于其他路数，而不是因为使用了人类可以理解的应用型推理。当然，与超强机器对抗进行分析还是非常有用的，但是对于一个业余选手来说，这有点像让计算器成为你的代数老师。费鲁奇在我讲座中的感慨，与毕加索和道格拉斯·亚当斯一样切中问题的要害。他说："计算机知道如何提问，它们只是不知道哪个问题是重要的。"我欣赏这个说法，因为它的几层含义都提出了有用的见解。

首先，我们从字面上看。最简单的程序可以问你一个预先设计好的问题并且记录答案。然而无论从何种意义上讲，这都不是人工智能；它只是自动化的数字笔记本。即使这个机器以真实的人声提问并且以合适的答案来跟进你的问题，它可能也不比最基本的数据分析做得多。如果不考虑自然语音组件，这类程序就像过去十多年中软件和网站上常见的帮助功能一样。你输入问题，帮助系统或聊天机器人选出关键词——"崩溃""音频""PPT"——然后发给你一些相关的帮助页面，联想出一些它认为相关的问题。

任何使用过例如 Google 之类的搜索引擎的人，都经历过这种系统，这几乎意味着是所有人。很久之前，我们中的大部分人就意识到用谷歌搜索"怀俄明州的首府是哪里"是没有意义的，而简单用"首府 怀俄明"就能以较少的输入得到相同的结果。然而，不同于打字，人们在讲话时偏爱用更自然的语言，例如与 Siri、Alexa、Ok Google、Cortana*，以及其他认真倾听我们所说的每一个字的虚拟助手对话时，他们喜欢说完整的句子。这就是如今社交机器人有如此发展推力的一个原因，它是研究人类与人工智能技术交互的手段之一。我们的机器人如何看、如何听、如何行动是我们选择如何应用它们的一大因素。

当我在 2016 年 9 月牛津举行的社交机器人大会上发表演讲时，我和另一位演讲者奈杰尔·克鲁克（Nigel Crook）博士以及他的机器人聊天。克鲁克博士在牛津布鲁克斯学院致力于人工智能和社交机器人领域的研究，他强调研究机器人在公共空间中的应用非常关键，人们既对这一应用感到着迷，又抱有相同程度的恐惧。你手机中无形的声音是一回事，但是当它从一个机械的面孔和身体中发出时，就是另一回事了。不管你对它们的感受如何，它们都会在你所到之处更多地出现。

回到计算机能否提出像费鲁奇这样的人工智能梦想家致力于的那种更深层次的问题，更加复杂的算法正被开发来从数据中分析事件的动机和原因，而不仅仅是排列相

---

* Siri、Alexa、Ok Google、Cortana 以上依次为苹果、亚马逊、谷歌、微软的虚拟智能助手。——译者注

关性来回应搜索或一些琐碎的问题。但是要想知道哪些是正确的问题，你必须知道什么是重要的、什么是起作用的。除非你知道哪个结果是最令人满意的，否则你也不知道什么是重要的。

我会定期谈论战略和战术之间的区别，以及为什么在每一步任务执行之前都要首先了解长期目标，这样才不会将全局的胜利与反应、机会或是阶段性成果相混淆。这样做的难点在于，即使是小公司也需要使用任务描述和定期检查，以确保它们处于正轨。适应形势固然重要，但如果你总是改变战略，那么你其实从没有真正拥有一个战略。我们很难弄清楚自己想要什么以及如何最好地实现这个目标，所以不难理解我们为何难以让机器纵览全局。

机器没有自主的方式来知道某些结果是否比另一些重要或是为何一些结果更重要，除非它们已经有明确的参数被编进程序或有足够的信息能使自己计算出来。我们必须告诉机器什么是重要的，那这个"重要的东西"究竟是指什么呢？一个结果是重要的还是不重要的，取决于人类告诉机器什么才是重要的，人类需要给机器建立这种价值观。至少，这是一直以来我们采用的方式。但是，我们因为机器工作的结果而惊奇转变为因为它们生产结果的工作方式而惊奇，这是一个巨大的区别。

举一个简单的例子，传统的国际象棋程序理解国际象棋的规则。它理解棋子应该如何移动以及如何将军。它也被程序编辑了每个棋子的价值（兵为 1、后为 9 等）和其他知识，例如棋子的移动规则和兵型布阵。任何超出规则的事情都被定义为知识。如果你把兵比后更有价值定义为知识，并用这种知识编程，国际象棋程序会毫不犹豫地将后投入战斗。

但是如果你根本不向机器提供这类知识呢？如果你只是告诉它国际象棋规则，让它自己发现其余的事情呢？让机器弄清楚车比象更有价值、2 个兵可能很弱、半开放线 * 可能是有用的。这为人类通过机器探索以及机器探索途径来学习新知识开辟了可能性，而不仅是创建一台强大的国际象棋对战机器。

现在不同的系统真正在做的事情是使用遗传算法和神经网络之类的技术来自己编程。不幸的是，它们并没有被证明比传统的依赖硬性条文知识的快速搜索程序更强

---

* 半开放线（half-open file）：国际象棋术语，指一方没有兵但对方有一个或更多的兵。——译者注

大，至少目前还没有。但这是由于国际象棋的特点，而不是因为这个方法有问题。研究对象越复杂，就越有可能从开放的自生成算法中获益，而不是从固定的人类知识中获益。国际象棋还不够精妙，比起国际象棋来说，我得承认生活里有更多复杂的事物。

在国际象棋上我投入了 30 年的精力，但我心爱的游戏暴露出了一个问题：它太简单了，以至于机器无法通过暴力快速搜索而得到某种战略以击败最优秀的人类选手。虽然我们已经在进一步调整深蓝的评价功能与训练其开放性上面做了很多工作，但是令人沮丧的是，当几年后新一代更快的芯片推出时，这些工作没有什么是重要的了。无论好还是坏，国际象棋都还不够复杂，无法让国际象棋机器团队找到超越速度的解决方案，其中许多人为此感到遗憾。

1989 年计算机国际象棋界的两位领袖人物写了一篇题为《跌下神坛》（Perspective on Falling from Grace）的文章[4]，批评了让国际象棋机器最终接近特级大师水平所采取的方法。苏联计算机科学家米哈伊尔·顿斯科伊（Mikhail Donskoy）是凯撒项目（Kaissa program）的创始人之一，赢得了第一届计算机国际象棋世锦赛冠军。加拿大的乔纳森·谢弗（Jonathan Schaeffer）和他在阿尔伯塔大学的同事们几十年来一直站在棋类竞技机器的前沿。他在致力于国际象棋的同时，制作了一个强大的扑克程序，他的程序 Chinook 为跳棋世锦赛冠军奋战，并且几乎完全破解了这个游戏。

顿斯科伊和谢弗在一本知名的计算机国际象棋杂志上发表了一篇富有挑战性的论文，文中描述了多年来计算机国际象棋与人工智能的分离。他们认为这种分离是基础搜索算法压倒性成功的结果。如果已经掌握了获胜方法，那为什么还要关注别的东西？他们写道："不幸的是，计算机国际象棋在成型阶段的早期就被赋予了如此强大的想法。"胜利是重要的，取得胜利越快越好，所以这一领域从科学转向了工程。模式、知识和其他人性化的方法被丢弃，因为超快速度的暴力机器将包揽所有的奖杯。

对许多人来说，这是一个巨大的打击。国际象棋自创建以来，一直是心理学和认知学的重要研究课题。1892 年，阿尔弗雷德·比奈（Alfred Binet）研究了国际象棋选手，以此作为他对"数学神经和人类计算器"研究的延续。他的研究结果对不同类型的记忆和心理表现的研究产生了重大影响。比奈通过与生俱来的天赋与后天获得的知识和经验之间的差异定义了这一领域。"一方成为一个好的棋手，"他写道，"但另一方生来就是一个卓越的棋手。"[5]之后，比奈与西奥多·西蒙（Theodore Simon）一道继续创建智力测验。1946 年，荷兰心理学家阿德里安·德格罗特（Adriaan de Groot）扩展了比奈的工作，他们对棋手的广泛测试揭示了模式识别的重要性，并洞悉了人类直觉在决策中的奥秘。

美国计算机科学家约翰·麦卡锡 1956 年创造了"人工智能"这个术语，称国际象棋是"人工智能的果蝇"。[6]简单的果蝇成为生物学，特别是遗传学中无数次开创性科学实验的理想研究对象，国际象棋之于人工智能正如果蝇之于生物学、遗传学。到 20 世纪 80 年代末，计算机国际象棋已经大大远离了这个伟大的实验。在 1990 年，贝尔实验室的肯·汤普森公开地推荐将围棋作为机器的下一个目标，这样，机器认知的实际进步会更有希望。同年，关于计算机、国际象棋和认知的纲要包括围棋的整个部分，题目是《人工智能的一只新果蝇?》

19 行乘 19 列的围棋棋盘与 361 个黑白棋子，是一个非常复杂以至于不能用暴力破解的矩阵，它太微妙因而无法由国际象棋人工智能上所采用的利用人类玩家的战术失误来获取胜利的方法。在 1990 年关于围棋作为人工智能新目标的文章中，围棋程序员团队表示，他们落后国际象棋大概 20 年。这点现在看来是非常准确的。2016 年，在我输给深蓝之后的第 19 年，Google 支持的人工智能项目"深思"战胜了围棋竞技选手李世石（Lee Sedol）。更重要的是，也正如所预测的那样，用于创建 AlphaGo 的方法作为一个人工智能项目比任何创造顶级国际象棋机器的人工智能项目都更有趣。它使用机器学习和神经网络来教会自己如何发挥更好的效果，以及如何使用超越常规基础搜索的其他复杂技术。深蓝是一个结束；AlphaGo 是一个开始。

国际象棋的局限性并非模型中唯一的误区。人工智能的基础计算机科学方面也反映出了局限性。艾伦·图灵梦想的人工智能背后的基本假设是，人类大脑本身就是计算机，他的目标是创造一台成功模仿人类行为的机器。这个概念在几代计算机科学家中占主导地位。这是一个诱人的比喻——神经元作为开关、皮质作为记忆库等。但是，这种超越了隐喻的平行关系还缺乏生物学依据，而且尚未很好地解释人类的思维方式为何与机器的思维方式如此地不同。

我喜欢用来强调这些差异的术语是"理解"（understanding）和"目的"（purpose）。我将从"理解"开始阐释。像沃森这样的机器，旨在了解自然的人类语言，必须对数百万的线索进行分类，以建立足够的语境，来理解对人类来显而易见的东西。简单的句子"鸡太热了，不能吃"，可能意味着一座农场里的动物生病了吃不了东西，或者晚餐的鸡肉太烫了需要冷却一下。在现实中，即使句子本身有歧义，也不会有人误解说话者的意思。有人会说句子的语境会使其含义明显。

应用语境对人类来说是很自然的；这是我们的大脑处理这么多数据的一种方式，而不必有意识地不断弄清楚事情。我们的大脑在后台工作，没有花费任何明显的努力，几乎像呼吸一样毫不费力。一个强大的棋手对某种特定的落子在某个特定的局势中是好的一目了然，你知道自己会喜欢看起来是某种特定口味的糕点。当然，这些背后的直觉过程有时候是错误的，留给你一个失去的机会或是并不好吃的零食，结果是你的意识可能会在下一次遇到这种情况时让你多坚持一下，然后再检验你的直觉。

相比之下，机器智能必须为遇到的每一个新的数据构建语境。它必须处理大量的数据来模拟理解。想象一下计算机在可以判断我们的"热鸡"问题前所必须回答的所有问题。什么是鸡？鸡是活着还是死了？你在农场吗？这只鸡是你要吃的吗？什么是吃的？当我在给大多数把英语作为第二语言的观众作讲座时举这个例子，有人指出，甚至还有一个额外的歧义因素，因为英语中的"热"可能意味着食物的辣度或食物的温度。

尽管简单的句子都存在这些复杂性，沃森依旧展示了如果有足够的相关数据可用，机器可以提供准确的答案，并且它可以足够敏捷地反馈。如同国际象棋引擎搜遍数亿种局面来找到最佳方案一样，语言可以被分解为数值和概率来产生回应。机器越快，数据越多，数据质量越好，代码越智能，这种回应就有可能越准确。

对于计算机是否可以提问，电视益智问答游戏书目《危险边缘》为此增添了一点讽刺意味，沃森在节目中通过击败两名前任冠军展示了其能力，它要求参赛者以问题的形式提供答案。也就是说，如果节目的主持人说："这个苏联程序在 1974 年赢得了第一届世界计算机国际象棋锦标赛，"选手会按下蜂鸣器，回答说："什么是凯撒?"但这个奇怪的惯例是简单的协议,这并不影响该机器能够在其 15PB(petabyte,拍字节)的数据中找到答案。

无论如何,输出就足够了。机器在这点上的表现比人类好。它们没有理解,但它们也从来没有试图去理解。医学诊断人工智能可以挖掘癌症或糖尿病患者多年的数据,并发现各种特征、习惯或症状之间的相关性,以帮助预防或诊断疾病。对机器来说,只要是有用的数据,在这其中就没有什么数据比其他数据更为"重要"的了,这一点对于机器来说是否重要呢?

也许不重要,但是对于那些想要构建下一代智能机器的人来说,这是非常重要的,那些机器可以比我们训练它们更快地自我学习。毕竟,人类不会从语法书籍中学习母语。到目前为止的轨迹如下:我们创建一个遵循严格规则的机器以模仿人类的表现。它的性能较差且充满人造的痕迹。随着迭代优化和运算速度增长以及性能提升,当程序员放宽规则并且允许机器自己计算更多东西,允许机器重塑或忽略旧的规则时,下一个飞跃就发生了。要变得擅长所有事物,你必须知道如何应用基本原则。要在某领域变得卓越,你必须知道何时违反这些原则。这不仅仅是一个理论,这也是我自己在 20 年来与国际象棋机器战斗的故事。

第 5 章

什么造就了心智

关于机器下国际象棋的预测或推断，都面临一个重要的问题，那就是国际象棋是一种竞技性运动。我不会深入讨论国际象棋到底是一种运动还是一种游戏，是一个爱好、一门艺术还是一种科学，这种争执完全没有意义。我也不会去和国际奥委会争论，虽然他们曾经驳回了将桥牌和国际象棋列为奥运会比赛项目的申请，理由是这种"智力运动"并不需要卓越的体能。[1]但我想任何一个曾经目睹国际象棋大师在短短几秒钟下出数十步棋的人，恐怕都不太会同意他们的这个观点。

小小的国际象棋几乎包含了竞技体育的所有要素，至少在比赛中是如此。对于人机大战来说，这些要素中最显著的一条就是竞争性。毕竟我们下国际象棋最终的目标不是下得好——那只有在赢得比赛时才有意义。我们当然可以讨论在棋盘上寻求真理或艺术上的满足，但说到底棋盘上的一切都要归结于输、赢或是平局。

国际象棋作为竞技运动的另外一个特点，就是比赛对心理和生理的巨大消耗。在国际象棋中，运动科学中所谓的"压力反应过程"一点也不比那些更需要体能的运动弱。我这里所说的消耗，可不仅仅是指在我们脑中进行复杂推演所做的"大脑体操"，还包括赛前和赛中的巨大精神压力。这种压力随着你在棋盘上走的每一步棋和你脑中的每一个想法跌宕起伏。它往往持续数小时，而一场势均力敌的比赛更是会让你的心情像过山车一样随着时局的变化和战况的转移起起落落。喜悦可以在顷刻间变为失落，也可以在一步棋内反转，即使是最具有抗压能力的棋手也会在肾上腺素的刺激下筋疲力尽。在每场比赛和每次赛事（它们往往要持续数周）中管理这种紧张情绪，对国际象棋特级大师来说是一项至关重要的技能。

从这样的状态，特别是从失败情绪中恢复，绝不是件容易的事情。国际象棋中没有任何一种简单的托词能掩盖失败的过失。比赛中不会有裁判的误判，不会有刺眼的阳光，不会有让你失望的队友，也没有纸牌或骰子那种运气因素。你输了，只因为对面的选手战胜了你，只因为你失败了。每一个高水平选手都相当的自负，对他们来说输棋是特别难受的。但同时他们必须在两种能力之间获得一种关键的平衡，一方面是忘掉一场糟糕的失败以便充满信心地投入到下一场比赛中，另一方面是能够客观地分析失败而不重蹈覆辙。

国际象棋也不是一个绝对完美的运动，对人来说如此，对机器来说也是这样。从2003 年起，我开始写一套关于国际象棋的丛书，叫作《我伟大的前辈们》（*My Great Predecessors*），里面是我对那些最伟大的棋手的几百场经典对局的分析。就算是使用计算机来分析，这里的很多对局都足以被称为成绩斐然。即使是这些最伟大的冠军们的传奇对局，也常失误连连。几年后我在《现代国际象棋》（*Modern Chess*）中对自己的比赛进行深入分析，也发现了这样的情况，这让我感到十分惭愧。但就像另一种观点说的，这不是国际象棋的漏洞，而是它的特点。如果你犯了一个小错误并因此陷入困境，只要坚持防守，你的对手就很有可能也开始出错。

国际象棋是一种激战，德国的世界冠军伊曼纽尔·拉斯克（Emanuel Lasker）就是这一观点最伟大的代言人。早在国际象棋只是绅士们用来消遣的娱乐项目的时候，拉斯克就已经成为哲学家和数学家，连爱因斯坦都以同行和崇拜者的身份为他的传记作序。拉斯克蝉联世界国际象棋冠军长达 27 年，他对心理学和对手信息的运用能力，像他的国际象棋技术一样卓越敏锐。在他 1910 年撰写的《国际象棋中的常识》（*Common Sense in Chess*）一书中，拉斯克在向读者讲解开局之前，阐述了这样的观点：

> 一直以来，国际象棋都被认为——或者说被错误地认为，是一种游戏，一种为了消磨时间而创造的活动，是一件不值得严肃对待的事情。但如果仅仅是一种游戏，国际象棋绝无可能在长时间的严峻考验中存活至今。一些热心的爱好者将国际象棋上升到科学或艺术的高度，很遗憾，它也不是。它的主要特点大概是我们人类天性中最喜爱的东西：战斗。

拉斯克是将心理学方法运用到国际象棋中的先行者，他写道：让对手感到最不舒服的棋就是最好的棋。也就是说，"玩转对手，而不是棋盘"。强大的运棋当然可以影响所有对手，但是拉斯克证明了，在对战不同的棋手时，某些特定类型的运棋和战术具有更强的杀伤力。对于他来说，胜利就是一切，而理解对手的优缺点对获胜至关重要，这是棋盘上的客观真理。

与他之前的世界冠军威廉·斯泰尼茨（Wilhelm Steinitz）相比，拉斯克的方法是一种突破。作为一个骄傲的教条主义者，斯泰尼茨说，他永远不会考虑自己对手的个性。"就我而言，对手也可以是一个抽象的概念或一台机器。"这真是命运的预言！虽然他在1894年说了这样的话，斯泰尼茨从来不必真的去对战一台机器来验证他的想法，我却没有那么幸运。

我之所以在这里简短地介绍国际象棋中的竞技和心理要素，是因为当你对战计算机时，所有这一切都没有意义。当然不是完全没意义，因为你自己仍然需要考虑这些因素，而机器不需要。机器从来不会因为占有优势而过度自信，也不会因为身处劣势而苦闷。计算机不会在一场长达6小时的紧张比赛中疲惫不堪，不会在计时器倒数时紧张，不会饿，不会分心，也不需要中途休息。更糟糕的是，当你面对一台机器，你知道自己的对手是不受影响的，这让你更难有效地调整你自己的精神状态。

这其实是一种非常奇怪的感受。看上去你的体验与其他比赛完全相同：有棋盘，有棋子对决，有对手坐在对面。但这个对手只是一个"人形木偶"，在传递算法给出的指令。如果国际象棋是一场战争游戏，你又该如何激励自己去对付一个硬件系统呢？

这不是一个无意义的心理学问题，相反，在国际象棋中，动机是至关重要的。在顶级的国际象棋比赛中，能够长时间保持高强度地集中注意力是至关重要的。比奈和德格罗特等心理学家曾寻找过的所谓"国际象棋天赋"，具有某种不可言喻的性质，就像天文现象一样仅可以被间接地观测到，那就是只能通过间接方法观察到影响。在更精细的测试或扫描找到我们的秘密之前，我们之所以能知道这样的天赋存在，只是因为一些棋手比其他棋手优秀很多，并且这种差距已经超出了经验和训练所能解释的范围。

科普作家马尔科姆·格拉德威尔（Malcolm Gladwell）曾在他的著作《异类》（Outliers）中提出著名的"一万小时定律"，即让人们实现卓越成就的是练习和实践，而非天赋。这一观点很明显地受到诸多事实的挑战，比如肯尼亚的长跑运动员和牙买加的短跑运动员并没有比其他运动员得到更多的训练，却获得了更好的成绩。对此格拉德威尔在《纽约客》（New Yorker）的一篇文章中解释道，一万小时定律只适用于"复杂的认知活动"。总之他认为："在对认知能力要求很高的领域，没有什么所谓天赋。"他专门举了国际象棋的例子，描述了多位天才在得到大师或特级大师称号之前用在学习上所花费的时间。

格拉德威尔后来在红迪网（Reddit）的问答中澄清了这一观点，指出练习并不是成功的充分条件。他说道："就算下 100 年的国际象棋，我也成不了特级大师。我想说的是即使是天赋，也需要巨大的时间投入，这样才能发挥出其价值。"[2] 我无法反驳这个观点，毕竟我自己就是这个观点的产物。如果你的目标是成为国际象棋特级大师，那么光是开局和终局阶段所需要的大量实战经验就意味着高强度的学习和练习。并且特级大师能够对成千上万的战术和走棋模式进行快速反应，这种能力也只能通过高强度的练习所形成的经验来获得。

格拉德威尔虽然没有否认与认知相关的天赋的存在，却大大低估了它的作用，这种天赋在能力发展的早期阶段尤其重要。"一万小时不会让每个人都成为特级大师，但每个特级大师都花了一万小时"这种说法忽略了特级大师之间，尤其是那些年轻又冉冉升起的特级大师之间最原始的巨大差异。

多年以来，通过卡斯帕罗夫国际象棋基金会，我一直在美国培养顶尖的国际象棋选手。基金会的主要工作是在中小学推广国际象棋。在雷克斯·辛克菲尔德（Rex

Sinquefield）和他的圣路易斯国际象棋俱乐部（Chess Club and Scholastic Center of Saint Louis）的共同资助下，我们的"美国新星"（Young Stars-Team USA）项目培养了多位世界青年国际象棋锦标赛 8 ~ 18 岁年龄组冠军，还有好几位国际象棋特级大师。我们能够成功的一个重要原因，就是在很短的时间内，发现孩子们的天赋并进行相应的引导，有些时候甚至是在他们正式接受传统培训之前进行。

比赛结果是一种具有高度可比性又易于追踪的指标，比如，一个职业积分 2 100 分的 9 岁孩子要比具有同等分数的 12 岁孩子更令人瞩目。卡斯帕罗夫国际象棋基金会的主席迈克尔·霍达尔科夫斯基（Michael Khodarkovsky）曾经是苏联的一名国际象棋裁判，于 1992 年移民美国。他尝试将苏联博特温尼克学校（Botvinnik School，那也是我受训的学校，后来我作为客座教练执教于此）大批量培养国际象棋选手的经验搬到美国。在此之前，美国的孩子很少在这个年纪接受职业训练，也没有多少参加大型赛事的经验。但在今天我们可以很自豪地说，美国已经有了世界上最厉害的一批年轻选手。

那些积分评级中的佼佼者，也就是格拉德威尔所说的"异类"，就是那些比他们的同辈早 2 ~ 3 年达到同一水平的孩子。一个 12 岁的孩子在职业积分中达到 2 300 分已经很优秀了，如果一个 9 岁的孩子有那样的成绩，那就可以说是出类拔萃了。有时他们的成绩会下滑，但如果他们能把领先同龄人几百分的成绩维持几年，通常就不会再回落到同龄人的水平了，直到他们需要面临职业选择：是成为职业棋手接受训练，还是去读大学。

那些取得了优异成绩的青少年，通常受益于几种原因：较高强度的训练、肯花时间的父母、频繁的比赛和数据库等专业培训工具的支持。但事实并不总是如此，这些适用于体育天才的培养标签不能解释少数孩子远超同龄人水平的现象。我们项目中有一个来自威斯康星州的孩子梁世奇（Awonder Liang），在 9 岁的时候就击败了一位国际象棋特级大师。在 13 岁的时候，他已经是美国 21 岁以下年龄段排名第 5 的选手，而与他同龄的下一位选手排在 49 位，积分比他要低 200 多分。而美国青少年选手排名第一的熊奕韬（Jeffery Xiong）只有 15 岁，他最近赢得了世界青年国际象棋冠军，已经跻身世界前 100 位顶尖棋手的行列。

除了比赛结果和排名，我们也有其他衡量天赋的方法。在孩子们正式进入我们的项目之前，我会仔细地看他们的对局记录选编。我当然没有指望凭借记录就总能完美地挑出潜在的冠军，但我能借此发现一个年轻选手才华的闪光处。说到才华，我指的是灵感，是创造力，是难以通过无数小时的训练得到的能力。那种天赋就在一个 7 岁的孩子身上闪耀，那正是格拉德威尔所承认的使他永远也无法成为特级大师的东西。除了"认知方面的天赋"，我们还能用什么来描述孩子身上的这种能力呢？

当然，这些难得的天赋并不能保证在国际象棋中的光明前途。这项运动的其他方面可能太具有挑战性，小孩子可能第二年就完全丢下国际象棋去踢足球或玩口袋妖怪游戏，也可能他们的父母觉得太浪费时间，或是参加比赛又贵又不方便。但我能看到这些能力就在那里。我亲眼在棋盘上看到有什么东西是如此与众不同，它就深藏在几磅柔软的灰质*中。

如果每个人都下国际象棋，我们可能就知道这种天赋有多么稀少了。假如我出生在一个国际象棋并不流行的国家，假如我从没学过如何下棋，像一棵树长在了一片荒芜的森林里那样难以寻觅，我还会有这样的天赋吗？如果我出生在日本，我会不会成为一个像羽生善治（Yoshiharu Habu）** 那样传奇的将棋冠军呢？[3] 我会不会在中国成为象棋选手，或在加纳成为西非播棋选手？抑或是其实只有国际象棋组织的一些特质组合才能几乎完美地匹配我的心智，让我发挥出自己的天赋？在我看来，事情似乎是这样的。

在我不到 6 岁的时候，还没完全弄懂所有的国际象棋规则，就解决了报纸上一道难住了我父母的国际象棋题目。我父亲基姆（Kim），第二天急忙拿出了棋盘和棋子，给我演示国际象棋怎么下。我学国际象棋就像是婴儿学习母语一样自然。在国际象棋中对弈成功没有运气一说，但很显然，生在这个国家又拥有这样的父母对我来说是无比幸运的。我父亲在去世前教会了我国际象棋规则，那时我才 7 岁。他本人并不那么喜欢下棋，倒是我母亲克拉拉在童年时期被认为是一个高手，但这种消遣方式很快就

---

　　* 这里指大脑。——译者注
　　** 羽生善治，1970—，堪称当今最优秀的日本将棋棋士，获得了众多冠军和荣誉，在七大头衔战中获得了全部七项的"永世称号"，亦是日本将棋史上第一个达成七冠王的人，改写了将棋界多项历史纪录。——译者注

因为第二次世界大战而被丢下了。

关于天赋我想说最后一点。别告诉我努力比天赋更重要，这是用来激励孩子学习或练钢琴的说辞。但就像我 10 年前在《棋与人生》中写的，努力就是一种天赋。把自己一直往前推、努力工作、不停地练习、比别人学得更多，这本身就是一种天赋。如果谁都能做到的话，那每个人都会成功。就像任何天赋一样，它必须被培养才能发光。我们可以很简单地把职业道德看作道德问题，先天与后天也确实是纠缠不清的问题，而且我很不喜欢让任何人把基因当借口而放弃努力。[4] 但对我来说，"棋手 X 更有天赋，但 Y 赢在更加努力"这种观点总是有点荒谬——要达到人类竞技水平的巅峰，需要最大化自身能力的每一个方面，当然要包括准备和训练，可是绝对不仅是在棋盘上或比赛室里的努力就能做到的。

由于乐观的天性，我下定决心：既然电脑下棋程序终于出现了，能够在世界冠军赛中与之对弈实在是一种幸运而非不幸。18 年来，我与每种新程序和改进程序进行比赛，为我的职业生涯带来了无穷的乐趣。这同时拉近了我与科学和电脑的距离，这些都是我原本没有机会体验的不同世界。

如果我能战胜机器，那当然是更令人愉快的。但我没有太多时间深入思考这种趋势转折。进化——这曾经产生了人类心智和苏联培训技术的伟大过程，终究敌不过摩尔定律的无情碾压。

我第一次公开对战电脑程序是在汉堡，我在一场车轮战中以 32 - 0 的成绩击败了所有程序。而我最后一次对战是在 2003 年的纽约，与一个名为 X3D Fritz 的程序，我戴了一副 3D 眼镜，在一个虚拟的棋盘上下棋，结果是连续 6 局的平局。在这些历史性的时间点之间，我与电脑程序进行了多次对局，有些是娱乐性对局，有些是严肃比赛。现在看这些比赛，能感觉到机器的升级是如此迅速，就像小孩以快进一般的速度在长大一样。

我并不是唯一一个对战电脑的特级大师。从 20 世纪 80 年代开始，就算不是与实力强劲的特级大师比赛，电脑参加国际象棋比赛也成了一种潮流。在开放性赛事中（与邀请赛或封闭性赛事不同，这是任何人都可以参加的比赛），电脑从让人好奇的新玩意儿变成了实在的晋级威胁。大多数这样的赛事都允许选手选择不与电脑程序配对比赛，很多人也确实是这么做的。而另外一些有人机对战经验的选手，尤其是实力很强的人，很乐意对战电脑。由于一种短暂出现的"反电脑棋"下法，很多人在最开始与电脑对战中十分成功。

每个超强的人类选手都有自己的风格，也有不同的优点和弱点。作为一个精英选手，理解自己的这些特点对于提升水平来说是很关键的。了解对手的特点也很重要，关于这一点伊曼纽尔·拉斯克和他的心理洞察力也已经证实过了。拉斯克对他的对手偏好风格的了解，甚至比他们自己还要深刻。他总是擅于利用这些信息，无情地将战斗引入令对手感到不舒服的局面。

国际象棋电脑程序没有心理缺陷，但它们的确有很鲜明的优点和弱点，而且比同等棋力的人类选手要明显得多。如今的程序是如此强大，由于拥有绝对的处理速度和强力的深度搜索能力，它们的大多数漏洞对胜负毫无影响。虽然缺乏战略布局，但它们的战术对人类来说太过精准，让人很难将这些微妙的弱点转变为决定性的战机。就像一个优势是发球时速达到 250 英里的网球选手，根本不必太担心反手薄弱的问题。

在 1985 年的时候情况还远非如此。战术计算仍然是电脑的强项，但它们只能做到 3～4 步棋的浅层运算。这个水平足够击败大多数业余选手了，但水平高的选手逐渐学会了布置超出程序计算深度的战术陷阱。电脑不会出错的计算能力是优势也是弱点，这似乎是一个悖论——电脑暴力穷举复杂度为百万种可能局面的算法意味着搜索树不可能很深。当电脑的计算深度只有后续可能的三步棋（双方六手）的时候，如果你能找到一种在四步棋（双方八手）以后才出现决定性一击的战术，那么电脑就无法提前破解这一威胁。我们所说的"水平线效应"（horizon effect），就是指机器难以超越其搜索的"视野"并加以利用。*

一旦理解机器的这种难题，人类强手可能会在人机对战时把棋子都藏在兵的后面以避免换子，并最小化战术的复杂程度。他们会把自己的力量隐藏在火线之后，把所有埋伏都放到电脑的"视野"之外。电脑不会在这一情况下犯错，但会忽视这一隐患，只会做一些无害的移动。当人类选手上紧发条最终出奇制胜的时候，拉斯克一定

＊ 在国际象棋程序设计领域，"horizon effect"通常被译作"水平线效应"，由于"horizon"一词还有"视野"和"眼界"的词义，这里结合上下文作了不同的处理。——译者注

会对这种心理战术发挥作用感到自豪。

这一招对稍有水平的人类选手都不会奏效。我们会看着棋盘然后思考：我没看到什么紧急的危险，但对手一定在什么地方准备发起一场强攻，我应该做点什么。我们可以做一些一般性的判断，比如"我的王比较薄弱"或"我的马的位置很危险"，然后开始分析下一步棋的走法，这不需要一步一步地精确计算来破解。而对于暴力破解的算法来说，如果无法达到足够的搜索深度看到实际的局面，这种隐藏的威胁就相当于不存在，也就不需要预防。

另一种来自过去的反电脑策略，就是将这种"水平线计划"发挥到极致，一直采取被动和坚定防守的策略，等电脑自己暴露弱点。对于没有时间节奏的电脑来说，它可能移动几个兵，把其他棋子移出位置，在找到一个攻击或防守的目标之前，它会漫无目的地游荡。

之后，程序技术的发展开始允许下棋软件变得更有"想象力"一些，去查看一些稍稍脱离搜索树的可能情况，代价是降低了主程序的搜索速度。有一些更成功的搜索技术，如"静态搜索"和"单步延伸"技术，都可以让电脑更深入地检索符合特定条件的变化，比如被吃子或被将军，这会使程序的举动更精明、更深入。这是一种更接近克劳德·香农提出的 B 型策略的转变，它让电脑能够像人类一样，提前考虑某些举措。但这仍然是搜索，而非知识。这些聪明的技术同更快的芯片一起，在实战中消除了水平线效应，让电脑程序取得了长足的进步。

看看 20 世纪 80 年代最好的国际象棋软件，我可以说它们下得并不好。但它们变得越来越危险，因为人类犯了诸多错误，而这正是程序可以完全避免的。在国际象棋术语中，人机对战本身就是非对称作战。电脑非常擅长复杂局面下的凌厉策略，而这正是人类最大的弱点。人类则擅长局面规划和结构性思考，不动声色地调动力量，也就是我们说的"布局式打法"。这种冰与火的较量让人机之争总是奇妙和有趣。但说到底，在对手很强大的时候，我们也永远无法避免使用这种看起来很弱的精细的策略来对战。

在人类输掉的人机对战中，这种情况一次又一次地出现。具有多年开局知识和经验的国际象棋特级大师们，坚实地建立起具有压倒性优势的局面，而电脑完全没有什么计划。人类选手常常会为了保持优势局面牺牲一个兵，重新取得子力均衡。于是人类必须最终找到一种方法吃对方的子或将军来取得棋局的胜利。这种通过弃子获得胜利的情况本来就不常发生，而一旦出现苗头，电脑总能像魔鬼一样发起一些令人眼花缭乱的战术打击，达成平局甚至赢得比赛。

戴维·利维在 1978 年输给国际象棋 4.7 的唯一的比赛就是个很好的例子。在比赛的第四局，利维执黑打出了很激进的开局。如果是对战如今的顶级程序，这几乎等于自杀，但在牺牲了一个兵之后，他获得了很好的局面，期待自己的三局连胜赢下整场比赛。虽然他要等上几个小时才能拿到奖金，然而，他没有实现决定性的一击，程序找到了刁钻的几步棋——都是我们要先发制人避免输掉的一步。国际象棋 4.7 抵挡住了攻击并最终获胜，那也是程序第一次在正式的国际大师赛事中获胜。公平地讲，程序在那场比赛的第一局就拥有了获胜的局面，但被利维反攻到了平局的地步，这个结果与传统的人机对局相比倒是一场有趣的逆转。

1983 年，汤普森和康登的贝利（Belle）成为第一个达到大师级别的机器。1988 年，HiTech，像贝利和之后的深蓝一样拥有专用硬件的机器在水平很高的宾夕法尼亚州冠军赛中再一次引起了注意。之后哈佛大学发起了一系列人机对弈赛事，吸引了一大批美国的特级大师对战顶级程序；这六年的记录讲述了这样一个故事：最初两年，所有人类选手的排名都高于程序；在这之后，虽然特级大师们对电脑程序仍然有相当大的优势，但情况逐渐发生了变化。1989 年人类以 13.5-2.5 取胜，1992 年是 18-7，到了 1995 年最后一届的时候，这一数字变成了 23.5-12.5。可能他们很明智，所以之后停止了这一对战。

1988 年 9 月，HiTech 在一场四局比赛中击败了前美国特级大师阿诺德·登克尔（Arnold Denker）。这场胜利太容易找到原因了——当时登克尔已经 74 岁，早就不是活跃的棋手了，而 HiTech 已经击败了好几名更强的棋手。登克尔又多次出现了严重失误，其中一局仅 13 步就落败了，另一局仅 9 步就失去了对局面的控制。这个级别的比赛确实能让机器展示它们众所周知的强大战术能力，但如果机器想获得击败人类的最高荣誉，它们必须瞄准更高的目标。

HiTech 的创造者汉斯·伯利纳在比赛之后发表了十分傲慢的评论，这让很多国际象棋界人士感到相当刺耳。你的作品取得了成功当然很值得骄傲，这种喜悦可能不亚于自己的孩子取得成功。但话说回来，你的机器击败的是将其一生都贡献给了国际象棋事业并取得了巨大成功的前辈，你不应该大肆炫耀。伯利纳，这位程序员中少见的国际象棋强手，在他对登克尔第四局比赛的评论中，对 HiTech 的几乎每一步棋都赞不绝口。他在《人工智能》杂志中写道："HiTech 真的很出色"，在比赛的对局记录中，他在每个地方都标注了感叹号，那是我们用来标注高质量和特殊一步的符号。对于一场在第 10 步就注定了结局的比赛，这样做实在失之偏颇。

1988 年的这场比赛对机器选手来说是很大的成就，但我会尝试更和善一点，击败像登克尔这样表现不佳的选手应该激发的是谦逊而非傲慢。而且，把一个从来没有与机器对战过的老年人当作目标，这看起来一点都不符合体育精神。我怀疑当时伯利纳已经对同类型的深思有所忌惮，后者当时还只是卡内基梅隆大学的研究生项目。当然这是很少的例外，我发现研究国际象棋的程序员对他们的人类对手是很亲切和尊重的。那些经常显示出傲慢和无理的程序员对比赛结果的重视远超过科学本身，或是搞混了他们自己和他们的机器的水平。

对于特级大师来说，电脑就像是人类的外星人，它们受邀来到我们的世界，我们中的一些人对它们充满敌意，但大多数时候我们对它们都充满好奇。偶尔的人机比赛能很好地满足这种好奇，就像杰西·欧文斯（Jesse Owens）也曾经一直反对赛马和汽车，但那总是很奇怪的事情。

在第二次世界大战中与艾伦·图灵共同破解恩尼格玛的唐纳德·米基（Donald Michie），伟大的人工智能先行者，在 1989 年很睿智地预测到，可能会出现"特级大师的强烈抵制"，反对机器参与各类赛事：

> 国际象棋是一种文化传统，它被那些人类组织的成员所共有。但下棋的精彩之处就在于对抗，在下完一局后，双方共同分析精彩的棋招，对于很多棋手来说，赛场就是他们社会生活的主旋律。而机器破坏了这一点，它们贡献的是强力的搜索，而非有趣的想法……假如专业网球选手需要面对机器人，而它们的机械臂能打出远非人力所及的回旋球，那些大师们一定会觉得这种竞争十分荒唐。这与他们终其一生所追求的技术有什么关系？[5]

米基还将人机对战类比为让歌剧演员表演一首"合成器二重奏"，我很喜欢这个比喻。每一个特级大师心中都有对国际象棋的热爱，对其中的艺术和情感的追求。我曾经呼吁，博弈根植于文化和个人水平。我们实在太难接受被完全没有满足感、没有恐惧、没有兴趣的机器碾压。

　　除此之外，我们应该怎样看待比赛中的旁观者呢？不管他们和他们的创造物有多么聪明，那些程序员和工程师常会表现出满足或沮丧，但那总像一种奇怪的仪式。就像米基说的，不管输赢，在一场比赛过后没有人可以讨论真的很怪。相反，我们可能会挤在屏幕上，看看比赛中电脑都在想什么。这很容易让我们想起博比·菲舍尔在一场艰难的胜利之后，遇到一个狂热的棋迷，"很棒的比赛，博比！"而菲舍尔回答道："你是怎么知道的？"[6]

　　不可避免地，1988 年，机器在加利福尼亚终于取得了真正的冠军。在长滩举行的高水平公开赛中，深思成为第一个击败国际象棋特级大师并取得冠军的机器。落败的一方是来自丹麦的本特·拉森（Bent Larsen），一位前世界冠军候选者。这位人称"大丹"的 53 岁选手已经不再处于鼎盛时期，但他仍然十分强大，比赛的失败也并非源自糟糕的失误。这台来自卡内基梅隆大学的机器不仅击败了特级大师，而且击败了一位非常杰出的特级大师。而在此之前来自英格兰的特级大师托尼·迈尔斯（Tony Miles）已经成为这次比赛中第一个被击败的特级大师。在接下来的一年，深思以 4－0 的成绩碾压了戴维·利维，这就像是在为它的无数机器同伴报仇。那是 1989 年，预言中的那个机器时代终于到来，是我该走进这竞技场的时候了。

第 6 章

进入竞技场

　　人们知道计算机非常擅长计算，而不会下棋的人一般认为国际象棋主要也是计算。他们常惊讶于人居然可以与弈棋机相匹敌。关于这个认知的触发大约在 20 世纪 50 年代，尽管那时候机器下国际象棋的想法听起来还像是科幻小说。大众认知的变化是由于苹果、IBM、康懋达和微软公司将计算机带到了每一个家庭、每一个办公室和每一所学校，充满魔力的计算机就这样为人所熟悉；无疑，一场古代棋盘游戏对它们来说毫无挑战性可言。

　　国际象棋在数百年来都被视为智力发达者的游戏，多少都带有些传奇色彩。这些误解和浪漫化的想法让人类冠军与机器的对战熠熠生辉。在西方世界，国际象棋从来都无法登上报纸首页，虽然在欧洲的大部分地区国际象棋被放在体育运动页面上，不像在美国，它经常被放到漫画以及谜题等的页面上。国际象棋与计算机革命的结合，显示出其对广告商、媒体和公众的巨大吸引力。这对国际象棋这样的运动来说是一件大事，毕竟曾经难找赞助是常有的事。

　　这种情况虽然已经有所好转，但棋王争夺战缺少足够的关注和赞助仍然是个问题。1984—1990 年，我连续参加了五届对战阿纳托利·卡尔波夫的世界锦标赛。这是一系列前所未有的比赛，比赛热度与其受到的关注度甚至接近于 1972 年博比·菲舍尔与鲍里斯·斯帕斯基那场对战的水平。而当年那场比赛是空前的，它所获取的利益与金钱超过了前后几十年所有比赛的总和。那正是在美苏冷战的紧要关头，在冰岛首都雷克雅未克的这个世界舞台上，一个勇敢的美国人对战来自苏联的机器一般的对手，胜利的奖金是几十万美元，这在当时可是一笔天价，不是两个苏联人在莫斯科的某个剧场里为花生、骄傲和特权而战所能够比拟的。

　　我与卡尔波夫的第一场比赛开始于 1984 年 9 月，这场持续 5 个月的"马拉松比赛"共进行了 48 盘对局，就在我以两连胜缩小了与卡尔波夫的差距之时，世界国际象棋联合会却终止了比赛*。当我终于在 1985 年的一场新的比赛中战胜卡尔波夫夺得冠军的时候，我已经 22 岁了，在倾向西方的同时，渴望探索我成为世界冠军后而获取的政治、经济优势。当我登上国际象棋的奥林匹斯山顶时，恰逢戈尔巴乔夫领导力的崛起及他所推行的改革开放政策。在这种新环境中我提出了很多问题：如果我在法国赢了一场比赛，为什么要把我的大部分奖金捐给苏联体育委员会？为什么我不能像任何其他体育明星那样同外国公司签订丰厚的赞助合同？在《花花公子》杂志的采访中，我依旧问，难道我不应该在巴库（阿塞拜疆的首都）开那辆我在德国锦标赛中光明正大赢来的奔驰吗？我这不仅是为我自己，也是为其他优秀的苏联运动员发问。我表达了这些"不爱国"的观点，偶尔会遇到些麻烦。但到 20 世纪 80 年代末，比起"背叛"的国际象棋冠军这个麻烦，苏联领导层正面临着更棘手的问题。而且，虽然我没有卡尔波夫那么可靠，至少我还在延续他的胜利之路。

　　1986 年的复赛，我们闯进了这个勇敢的新世界，将"24 点"比赛分办到了伦敦和列宁格勒（现在叫圣彼得堡）。这是第一次在苏联以外的地方举办两个苏联人参加

---

　　*　卡斯帕罗夫与卡尔波夫的棋王对战在莫斯科举行，当时赛制规定的胜利条件是：先获得 6 场胜利的一方获得冠军头衔，平局不计入分数。卡尔波夫在前半程的比赛中处于领先地位，但由于出现了多次平局，到第 27 局才实现了 5 - 0 领先。但卡斯帕罗夫在第 32 局之后开始扭转战局，并在第 47、48 局两连胜，将比分拉至了 5 - 3。但这时世界国际象棋联合会认为两位选手在长时间的压力下，健康状况令人担忧，于是终止了比赛。这一饱受争议的决定最终让卡尔波夫获得了胜利。——译者注

的世界冠军赛。在开幕式上，我们和玛格丽特·撒切尔（Margaret Thatcher）一起站在台上用英语进行访谈，只是通常我们会处于克格勃（KGB）的监视之下。第四届"K-K"大赛于1987年在西班牙的塞维利亚举行，我靠着最后一局的险胜保住了自己的名头。到了1990年，第五届也是最后一届赛事分别在美国纽约和法国里昂举办。柏林墙倒了，苏联随后也很快就不复存在了，真正的充满机遇和挑战的新世界向我和国际象棋开放。机器可能会是这一新纪元最激动人心的部分。

大约在20世纪80年代末，深思作为第一台会下国际象棋的机器开始对国际象棋大师们构成威胁，当时人工智能在科技和商业界慢慢开始复兴。所谓的由于多年炒作而没实现的人工智能的冬天也在慢慢消失。人工智能的危机源于人们信心的丧失，在20世纪70年代很多专家很快地发现了认知的秘密。在整个80年代，很多研究项目和人工智能商业项目都被取消，人工智能运动变得奄奄一息。基础科学出局，实用的系统取而代之。理解人类的智慧是件过时的事情，从狭窄的领域得到结果变得流行起来。新的口号变成了"不要让它思考，只管让它工作"。

在2001年在西雅图举行的人工智能大会上，微软公司董事长比尔·盖茨回忆起了20世纪70年代人们对流传中的人工智能抱有巨大的期望。"微软大概在25年前成立，我还能记起当时的想法，'好吧，如果我去做商业化的东西，我将错过即将到来的人工智能红利'，（笑声）所以我来自人工智能乐观派的学校。你们知道，我能记起自己在哈佛读书的时候，人工智能还只是Greenblatt国际象棋程序、Maxima以及Eliza，人们简单地认为在5～10年之内，这些难题都会被解决。"[1]

老实讲，这些人工智能先锋们瞄准的是那些最大的目标，像自然语言、自学机器，以及理解抽象概念。然而，事后看来，他们太过于乐观了。1956年达特茅斯夏季研究项目进入了人工智能领域，并大胆地想象"如果仔细挑选一群科学家进行一个夏天的攻关，所有这些事情都能取得极大的进展。"就一个夏天！

但是，我不会批评任何人的远大理想；这是关于技术如何改变世界的——它是不会按照预设的固定流程发生的。由于受到苏联发射的人造卫星斯普特尼克的强烈刺激，美国科技界在20世纪五六十年代开始建造我们今天所依赖的几乎每样数字科技，从互联网到半导体再到GPS卫星。如果真正的人工智能实现起来确实非常困难的话，当时许多其他雄心勃勃的项目却取得了成功。

有关互联网的前身——阿帕网的故事非常经典，但这个故事太多的细节难以详叙，所以这里只能说一说我个人与之相关的轶事。2010 年，作为特邀嘉宾的我参加了在以色列的特拉维夫举办的丹·大卫奖（Dan David Prize）颁奖典礼。丹·大卫基金会和特拉维夫大学每年都会颁发奖项，以此"认可与鼓励那些突破传统和惯例的创新性研究和跨学科研究"。来自加州大学洛杉矶分校的伦纳德·克兰罗克（Leonard Kleinrock）获得了"未来—计算机与电信"类的奖项。当幻灯片向观众展示伦纳德·克兰罗克的主要研究成果时，我兴奋地向妻子达莎（Dasha）低语："就是他！就是那个发送字母'l'和'o'的人！"

1969 年 10 月 29 日，伦纳德·克兰罗克的实验室由加州大学洛杉矶分校的计算机通过阿帕网发送第一字母到另一台位于斯坦福大学的机器上。他们尝试发送"login"一词，不过在前两个字母（l 和 o）发送后，系统就崩溃了（当然稍后问题被修复，"login"也被成功传输）。一个月后，机器间的永久链接到位了。又过了几个星期，圣巴巴拉和盐湖城再增加了两台计算机。我对该故事的基本情形颇为熟悉，也以阿帕网的故事反驳过那些声称互联网从 20 世纪 90 年代才开始的人。在这里，能有幸见到他本人，实属意外的荣幸。

伦纳德·克兰罗克发展了分组交换——互联网最基本的网络构建模块——的数学背景，这使他获得了 2007 年美国国家科学奖章（National Medal of Science）。他的路由网络流量的理论研究成就了今天的万维网。他指出，为了建立早期的网络，初创人员在硬件和软件上花费了相当长的时间，但是他们在初期阶段就始终有着超越全球的雄心。

1963 年 4 月 23 日，美国国防部高级研究计划署主任约瑟夫·利克莱德（Joseph Licklider），发出了一个 8 页的内部通知给他的同事，大致说明了他们的新任务，比如让计算机互相交流，然后将它发到"星际计算机网络成员与分支机构"（类似现在的互联网）。如果要说野心的话，看看这个口气。那份文件及接下来的几份，确定了国防部高级研究计划署的研究范围，包括传送文件、电子邮件，甚至潜在的数字语音传输的说明，即像我们现在所熟知的 Skype。

直至伦纳德·克兰罗克发送那些字母 20 多年后，互联网才成为一种变革性技术，它在日常生活的方方面面必不可少，在全球范围内有着经济影响力。电子邮件先于互联网被广泛应用于科学界和大学校园；我们认为网络是一种改变世界的发明。

国防部高级研究计划署成立于 1958 年 2 月，这也是艾森豪威尔（Eisenhower）政府对 1957 年苏联发射第一颗人造卫星斯普特尼克的回应。国防部高级研究计划署的既定目标是防止出现更多类似的情况，通过让潜在对手意想不到的超越，快速扩大创造与敌方类似的先进技术以震慑敌人，从而保持美国的技术领先地位。具有讽刺意味的是，意图帮助新机构通过预算和五角大楼批准过程的模糊其词原来是资助实验研究的理想选择。军队不想又来一群书呆子接管军事技术的关键领域，如导弹系统等，所以很多早期的国防部高级研究计划署的项目，那些没有直接军事用途的意想不到的研究方向直接消失了。

人工智能是这些方向之一，虽然进步远远慢于希望。1972，该机构更名为"DARPA"。其中"D"来自"防御"（Defense）一词。后来 1973 年，《曼斯菲尔德修正案》（Mansfield Amendment）限制了国防部高级研究计划署在直接的军事应用项目中拨款。这是对政府支持基础科学研究的沉重打击，对如人工智能这种相对来说是颗粒无收的领域（至少在国防部的人眼里是这样的）也是致命一击。毕竟国防部想要能识别炸弹目标的专家系统，而不是会说话的机器。

伦纳德·克兰罗克当时还在加州大学洛杉矶分校，但是后来在曼哈顿上西区他成了我们的邻居。他非常亲切地跟我分享了 ARPA（他一直坚持这样称呼）是为何和怎样从人工智能以及其他科技创新的服务驱动中慢慢衰退的。他的第一条结论并不令人惊讶：政府机构的日益官僚化遏制了交流和创新。"关键就是这个项目变得太大了"，在一次午餐后他跟我说道，"有段时间，我们一遇到瓶颈，可能就会有物理学家和计算机技术人员跟微生物学家和心理学家交换故事和想法。所有人都可以在同一个屋子里交流讨论。当它变大以后，这就不可能了，不同的小组之间基本上没有交流。"

与那种由一小群聪明（并且有充足资金资助）的科学家组成的、可以相对自由交流的小型俱乐部不同，DARPA 变成了一个笨重的层级结构。这也是我为何在 2003 年作为高级访问学者加入牛津大学马丁学院时，研究方向选择交叉学科的原因。伟大的事物来自"异花授粉"。

克兰罗克也指出了，转向研究军队项目就意味着很多在 DARPA 基金项目中合作过的学生会因为安全等级不够而被踢出局。把这么多聪明的年轻人从重大研究中推出去对于克兰罗克来说是件不能接受的事情。于是，他不再拿 DARPA 的钱了。2001年，唐纳德·拉姆斯菲尔德（Donald Rumsfeld）接任美国国防部长，他试图重整国防部。他宣称要实现 DARPA 的愿望，使得它重新被青睐、雄心勃勃，却因"9·11"事件的发生而受挫，并且他立即将所有的资源转向应对恐怖威胁。DARPA 把所有的项目转向了信息搜集与分析方面，例如在公众中引起危机的就是 2002 年以奥威尔（Orwellian）命名的一个臭名昭著的完全信息识别项目。

当然 DARPA 从没有完全放弃人工智能，甚至还为一个小小的国际象棋留了预算空间。如果你翻看卡内基梅隆大学汉斯·伯利纳所著的机器高科技的学术文章，就会看到有些在 20 世纪 80 年代受到了 DARPA 的资助。尤其是最近，DARPA 已经资助了自动驾驶汽车和其他"实用人工智能"科技的竞赛。以国际象棋机器的发展作为参照，DARPA 已经开始了一些锦标赛来发展自治网络防护。[2] 在现实的达尔文主义潮流下，聚焦于基础研究的竞争对真的人工智能来说是件坏事，但是对于制造越来越好的国际象棋机器来说是好事。并且，军方总是对智能分析算法和战斗技术很感兴趣，这点我会在后面再提到。

20 世纪 50 年代和 60 年代的人工智能研究者们的伟大预测回应了同时代计算机国际象棋群体的声音；他们中的一些人确实有相同的声音。但与人工智能研究者不同的是，国际象棋发现了一张黄金入场券，那就是能保证稳定改善的 α - β 搜索算法。不论祸福，这方面确有进展。对于那些研究普通智能乃至更大目标的项目，并没有类似的实际增长，因为这需要确保更多的研究生计划、企业投资以及来自政府的研究授权。人工智能的春天，如同弈棋机一样，始于放弃模仿人类认知这一宏伟梦想的运动。该领域是机器学习，已有多年没表现出很好的效果。在 20 世纪 80 年代改变这一局面的是数据——巨量的数据。

唐纳德·米基是一位机器学习领域的先驱，他在 1960 年将机器学习应用于三连棋游戏。其基本概念是，不给机器一堆要遵循的规则。譬如，尝试以记忆语法和动词词形变化规则来学习第二语言。也就是说，不告诉机器过程，而给其提供该过程的大量范例，让它自行搞明白这其中的规则。

语言翻译又是一个不错的例证。谷歌翻译（Google Translate）是基于机器学习的，它几乎不知道所要翻译的几十种语言的规则。谷歌甚至不太担心雇用具备语言规则能力的人。当机器碰到一些新东西时，工作人员给系统馈入数以百万计的正确翻译的范例，如此，机器就能辨识出什么样的翻译才是正确的。唐纳德·米基和其他人员在早期尝试这种方法时，发现机器运行太慢、数据采集与录入系统根本就不值一提。没人能想到，解决如语言学习这样的"人类知识与技能习得"的问题，会与设备的规模与运行速度有关。那会儿的他们，正如早期的国际象棋程序员那般，盯着 A 型暴力破解程序，却对它们运行得能快到下好每一步棋不抱幻想。正如一位谷歌翻译工程师所说的那样，"当训练的范例由 10 000 个增至 100 亿个时，一切就开始有效果了。毕竟数据胜过一切。"[3]

20 世纪 80 年代初期，唐纳德·米基与几位同事在写一个以实验数据为基础的机器学习国际象棋程序时，一件有趣的事发生了。他们将国际象棋特级大师赛中数以万计的棋盘盘面状态馈入机器，希望它能搞明白其中的机制。起初这样似乎有效，机器对棋盘盘面状态的计算要比常规程序更精确。当他们让机器荷枪实弹地玩一把国际象棋时，问题来了。程序出棋子开始一轮进攻，结果马上牺牲了它的后！短短几步，几乎什么都没得到就已经放弃了后。为什么要这样做？嗯，如果是一个国际象棋特级大师牺牲他的后，此举几乎总会是高明而果断的一击。对受过海量国际象棋特级大师赛训练的机器来说，放弃它的后似乎理所当然成了成功的关键！[4] 至少它们以为是这样的。

此举令人失望而又引人发笑，不过机器通过范例而建立自己的规则，这可以推测出现实世界里所存在的潜在问题。转而求助于科幻小说常常是有效的途径，因为科幻小说在许多领域都有准确而极富见地的预测。这里我们就略过《终结者》（Terminator）、《黑客帝国》（Matrix）系列的杀手机器人和超智能机器霸主不谈，希望你别介意。这些噩梦般的场景可以产生好的电影和新闻头条，但这样的反乌托邦未来又是那样遥不可及。有时间谈这些易分散我们注意力的东西，还不如说说当下的更现实的挑战。当然，我这么认为也许是因为我和机器对弈得太多了。

1984 年上映的电影《外星恋》（Starman）把一个杰夫·布里吉斯（Jeff Bridges）样子的单纯的外星探索者带到了地球上。他尝试着通过观察周围的地球人来学习和适应地球，完全是一种外部视角的机器学习。自然地，外星人还会犯一些愚蠢的错误，但当他驾驶着一位女性好友的车掉头时犯了一个更严重的错误。他在一个交叉口超速

导致了后车发生交通事故，于是车上的这位女士詹妮（Jenny）冲他叫喊起来，并有
了下面的对话：

> 外星人：还好吗？
>
> 詹妮：好？你疯了吗？你差点害死了我们！你说你会看着我开，你说你知道
> 交通规则！
>
> 外星人：我肯定知道规则。
>
> 詹妮：啊，那么明显的信息，老兄，那是个黄灯！
>
> 外星人：我非常仔细地看着你开。红灯停，绿灯行，黄灯飞快开。
>
> 詹妮：你最好让我来开。

很好。就像被训练模仿国际象棋大师下棋的程序会丢掉后一样，仅仅通过观察来
学习规则只会导致灾难。计算机，就像外星人，对于没被告知或者构建的常识一无所
知。外星人事实上没有错，他只不过是没有充足的信息来了解其实在黄灯时如何处理
需要考虑更多的因素。即使是沃森用到的信息以及谷歌翻译用到的海量的示例数据也
没法避免它们在使用的时候不出错。就像是科学研究中经常出现的，错误比正确教会
人的更多。

沃森关于一个 1904 年奥林匹克体操运动的"解剖上有点奇怪的人"的错误回答
能够说明很多问题。人类冠军肯·詹宁斯（Ken Jennings）最先发声，很确定地猜测
"只有一只手"，结果弄错了。沃森然后回答得很简单："腿"。[5]（实际上，在这段片
子里，就能听见有人问"回答腿是什么意思？为什么是奇怪的？"）按照沃森的算法
这个答案有高达 61% 的正确率。发生了什么很清楚。体操运动员乔治·埃塞（George
Eyser）失去了一条腿，这件事情确实使得他出名了。沃森关于 Eyser 的名字的搜索自
然也就出现了大量的和解剖词"腿"有关的结果。到目前为止，一切尚好。但是，
机器搞错了，因为机器不能理解腿本身不是意思奇怪的事情。詹宁斯搞错了，因为他
是站在人类的角度，他缺乏数据——不知道埃塞的许多信息。沃森搞错了，因为它是
机器——它虽然有数据，但是没有人类当做决策背景的常识。

我不知道在为沃森编写程序的时候是否让它注意到了人类给过的答案，如果是
的，它就可以通过结合自己的正确数据和詹宁斯的正确假设得出结论。显然，第三方

玩家，另外一位人类冠军，是可以胜任这个任务的。或者是因为这是沃森的第一次展示，詹宁斯对机器的准确率还没有信心。若是他已经这样做了，那么这就会是我关于人类与人工智能机器可以合作的观点的优秀例证。

像我一样经常旅行的人会知道精准翻译是多么困难。在智能机器可以为我们提供准确的语音翻译之前，全世界各种各样的图示和菜单就像是双语字典里面的奇怪短语。像机场里面的"弱者休息室"，餐馆里的"一盘子小蠢蛋"一样的特殊存在。[6]现在谷歌和其他的服务可以实时翻译整个网页，经常可以用任何主要语言足够精确地获取故事信息。

当然有许多差错。我最喜欢的是 чят，一个在线聊天使用的词语（语音聊天也会用到），在俄罗斯俚语中常用于指受众。它在社交媒体上用得很多。就好像人们在推特上说"嘿，我亲爱的推特用户"（Hello，tweeps）。但在谷歌翻译的俄罗斯数据库中，这三个古代斯拉夫语的字母已经与非常不同的事物相关联。当我在一个朋友的计算机上看到我推特上自动翻译的简讯时，我发现了这一点，那里的俄罗斯人说："你好，敏感的核技术！"再使用谷歌，你可以找到一些模糊的政府文件，其中 чят 确实是作为 чувствительных ядерных технологий 的缩写，或"敏感的核技术。"

这不大可能会引发恐慌，因为人们看到它时，自己可能有足够的常识了解一些正发生的怪事且归咎于机器翻译，而不是将核警戒等级提升到 2 级。但要是军事人工智能算法而不是人类作出决定会怎样呢？那些依靠计算机获取和分析恐怖分子的"喋喋不休"的安全机构呢？它们不会把每条推特都专门发给一个人来复核；那样做太慢且没多大益处。相反，它们可能会升起一面旗帜，原因是一群俄罗斯人正在社交媒体上谈论核技术。

新技术术语和俚语对机器来说总是难以辨识，而且，像一台弈棋机或琐事机器人，它们没有办法运用实践机会或常识来增加判断的准确性。它们必须模拟数据给出的信息来作判断。只有一个表示置信因子的数字作评估。机器学习系统只和它的数据一样好，类似于国际象棋程序的开局库只和向它输入的棋局一样好。数量导致质量的错误减少，每秒十亿次保持良好的例子和丢弃不好的例子，当然，即便这样，也总是会有异常，比如敏感的核技术！

机器学习拯救了人工智能，因为机器学习能工作并且带来经济效益。IBM、谷歌和许多其他的公司用它来创造有价值的产品。它还是人工智能吗？不过那又有什么关系呢？那些想了解甚至想再现人类心智如何运作的人工智能理论家们注定又该失望了。认知科学家道格拉斯·霍夫施塔特（Douglas Hofstadter）写的一本非常有影响力的书《哥德尔、埃舍尔、巴赫：1979 年不朽的黄金穗带》（*Gödel*，*Escher*，*Bach*：*An Eternal Golden Braid in 1979*），一直坚守理解人类认知的追求。因此，由于对人工智能的即时成果、可销售的产品以及越来越多的数据的需求，他和他的人工智能领域的工作已被边缘化。

在詹姆斯·萨默斯（James Somers）于 2013 年发表在《大西洋》（*Atlantic*）月刊上的一篇关于霍夫施塔特的很有影响力的文章中，霍夫施塔特表达了自己的失意。霍夫施塔特想问，为何要去挑战一件不可能从中获得更深刻理解的事情呢？"好吧，"他说，"深蓝下棋很厉害——那又怎样？难道那告诉了我们该如何下棋？没有。难道它告诉了卡斯帕罗夫是怎么想象、理解棋盘的？"很多人工智能都没有尝试回答这种问题，不管这些人工智能看起来能力多强，都仅仅是旁门左道。他在快要成为其中一分子的时候，离开了这一领域。"对于我这个人工智能界的新人来讲，"他说，"我是不会陷入那种骗局的。这很明显，我不想在我明知道一些花哨项目的看起来智能的行为跟智能实际上毫无关系的时候还陷入这些花哨的项目之中。我也不清楚为什么没有更多的人这样想。"[7]

先不要愤世嫉俗，但谷歌目前 5 000 多亿美元的市值可能是一个原因。另外，就像一些专家，比如 IBM 沃森项目的戴夫·费鲁奇和谷歌的皮特·诺尔维格（Peter Norvig），在文章中讲到的一样，他们想解决他们能够解决的问题。搞清楚人类智能是一项极为困难的问题，但是机器学习能解决问题，管用啊。但是这能持续多长时间呢？边际效用递减的法则已经开始发挥作用了。一个机器拥有 90% 的有效率就是有用的，但是往往很难把正确率从 90% 提高到 95%，更遑论你想要 99.99% 的有效率以放心地用来翻译一封情书或者驾车送你的孩子去学校。

机器学习技术最终可能会在国际象棋上起作用，并且已经有一些尝试。谷歌的 AlphaGo 基于一个大约 3 000 万步走法的数据库广泛地使用了这些技术。正如预测的一样，规则和蛮力是不足以打败顶级选手的。但是到了 1989 年，深思已经证明了这些技术不用十全十美就能挑战世界顶级选手。关键是速度和更快的速度，而卡内基梅隆大学的许峰雄设计的特制芯片正在起促进作用。它在表演赛中打败了本特·拉森和托尼·迈尔斯之后，我感觉它可能会是一项新的挑战，并且我也接受了挑战。

1989 年 10 月 22 日，我与深思间的两场对战在纽约进行，但我是那里唯一亲自参赛的选手。如往日一般，机器身处数百英里外，它由继电器连接至现场的操作端，以此在规则板和计时器的条件下进行国际象棋的移动。深思团队曾在那个月被 IBM 公司所雇用，这就为它带来了数百万美元投资与技术支持，同时"深思"更名为"深蓝"。这场小型比赛是由 AGS 计算机公司赞助的，AGS 是新泽西州的一家软件公司，该公司的董事长是一名国际象棋的爱好者，他还曾赞助 HiTech 与登克尔间进行的比赛。

与计算机对抗的问题之一是它们变化的速度和频率。国际象棋大师们习惯于面对对手前作非常深入的准备，研究他们所有最新的比赛和寻找弱点。这里的准备主要关注开局以及开局后使用的成熟走法，这些走法具有异国情调的名字如"西西里岛的龙""女王的印度防御"等。我们在开局中准备新的创意，寻求更有力的新战法（novelties），以奇袭对手。如果你能在对手最为得意的一行找到缺陷，并顺利到达该位置，那么恭喜你，这种方法特别奏效。

在讲述"深蓝"的章节，我会更详细地介绍关于计算机是如何驾驭这些公开的资料的。不过现在我要指明的是，计算机依靠来自人类棋手战法汇集的数据库，该数据库中被称为"开局棋谱"的这些棋谱已历经多年的发展，令计算机的战法更加灵活，但其基本思想听起来就像是，多少有点盲目地使用一本开局棋谱，直到用完了棋谱里面的路数，令机器不得不开始自己来思考。实际上，我大概就是这样做的：靠记忆选择我所喜欢的开局方式，直到用完了棋谱里面的路数，然后，我不得不开始走自己想出来的棋。

我可以毫不谦虚地说，我是国际象棋史上准备工作方面做得最好的选手。甚至在我很小的时候，我就喜欢研究这些开局，寻找改进的方法来升级我的"军火库"。令人兴奋的针锋相对的中局战术得到最多的关注，但在开局寻找新想法所需的坚韧和智慧总是吸引着我。我全面地研究了我的对手的开局以寻找弱点并保存了充满新奇的步骤和解法的巨大的数据库文件以随时利用。即使是强大的对手有时也会避免在我面前使用他们最喜欢的开局，他们害怕我的"军火库"威力太强。2005 年，当我退出国际象棋专业赛事时，一个"我应该拍卖装满珍贵数据库的笔记本电脑"的玩笑不胫而走。

我很喜欢听到关于自己如何靠一个藏在地下室的大师团队为我全天候创造新奇走法的城市传说。事实是当时仅仅有我、我的教练尤里·多霍扬（Yuri Dokhoian），以及从 1976 年就开始与我共事并保持了几十年宝贵知识财富的亚历山大·沙卡罗夫（Alexander Shakarov）。当评论家们不以为然地说我是"在家里获得胜利"的时候，我很不乐意，特别是我用心地为胜利作了准备的时候。我接受人们给我的聪颖过人的最高赞誉，但是面对对手的时候作充分的准备没啥令人羞耻的。这种怀疑在今天看来更是合适的，当每个专业选手用超级强大的机器替代了大师进行训练的时候。这仍然是人类劳动的成果，机器仅仅是辅助工具，但当想到一个可怕的想法是从硅基大脑而不是从人类大脑中冒出来的时候，还是有点空洞。

拥有一个计算机对手能缩短这种对开局的准备。即使你已经玩过机器所有玩过的棋局，操作者仍然可以很容易地开出全新局，或者改变一些参数值，计算机就会开一个从未出现过的棋局。并且它能顺利地完成比赛，因为它毫无人类悔棋的概念。它们像人类一样对新奇之物感兴趣，然而，如果有一步已经在它的棋谱里面，它就会直接从数据库里调用，这样就导致出现了一些有趣的花絮。在一次计算机锦标赛中，一台机器早早走错了一步棋送死了一个棋子，而它的对手并没有把这个棋子给吃了。在它们的开局棋谱中都有同样一行错误。目前，它们用的棋谱正被仔细检查和更新，以确保机器不会用到这样的显然对自己不利的走法。

如果认为机器在比赛时能够访问千兆字节的棋谱对人类而言是不平等的优势，那你就是我这种类型的人了。对我而言有一点总是奇怪的，机器能够完全跳过比赛的整个阶段，它从来不需要思考如何让兵形成合适的结构，整个棋局如何布局。开局结合了微妙性和创造性，以及长期的战略规划，所有这些事情都不是计算机擅长的。但是因为有了开局棋谱，计算机在比赛期间可以直接跳过开局阶段，直接进入中局阶段，在那里其战术能力能得到最好的发挥。

不幸的是，目前也不存在一个更加公平的替代开局棋谱的东西，至少在规则改变之前是这样的。国际象棋开局已有几十年的发展经验，被不断地研究与记忆。即使是一个技术不怎样的锦标赛棋手也可以通过记住足够多的开局下法而不是自己真正的思考，使其看起来具有一定的棋术水平。（作为教练，我不得不批评，这是一个坏习惯，因为这样使参赛者一旦离开开局棋谱，就不能真正了解棋子所在位置的相应内涵。）开局在国际象棋中占有很大的部分，简单地不让计算机使用开局棋谱对其不公平，对人类棋手来说却是巨大的优势。这也将产生意料之外的棋局，因为在机器自由发挥时，它们倾向于进行同样简单的行棋动作。在您最喜爱的国际象棋程序中把开局定式关闭，就可以很容易测试到。如今的程序几乎是不可能被击败的，但它为实力强劲的人类棋手提供了一个合理的机会，那就是当开局定式关闭时，人类棋手可以控制棋局的初期流程。

从一局棋到下一局，开局并非计算机对手唯一可改变的对象。比如，通过调整几个参数值，这很容易地使程序更具侵略性。可能有六个不同的机器"个性"储存，所以你在六局比赛中从未真正再逢同一计算机对手。同样在两台计算机间这是不相关的，而经验丰富的人类棋手会以此分析他们的计算机对手，对我来说，这也是棋局的关键所在。

最重要的是，计算机变得更强。我在 1989 年所接触的深思版本比起一年前在长滩打败拉森的那个版本有了极大的提升。如果可行的话，其并行硬件设计意味着它们可不断增加更多国际象棋芯片和计算机电源。它有 6 个处理器，每秒可搜索超过 200 个棋盘位，远超以往的任何计算机。一段时间后，这些庞大的数字开始好像都一样。这里是深思团队 1989 年的一篇关于搜索深度和国际象棋实力层级间关系的文章：

> 20 世纪 70 年代末，强力弈棋机的崛起使一件事变得清晰：弈棋机的搜索速度和它的弈棋实力有极大的因果关系。事实上，它出现在计算机自检棋局过程中，计算机每次搜索一次附加层，其评级就增加 200～250 个等级分。由于每一额外层增加搜索树大小 5～6 倍，每 2 倍的增长速度相当于 80～100 等级分的增益。计算机通过对抗人类棋手获取级点表明，弈棋机的搜索速度和它的弈棋实力的因果关系为其走向目前深思所达到的大师级水平做下铺垫。这种因果关系的存在，正是项目开始的根本原因。[8]

换句话说，搜索速度更快，意味着对国际象棋的理解更深，更深意味着更强的弈棋实力，这才是真正重要的。你可以绘制出计算机弈棋进程，以级点作 y 轴，以每步棋搜索的落棋点的数字作 x 轴，你会发现图像呈一条漂亮的对角线。从 1970 年 Chess 3.0 的 1 400 等级分、1978 年 Chess 4.9 的 2 000 等级分、1983 年 Belle（具人类大师级水平的国际象棋机器）突破 2 200 等级分，到 1987 年 HiTech 的 2 400 等级分，再到 1989 年深思升至特级大师级的 2 500 等级分。芯片越来越小、速度越来越快，搜索深度不断增加，级点随之提升。

然而，工程方面仍然存在挑战，惨淡的公式再一次说明了为什么有这么多人对人工智能核心机器国际象棋能走多远失去信心。但是图表中的曲线在 1990 年大幅提升，机器智能专家、国际象棋大师丹尼·科佩茨（Danny Kopec）感叹道，"由于大多数程序把比赛获胜当作了最优先的目标，关于程序为什么选择这样的一步而不是那样的一步，我们很少了解。这点在很大程度上说明了为何计算机国际象棋主要被看作是一种体育竞技（表演驱动）而非一种科学（问题驱动）。"[9]

1989 年 10 月 22 日，我并没有思考深思是否智能，仅仅考虑它会变得多强。我假定在一次表演赛中打败了英国特级大师托尼·迈尔斯的机器已经更新过版本。我最近打破了博比·菲舍尔长期保持的 2 785 的等级分，并且毫无畏惧地上榜。我已经能够在赛前复习机器曾经的比赛视频，但是，正如我所说的，你永远都不能确保机器在最近几个月甚至是最近几天有多大改进。深思团队的默里·坎贝尔提供了一部分赛事资料，这是一种彰显赛事友谊性和探索精神的良好表示。并且看起来只有这样才公平一点。毕竟，它能分析我参加过的每场比赛，可是我没有机会在赛前就升级我的处理器。

我的准备告诉我它的实力太强了，可能保证有 2 500 的等级分水平，这个名次是取得大师头衔的最低要求。我可能会是最有希望的获胜者，但是我估计在 10 次比赛中它能打平甚至打赢一两次。在举办赛事的纽约艺术学院有一群活跃的人，我也很乐意首次以人类冠军的身份参赛。"我不知道人们在得知世界上存在一些比我们的智能更强大的东西后，如何继续面对生活，"我在开幕式上致辞时说，如今在我看来，这个致辞更像是出于炒作而非逻辑推断。

那不是我关于计算机国际象棋的最后一句鲁莽的话，尽管这也没什么，如果我仅仅拿计算机开玩笑的话。在差不多那时候的一次采访中，我预测了计算机会比女性更早成为世界冠军，随后预测得到证实。这被解读为是轻微的性别歧视，尽管其实并不是。这是由于当时还没有出现有潜力的女性棋手[10]，并且这种状况一直持续到后来出现了3位最年轻的来自匈牙利的波尔加尔（Polgár）姐妹才有所改变。胡迪特（Judit）几年后打进了精英赛，才终于出现了女性选手排名进入前十的状态。

在星期日下午的纽约，我至少通过棋盘成功地支持了自己的强硬言论。第一局棋，我的黑子逐渐主导盘面。下了20多步时，我预见自己是战略制胜；我只要维持这个局面，就可以预见自己将在某个时候取得突破。比赛双方各有90分钟时间，速度相对较快，比一场经典国际象棋比赛的标准时间快了两个半小时。这对计算机来说是优势，然而这样使得我对自己的棋局推演的检查时间就更少了，不过也足够了。

我集中力量把兵向深思的王逼近，而深思只能等斧头落下。我知道，若存在逃生机会，深思定会发现，所以此时我不能仓促。一位国际象棋特级大师面对这样一种可怜而又被动的状态，只能尽一切办法来挣脱，这样至少有机会使局面更加混乱。人们清楚，冒着快速消亡的风险去换得5%的逃跑机会，比起100%的缓慢死亡却无还击余地的状态更值得。

然而另一方面，计算机并不理解像可获得概率那样的一般性概念。它们总能通过搜索树走好当前情况下的每步棋，而不是用其他的类似于强行挣脱获取机会的方法。扑克机器人可能有其他想法，弈棋机却不能虚张声势。一个人总不会去走一步臭棋，还寄希望于对手不会发现甚至反击。除非程序员提前改变其设置，不惜一切地争取胜利，告诉计算机必须避免平局，这时候才会出现例外。这就是所谓的"藐视因子"设置，它让计算机在面对可能的平局时，愿意去走一些比较冒险的棋而不是每一步都按照最好的棋来走。从本质上讲，"藐视因子"使弈棋机对自己的棋局状态超级乐观，就像它的名字含义一样，蔑视对手的能力。

在我们的第一局比赛中，深思并没有太多机会乐观或轻蔑对手，即使它总在顽强地防守，我最终还是在52步后直捣黄龙。现在我有点后悔的是，我没有始终都发挥出来最佳水平，尽管我占有大的优势，而且在某个时间点，深思其实可以构建更强劲的防守。[11]赛后，我曾自诩"如果是人类这样败给我，就不会再回来了"。当然，弈棋机可不是被吓大的，随后我开始了以白子开始的第二局。

　　白子是先手，至少有专家水平，这一点给予了白子跟网球比赛一样的优势。在专业赛中，白子的胜率比黑子要高两倍，尽管所有比赛之中有一半分不出胜负。白子通常可以主导战场，并且通过这个主导权，我在开局时为深思做了一个"有毒的兵"局——把一个兵当作诱饵喂给取胜心切的计算机。非常确定的是，计算机上了钩，并且在我的棋子遍布棋盘的时候立即陷入困局。我对它的王的进攻使它在第 17 步放弃了它的后，随后就是一个扫荡了。任何与我对弈的人类选手此时都会立即投降，但是机器不会。它们的操作员发现就算在机器评估表明它们已经完全输了的时候还继续比赛并不会使它们失去更多东西。这并不是不可理喻的，但考虑到机器与人对弈时会多么狡猾，这确实是让人恼怒的一件事情。

　　操作员在第 37 步时投子认输了，我收到了来自那些更喜欢人类选手的观众们的热烈掌声。我在严肃的人机大战中的第一次突袭变得如此容易和成功，就连当地的小报都大幅报道。《纽约邮报》用不合时宜的冷战思维描写道"红棋王快速干掉深思的芯片"。[12]深思的团队对于机器的表现不太满意，即使他们没有期待过结果会有不同。

　　现在读着程序员对于这场比赛的评论，我看到了一个过去关于"从未打败过健康的对手"的国际象棋笑话在计算机比赛中也出现了：我从未打败过没有漏洞的计算机！显然这个周末比赛的程序里面有差错，一个他们几周都没发现的"王车易位漏洞"。这点就像你看到的一样，会成为一个主题。我也知道了许峰雄已经在比赛间隙调整了机器使其能下得更慢，突显出了关于在一场比赛后就能了解对手的想法是多么错误——它会在仅仅一小时之后就换一种完全不同的下法。

　　我实在没想起来在第一次严肃的人机大赛后心理上的任何反应。它虽不同，但是不坏。我想我是如此自信，以至于没有感觉到通常在跟国际象棋特级大师比赛时的紧张。这场比赛更像是一场友好的展示会，或者是一次科学实验。然而，未来几年就不会如此了，随着机器越来越强大，并且开始参加一些重要比赛。那里不仅仅是人类的未来，还有不菲的金钱和声望，都取决于比赛的结果。

第 7 章

深　　端

我一输就会气急败坏。我想要一开始就排除这种可能。我讨厌输。我讨厌输掉糟糕的比赛，也讨厌输掉好的比赛。我讨厌输给菜鸟选手，也讨厌输给世界冠军。

我曾经输棋后彻夜不眠。我曾经因为糟糕的失败在颁奖仪式上失态。为了写这本书，我又研究了自己在 20 年前输掉的棋，结果发现自己错失了一步好棋，这让我很懊恼。

我讨厌输，不仅仅是下棋方面。我讨厌在智力竞赛中输。我讨厌在纸牌游戏中输（我很少玩牌就是因为我根本做不到牌手的面无表情）。

我不会对自己输不起感到自豪，我也不会为此感到羞愧。要想在竞争中脱颖而出，你必须讨厌输而不是害怕输。胜利带来的兴奋感棒极了，我认为任何运动精英在很年轻的时候都要习惯这种感觉。大家用各种方法寻找动力，这样才可能在漫长的职业生涯中坚持。但是无论你有多喜欢这个项目，如果你想要停留在顶峰，你就必须讨厌失败。你必须非常非常在意这一点。

有个数据库记载了我从 12 岁开始下过的 2 400 多场国际象棋比赛的详细清单。我输了大约 170 场。如果只算我从 17 岁开始的 25 年职业生涯里参加过的正式比赛，输棋的次数会大约减少一半。如果说我输棋没有绅士风度，那是因为我从来没有机会学会这一点。1990 年，英国特级大师雷蒙德·基恩（Raymond Keene）写了一本书叫《如何打败加里·卡斯帕罗夫》（*How to Beat Gary Kasparov*），收集了我当时所有输掉的棋。这本书的引言写道："下赢卡斯帕罗夫比攀登珠峰或成为亿万富翁要困难得多……我了解到这要比攀登珠峰难 6 倍，比赚 10 亿美金难 5 倍。"[1] 那些曾赢过我的人也许会想自己是不是应该选其他职业。

我不希望这样，因为人们只要谈论我与 IBM 的超级计算机深蓝的比赛时都难免会提到我对输棋的态度。更确切地说，是 1997 年我与深蓝的第二次比赛。

我承认，几乎没人记得我在 1996 年第一场与深蓝的比赛中赢过了它。在 1927 年查尔斯·林德伯格（Charles Lindbergh）成功之前，"历史上这一天"的日历里不会记录那些飞越大西洋的失败尝试。1996 年的比赛之所以被人记住，也是因为我输掉的第一局是机器第一次在经典的限时赛中打败世界冠军。在此之前，我在更快的限时赛中与机器下过许多次，并且输了一些。我们说的"快速"赛是允许每位棋手整局棋用时 15～30 分钟，更快的是"闪电"棋，棋手只有 5 分钟甚至更少的时间。甚至还有"子弹"棋，只有一两分钟，几乎把国际象棋变成了有氧运动。

至少从 20 世纪 70 年代开始，比赛速度越快，计算机对人类的优势就越大。特级大师可能在很大程度上依靠直觉，但国际象棋最终是实实在在的比赛。在与每秒能检查上百万种可能的机器对抗时，人类棋手没有足够的时间进行计算，超快棋可以很快就变成一场血腥的屠杀。人类在快节奏下出现的失误和疏忽会立即被计算机捕捉到，而且它们绝不会手下留情。

在 1989 年打败深思之后的几年内我都没有在公开比赛中与机器对弈过。这部分是因为下赢机器对我没有意义，它们还远不能对我形成挑战，而且我的时间也很宝贵。1990 年我勉强战胜了卡尔波夫，获得了我的第五个世界冠军，同时还要面对我的祖国的突然解体。苏联解体后我和我的家人离开了巴库。

但我依旧关注机器的进展。我的个人计算机上安装了最新的程序，不时用来分析，然后以打败它们取乐。这些国际象棋程序的水平不高，但像天才（Genius）和弗里茨这样的程序即使在普通的家用电脑上也已经极具威胁了。如果是下快棋，人类稍不留神就会输。

1991 年在德国汉诺威举行的计算机展览会上，我再次与深思相遇。它的团队成员有了一些变化，并且成为 IBM 的一个大项目。许峰雄和坎贝尔仍然是团队领袖，他们都去了汉诺威，深思受邀参加一场顶级锦标赛，这场比赛只邀请了一名机器选手。这是一场势均力敌的比赛，有六位德国大师和一位国际大师，平均等级分为 2 514。

现在，依靠 IBM 提供的强大资源，许峰雄通过 1 000 个 VLSI 芯片将他的梦幻机器升级，但它还没有准备好。深思仍然是世界上最强大的机器，根据它过去的表现，预计将在汉诺威成为一个有力的竞争对手。有点让人惊讶的是，它在半决赛中的得分是 2.5/7，两胜、一平、四负。团队将其输掉的两局棋归咎于开局棋谱的错误（另一个反复出现的主题），不过现在再回过头来看，它在汉诺威比赛中下得也并不好。

更有意思的是对我进行的一个小测试，这是我的朋友弗雷德里克·弗雷德尔提出的，他是汉诺威赛事的组织者之一。他们向我展示比赛棋局的前五个回合，要我判断哪个棋手是深思。这是图灵测试的国际象棋版，测试计算机是否可以蒙住大师。我成功判断出两场，在其他选错的局棋把可能的范围缩小到两个，所以在计算机的五局棋中有三局通过了测试。对我来说，与比赛得分相比，这是衡量计算机棋艺进步的更好的指标。其中一些棋局仍然是充满拙劣的策略和愚蠢贪婪的老样子，这些都可以被亮眼的战术抵消。但有一些棋局则很不错，虽然离世界冠军级水平还有很远。

我也认为这会很有趣，因为我可以想象有一天，我们的位置会反转过来。在十年以内，我估计当计算机强大到足以打败我的时候，会不会有一台机器强大到有足够的洞察力分析人类的比赛？我曾经花了很多时间仔细研究我对手的落子倾向和弱点，但是我知道这种分析也受到我自己的落子倾向和弱点的影响，而机器则是客观的。弈棋引擎已被证实可用于帮助分析，虽然主要限于战术性的"错招检查。"然而一旦它们变得足够强大，我想，也许它们能够分析人类下棋的模式和习惯——无论是我对手的还是我自己的。

这个想法没有真正实现，部分原因是它的潜在市场特别小。全世界只有那么几百个棋手会频繁遇到相同的对手，以至于需要在常规基础上专门针对他们进行准备。国际象棋库确实增添了一些有用的功能，如自动构建棋手的数据库，包括他们最喜欢的开局方式以及精选棋局。不过它们的主要作用是节省时间而不是分析。没有"王受到攻击就容易犯错"或"喜欢在执黑时兑掉后"之类的高级趋势分析。这样的深度解析会让一些棋手觉得不舒服，虽然数据都是公开的——他们下过的棋。我很想知道机器会对我和我下过的棋说些什么。

我也对人类行为的计算机数据分析会如何影响心理学或我自己的决策分析等方面感到好奇。没有谁会愿意交出自己所有的笔记、电子邮件、社交媒体的帖子、搜索记录、购物历史以及我们无时无刻不在创造的"数字痕迹"，至少不会愿意交给某个人。不过各种应用程序和服务出于各种目的已经拥有了所有这些信息，我相信通过足够的数据和充分的分析会发现许多有趣的关联，甚至可能诊断出抑郁症或老年痴呆的早期症状之类的东西。

脸书（Facebook）已经有了自杀预防工具，它允许好友们标记帖子给工作人员审查和可能的转呈，但这需要人工介入。而健身跟踪器已经能够监测从睡眠习惯、心率到燃烧的卡路里的所有情况。谷歌、脸书和亚马逊可能比你自己更懂你，但是人们在看到反馈回来的分析结果时常常会感到不安，可能是因为这揭示了让人不舒服的真相。

每当这些数据被访问，都会有无穷无尽的隐私问题需要协商，这种权衡也会继续成为人工智能革命的主战场之一。我会想知道机器对我下的棋或我的身心健康有何看法，但是我会想让别人都知道吗？你可能想让你的家人或医生掌握所有这些信息，但你的保险公司或雇主呢？在一些公司，社交媒体评估已经成为招聘流程的一部分。美国的反歧视法律规定询问申请人的年龄、性别、种族或健康状况是违法的，但社交媒体分析算法能很快知道这些，并准确分析出其性取向、政治倾向和收入水平之类的信息。

历史告诉我们，享受服务的渴望最终会战胜对隐私保护的模糊渴望。我们喜欢在社交媒体上分享个人信息。我们喜欢网飞（Netflix）和亚马逊的算法推荐给我们的书籍和音乐。我们不会放弃 GPS 地图和导航，即使这意味着数十家私营企业每天都可以随时知道我们在哪儿——政府和法院也可以访问那些信息。当 Gmail 基于邮件内容扫描推荐广告时，这引起了人们的震惊，但是也没有持续多久。它只不过是一个算法，况且，如果你要看广告，你是愿意看到你感兴趣的，还是完全不感兴趣的呢？

这不是向老大哥（Big Brother）* 投降的理由。作为来自乔治·奥威尔（George Orwell）的小说《1984》（*1984*）的原型国家的人，我对任何侵犯个人自由的行为都特别敏感。监听可以用于维护安全也可以用于高压统治，尤其现在有了各种复杂的技术。我们今天所依赖的所有神奇的通信技术都是不可知的，既不好也不坏。一些人相信互联网会给所有人带来自由，这是愚蠢的。现代独裁者和各种政治集团都精通技术，并学会了如何限制和利用这些强大的新媒介。我很高兴有人在倡导保护隐私，尤其是面对政府的权力时。我只是认为他们正在进行一场注定失败的战斗，因为技术会不断改进，而且他们试图保护的人们并不会捍卫自己的权利。关于保护隐私的警告和关于反式脂肪、玉米糖浆的危险警告一样会被忽视。我们想要健康，但是我们更喜欢甜甜圈。我们最大的安全问题永远是人性造成的。

技术的发展将通过让我们共享自己的数据获得好处而变得不可抗拒。亚马逊的"回声"（Echo，一种智能音箱）和"谷歌家庭"（Google Home）这样的数字助理能听到家里的所有对话，数百万人将它们买回家。实用性总是获胜的一方。甚至像在我们的食物或者身体里植入微型传感器这样更具侵入性的技术，将有可能被首先应用在隐私制度弱势的国家，特别是在发展中国家。如果结果能够表明这种做法对经济和健康能带来巨大的好处，限制的闸门就都会被打开。

我们的生活正被转换成数据。随着工具变得越来越强大，这种趋势将会加速。这种趋势既来自人们自愿用数据换取服务，也来自公共和私人越来越高的安全需求。这种趋势是不会停止的，因此监视那些监视者比以往任何时候都要重要。我们生产的数据量将继续扩大，并为我们带来利益，但我们必须知道它们去了哪里，以及如何被使用。隐私正在消亡，所以必须增加透明度。[2]

当所有的注意力都集中在具有专门的硬件和定制芯片的大规模并行处理器方面时，另一个电脑弈棋革命发生了。由于编程论坛的发展，人们能够在互联网上分享想法，同时，英特尔和 AMD 也推出了更快的中央处理器，运行 MS-DOS 和 Windows 系统的个人电脑变得非常强大。到 1992 年，它们超越了大多数流行的专用弈棋机器，

---

* 指乔治·奥威尔的小说《1984》中在背后监视你的政府。——译者注

像塞太克（Saitek）和法达历提（Fidelity）等公司将弈棋电脑内嵌在棋盘内，命名为迈非斯图（Mephisto），甚至还有卡斯帕罗夫高级教练（Kasparov Advanced Trainer）。

20 世纪 80 年代末期生产的一些机器都会附有关于我的宣传语，"祝你从卡斯帕罗夫弈棋电脑中获得享受和满足——谁知道呢，也许我们将来会在棋盘上见面！"我的职业生涯很长，以至于我在巡回赛中会遇到过不止一位年轻棋手带来卡斯帕罗夫弈棋电脑让我签名。

对于那些年轻人来说，20 世纪 90 年代初期的个人电脑的功能还不足以满足他们的需要。即使在顶级机器上花费 5 000 美元，你也要升级成具有更大的内存、更多的存储空间和更快的 CPU。没有什么像弈棋引擎一样消耗处理能力。它很乐意 100% 占用处理器，以及现代 CPU 所有的 4 个、10 个甚至 20 个内核。在运行引擎 15 分钟后，我的旧笔记本电脑会热得可以烤面包。即使像今天这样强大的机器，在弈棋引擎攫取其所有的 CPU 周期用于搜索时，也会慢得像蜗牛一样。

个人电脑程序，仍然在远远慢于像深蓝这样的专业硬件机器的机器上运行，这有几个原因。它们通过优化编程技术将搜索扩展到比简单的穷举搜索更深入且更灵活。它们仍然是 A 型暴力搜索，但多年以来，大量的精湛技术已经被加入其中。通过使用通用 CPU 可以实现更多的编程创意和适应性，商业化的弈棋引擎在国际象棋特级大师的帮助下不断竞争，调整权重。而像深思这样的专用弈棋芯片虽然有控制硬件可以调整，但一旦制造出来就固化在石头里了，虽然这个石头是硅。

硬件速度在很大程度上取决于电路的简单性，就像深思/深蓝团队 1990 年在一篇关于他们机器的文章中写道的，"如果对评估函数知识容量的牺牲显著简化了电路设计，那么我们就会认为它是合理的。"他们还承认"目前最好的商业国际象棋程序的评估似乎明显好于用于研究的程序。"[3] 这听起来很糟糕，但也使得他们有理由期待在有机会做下一代芯片时能有更大的提升，并改进深思的评估函数。

1992 年，我与一个新的个人电脑程序进行了长时间的非正式闪电赛，这个程序后来几乎成了个人电脑弈棋引擎的同义词。国际象棋库发布的弗里茨，取名于一个讽刺性的德语绰号。它的创始人是荷兰人弗兰斯·莫尔施（Frans Morsch），他也为迈非斯图这样的台式弈棋机器编写了程序。因此，他擅长在非常有限的计算资源中编写紧凑优化的代码。他还帮助开发了几项搜索增强功能，使得弈棋机器可以不断改进，不会因为分支因素增加而减慢速度。

其中有一项值得我做个简单的技术性介绍，因为它是一个有趣的例子，说明机器智能如何通过与人类思维的运作无关的方式得到增强。我们称之为"无效走子"（null move）技术，它告诉引擎"跳过"对方进子。也就是说，我们在假定棋手可以连续移动两步的情况下去评估一步落子，如果局势在移动两步后还没有改善，就认为第一步移动是无效的，可以直接从搜索树中删除，减小范围并使搜索更有效率。无效走子技术在一些早期的弈棋程序里就已被采用，其中包括苏联凯撒（Soviet Kaissa）。它很优雅，不过有点讽刺的是，根据穷举搜索的原则设计的算法却因减少穷举而获益。

人类在制订计划时采用的是完全不同的思维方式。制定战略需要树立长期目标并设定阶段性目标，暂时把你的对手，商业或政治上的竞争者，可能会如何应对放在一边。我会盯着一个位置想，"如果我的象走到这里，我的兵走到那里，然后腾挪我的后参与攻击，会不会是个好主意？"这没有涉及计算，只是一个战略目标的清单。然后我才会开始思考是否具有可操作性，我的对手可能会怎样应对。

研究人类模式或者 B 型选择性搜索算法的程序员，都希望能够训练机器进行类似的目标设定。除了搜索可能性移动树，程序也会分析评估相关的假想位置。如果结果很好，就会提高这些位置上对象的价值。许多情况下它虽然提高了评估的质量，却让搜索慢得不可接受，这通常是 B 型程序的悲伤故事。

还有一种将考虑范围扩展到直接搜索树之外的假想位置的方法取得了更大的成功。蒙特·卡罗（Monte Carlo）树搜索从搜索位置上穷尽模拟整场比赛，并将其标记为胜利、平局或输棋。它存储这些结果，并利用它们来决定下一步穷尽哪些位置，如此反复。穷尽数百万种"比赛中的局面"对于国际象棋来说，并不特别有效或者必要，但是对围棋这类很难精确评估的棋类很重要。蒙特·卡罗方法不需要评估知识或人为设定的规则；它只需要跟踪数字，并向更有利的结果移动。

有了这么多有趣的想法来改进智能机器的表现，你可以理解为什么解决人类大脑如何运作和意识领域秘密的问题会被搁在一边。这里，最重要的是过程还是结果？人们总是想要结果，无论是投资、安全还是下棋。正如许多程序员自己感叹的，这种心态有助于制造出强大的弈棋电脑，但无益于科学和人工智能。一个能像人一样思考却不能击败世界冠军的弈棋机器是不会引人注意的。而当弈棋机器击败世界冠军时，谁又会在乎它是怎么思考的呢？

当然，在 1994 年 5 月慕尼黑的一场超快棋比赛中，我最终输给了一台机器——弗里茨 3（Fritz 3）。这场比赛是由英特尔欧洲赞助的，它曾经支持过我与我的同行以及世界冠军挑战者奈杰尔·肖特（Nigel Short）在前一年发起的新的职业国际象棋协会（PCA）。除了诸多世界上最好的棋手，运行新的奔腾芯片的弗里茨 3 也参加了这一赛事。这是在 1989 年我与深思对弈之后，曾经梦想过的国际象棋可以获得的推广和赞助。

早在 1992 年 12 月我就在科隆的一场非正式的超快棋比赛中与前几版的弗里茨下过几局。弗雷德里克·弗里德尔说我和他心爱的宠物对战了 37 场比赛，我就像对待实验室里的动物一样拨弄它，会在它下出好棋或者劣棋时指出来。它还远没有后来那么凶猛，但也不温顺。在比赛中，我输了 9 局，赢了大约 30 局。

慕尼黑是另外一个故事。尽管同样是下超快棋，但这回是正式比赛，不管有没有机器对手存在，我都会全力争胜。缓慢热身后，我获得了 8 连胜，但弗里茨 3 战绩也不错，我们在比赛中相遇。我采用进攻开局，在十几步棋之后就占据了优势。之后的局面对于未来十年面对机器对手的人类玩家来说可能都太熟悉不过了。我走了一步闲棋，立即遭到了反击。我对自己的纰漏感到恼火，为了保持主动性，我决定弃子，用车换象。当时的局面势均力敌，但在超快棋比赛中，我无法通过准确计算利用机会。尽管互相都有失误，机器和我都错过了使我平局的机会，最后弗里茨 3 还是赢了。

虽然这只是限时 5 分钟的超快棋，但它仍然是机器在正式比赛中首次战胜国际象棋世界冠军。即便比不上登月，至少也算是发射了一个小火箭。弗里茨 3 和我在最终排名中拔得头筹，这是机器取得的惊人成就。同时也留下了一线希望，让我能够再次与之对局并复仇。我设法集中注意力，彻底击败了它，最终取得了 3 胜 2 平的战绩。甚至我本有机会在一个平局中获胜，那是一个后对车的绝对优势局面，但因为计时器没有时间了而没能赢下那一局。

几个月后，我在英特尔 PCA 锦标赛上遇到另一个电脑程序——理查德·朗（Richard Lang）研发的"国际象棋天才"（Chess Genius，下文简称天才）程序。伦敦这场比赛是一场快棋淘汰赛，每人限时 25 分钟。我在第一轮就与天才对战，这当然引起了很多关注。虽然它不是一场经典的限时赛，但赌注很高。谁输了两场比赛中的迷你赛都得出局，因为这是国际象棋大奖赛系列的一部分，所以每一分都很重要。

我在第一局中获得了一个很好的白方位置，但是错失了一步棋，这让机器成功扳平了局面。然后我犯下了另一个与机器对战时的大忌：操之过急。我没有选择和棋进入下一轮，而是试图保持简单的活棋局面，但立即后悔了，天才的后通过一系列精彩的移动使我的王和马处于尴尬的位置，我最终失去了一个兵，然后输掉了这一局。这是一场残酷的比赛，如果你在 YouTube 上查看比赛的剪辑视频，可以看到我的震撼。

尽管失误了，我仍有希望在下一局中以黑棋扳回来，然后赢得决胜局，避免被淘汰。我再次获得了非常好的局面，进入了后和马的残局，并且多一个兵。但天才发出了一系列惊人的移动后的操作，阻止我进兵。我不得不沮丧地同意和棋，然后我出局了。[4] 是的，这是快棋，但也是正式比赛，机器在这一领域打得很好。虽然算不上登月，但也算进入低地轨道了。

与天才的两局棋都反映出电脑弈棋的特性，尤其是第二局。人类棋手很难看出马的移动，因为马的移动与其他棋子不一样，是 L 形地跳，而不像其他棋子一样走直线。当然，电脑根本无法构想任何东西，所以它以同样的技巧管理每个棋子。我记得是本特·拉森，第一个在锦标赛中输给电脑的国际象棋特级大师，说如果你拿掉电脑的马，它们会降几百分。这有点夸张，但有时候确实是这样。后也有类似的效果，毕竟它是最强大的棋子。在一个没有兵的干净棋盘上，后只需一两步就能到达几乎每一个位置。这极大地提高了复杂度，电脑比人类更善于处理这一点。你的王如果毫无遮拦地面对着电脑的后和马，那就好比斯蒂芬·金（Stephen King）小说里的恐怖故事。

纵观国际象棋历史，即便是最伟大的棋手曾经用到的一些极为复杂的防御策略，在 1993 年就能被电脑轻松应对了。你知道你与你的人类对手在应对棋局时都有相似的局限。就我来说，除了以快速战术闻名的印度特级大师维斯瓦纳坦·阿南德以外，我觉得自己对任何人都有计算优势。一般来说，如果我对自己的移子的后果没有彻底的把握，我相信我的对手也不能确定。但如果你面对的是一台强大的电脑，这种平衡就被打破了。它的棋下得很好，而且很不一样。

我已经提到的心理不对称和身体因素是一个问题，但如果你总是觉得你的对手能看到你想不到的地方，这会令你十分不安。这在局面复杂时会造成可怕的压力，一种黑暗中随时响起枪声的恐惧感。因此，你会一而再再而三地检查你的计算，而不是像在面对人类对手时那样相信自己的直觉。所有这些额外的计算都会消耗你的时间，并让你筋疲力尽。

在棋盘上厮杀一辈子之后，你别无选择，只能成为一个习惯的生物，而这些习惯在对抗机器时都被打乱了。我不喜欢这样，但我也想证明自己可以克服这些障碍，证明自己仍然是世界上最好的棋手，无论是人类还是机器。

个人电脑程序正在取得惊人的进展，但深思在我的意料之中。1993 年 2 月，当一支包括本特·拉森在内的丹麦队使用这台机器时，我在哥本哈根又一次近距离接触了 IBM 集团。IBM 丹麦公司（IBM Denmark）热切地希望让新雇员干活。当时这台机器被称作"深思 II"，但是 IBM 公关团队决定称之为"哥本哈根北欧深蓝"（Nordic Deep Blue in Copenhagen），显然这是为了跟那个正在制造的、用于在未来挑战我的升级版区别开来。但从现在开始我会把它称为"深蓝"，以免造成更多的混乱。

不管被叫作什么，他们带到丹麦的机器并没有给我留下很深的印象。我们试着用它来给观众分析我的一个棋局，很好奇它会给出什么建议。但它对棋局的评估相当糟糕，不断地低估我的进攻机会并且很迟钝地意识到自己的改进措施并不起作用。尽管如此，它在对战拉森和其他丹麦人时还是拿到了接近 2 600 的等级分，这让我也意识到 IBM 的生产线确实取得了巨大的进步。创始人许峰雄和默里·坎贝尔已经将程序员乔·霍恩（Joe Hoane）招致麾下，更不要说 IBM 相当可观的团队和资源，深蓝团队很快就会被转移进他们公司位于纽约州的约克镇高地（Yorktown Heights）里首屈一指的研究机构。IBM 有一位新任首席执行官路易斯·卢格斯特纳（Louis Gerstner），在这个 80 岁的公司发展进入低谷时，他进来了。由于 IBM 疲于跟大量聪明的新竞争对手较劲，它的股价暴跌。格斯特纳成功阻止了将 IBM 分拆为不同公司的计划，本来那个计划可能会使国际象棋项目泡汤。

1995 年 5 月，我在科隆的德国电视台快棋比赛中向天才完成了复仇。谈论对一个软件的复仇也许真的像数沙子一样蠢，但尽管如此我仍感觉很不错。第一局比赛本该以平局结束，但是天才犯了个经典的机器弈棋的毛病——过度贪婪，为了抓一个远处的兵而被将了军。而在第二局比赛中我用黑棋稳扎稳打。在赛后的采访中，我承认曾在家里和那个程序的一个版本对练，准备充足。

在当年年底，我又参加了一场迷你比赛，这次是在伦敦对决弗里茨4（Fritz 4）。老实说，不断升级的版本号开始有点吓人。也许在我赢得了第六个世界冠军头衔后，我应该坚持被称为"卡斯帕罗夫6.0"。参考美国软件巨头电子艺界（Electronic Arts）在1993年推出的名为"卡斯帕罗夫开局"（Kasparov's Gambit）的个人电脑程序，这并不是太牵强。那个程序有一个强大的引擎，丰富多彩的图形，偶尔会弹出一些我关于棋局的评论视频。"看你的兵"或者"你现在没走对路"，当时我还感觉这很前卫，但如果现在还找得到一个能运行的版本，我可能会发笑。

个人电脑程序在版本升级时，非常有意思的是我总可以感觉到程序的DNA。虽然有新的代码、新的搜索算法，并为新的处理器进行优化，但这玩意有自己的风格（大概没有更好的词可以描述这一特点了）。我开玩笑说程序员们像对待孩子一样对待程序，或者至少是像对待宠物一样。毫无疑问，他们的作品在某些方面很像他们自己，这些特征像绿眼睛红头发的基因一样，从一代程序传给下一代程序。随着时间的推移，特征也会随着遗传系统的不断迭代而减弱。

例如，弗里茨是臭名昭著的棋子至上，总是迫切地想吃一个兵，而不管局面变得多么糟糕。这并不是对它的程序员莫尔斯的轻视，这位温和的荷兰程序员是第一个确认自己的程序绝对不是市场上最具侵略性的人。然后，我们有了小深这个由以色列程序员谢伊·布申斯基（Shay Bushinsky）和阿米尔·班恩（Amir Ban）组合创建的程序，它获得了许多冠军。它具有革命意义的侵略性，能够为了打开局面而轻易地弃子，这在当时被描述成完全不像电脑程序所为。这是不是太奇怪了，难道荷兰–德国程序和激烈的以色列引擎吸取了一些它们典型的民族特色？嗯，可能会，但是其实程序带有程序员的个性是很自然的事，特别是如果程序员本身就是一个非常厉害的棋手，那他一定会做出符合他欣赏风格的程序。

不同引擎的遗传指纹对于我和其他与之对弈的特级大师们来说都是一个实际的问题，他们在十年左右的竞争中与它们进行对战。你不能指望自己能够精准地找到在联赛或者对抗赛里可能对战的引擎程序进行训练，即使有一个旧版本在，或者至少有其过去尽可能多的对局记录，在准备方面也会有巨大的差异。随着多年来累积的人机和双机对战次数的增多，机器已经有了丰富的对局记录，我们可以像与人对战一样准备与机器的对战。当然总是存在这样的问题，它们可能采取全新的开局方式，甚至表现新的"个性"，但机器很少这样做，尽管它们在不断变强。

在伦敦两场对战弗里茨 4 的快棋比赛之所以令人难忘，是因为与电脑对战的另外一个特点的存在。在我执黑棋的第 7 步，将象移动了两格，如果用标准的数字记录法就是从 c8 格到 a6 格。但是弗里茨的操作者并没有太重视这点，而是认为我把它放在了 b7 格上，并且输入了电脑。令人难以置信的是，在操作员注意到他的错误之前，弗里茨已经计算了四步棋。更令人难以置信的是，在修正电脑上象的位置后，棋局居然还可以继续，虽然本来它不会这样下。我赢了这一局，然后第二局逼和，从而赢得了比赛。虽然这次离奇的失误后平局很难让人满意，但是至少弗里茨不会因为这些麻烦而对它的操作者发火。

终于，在 1995 年初，戴维·利维、蒙蒂·纽伯恩和我讨论了与深蓝比赛的可能性。这场比赛可能会在下一年，我让代理人安德鲁·佩奇（Andrew Page）留意这件事情。两年前我在丹麦与他们的团队见面时，曾开玩笑说，他们必须赶快准备好，因为我当时已经快 30 岁了，我想在自己还年轻并且足够强大的时候迎战它。虽然我一直都很自信，但我不会一直都是世界冠军。IBM 想要比赛，我也是，问题是深蓝是否准备好了。

许先生是强迫性的完美主义者，他说好的比赛截止日期总要不断推迟。尽管同样作为一个偏执狂的我能理解他，但当时我只能同情他。如果说有一小部分人为建设美国世纪比其他人作出了更多的贡献，那就是这些有远大梦想并为之奋斗的天才工程师，无论结局是地狱还是天堂。但正在研发的这台机器的部件总是出问题。如果你阅读许先生以及深蓝在 1994—1995 年间的发展及许多其他比赛记录，就会觉得这像是一本来自极客团队（Geek Squad）维修公司的日记。错误、崩溃、电话掉线、互联网连接断线、开局棋谱错误、更多漏洞、电路松脱——除了病毒之外什么都有。同时为了宣传，IBM 还要机器不断参加比赛和展览会。

其中有一次是 1995 年在中国香港举行的世界电脑国际象棋锦标赛。深蓝的原型很受推崇——当时是这么称呼的，虽然它因为新的硬件还没有准备好而仍然是与深思 II 基本相同的机器。据许先生说，它多年来都没有在正式比赛中输给过其他机器，在测试中它以 3 - 1 的优势击败了顶级的公开发售程序。（它们有一个很大的优势，可以通过购买一份引擎的副本来测试它们的竞争对手，而没有其他人可以测试它们。）

但是常言道，总是会有意外，这就是比赛的魅力所在。深蓝在第四局比赛中逼平了名为"W 国际象棋"（WChess）的个人电脑程序，将在第五局和最后一轮的比赛中与弗里茨 3 对决。深蓝领先半分，据许先生说，"在 IBM 的前期测试中，它赢得了大约 9 场对阵弗里茨的比赛"[5]，并且有执白的优势。弗里茨打造了一条西西里防线，取得了不错的开局。深蓝显然被一个换位移动欺骗了，这不在它的开局棋谱之中，只能靠自己思考。

如果深蓝真的比弗里茨强得多，那就不应该被认为是一个很大的问题。然而，公平地说，开局的确很难，即使一台现代电脑也可能无法依靠查棋谱获得所需信息。深蓝就像我在教学中批评的初级棋手，盲从开局理论，一旦超出了记忆的范围，就无法理解棋局。不过，其实棋局并没有那么糟糕。有 200 分优势的棋手不应该会应对不了这种局面。

但是极客团队再次遇到了麻烦！深蓝在中国香港与纽约之间的连接断开了，整个机器必须重启然后重连。据许先生说，这个"冷"重启启发了深蓝的思路，使它选择了不同于在断线之前所考虑的走子方式。

在谈论这场戏剧性的机器互弈的结局之前，我想再强调一下刚才那件事情，因为它关系到我和深蓝的对决。在几乎每一场深蓝参与的比赛记录里，我都可以在其中发现重置、崩溃、重新启动和断开连接的情况。电源故障使得它输掉一场在哈佛的比赛。由于系统崩溃，它又丢掉了一场在中国北京和女子世界冠军谢军（Xie Jun）的比赛。但这是实验技术匆忙组合的特性，而规则也随之完善以处理这些偶然事件。

不过让我特别感兴趣的，并不是崩溃本身，而是关于它的另外两件事。第一件是它总需要操作员的干预才能重新回归比赛。这不像是把电话线重新接上，或等待互联网重新连接上线那么简单。输入是必需的——"我们不得不重启深思 II"，许先生这么写道——甚至我猜测，整个比赛过程都必须重新输入机器才能让它重新开始。这个推测是合乎逻辑的，因为我发现深思 II 的行棋偏好与其在崩溃之前不一样了。许先生还说："据在我们的霍桑（Hawthorne）实验室观看比赛的乔·霍恩的观察，深思 II 确实好像变换到了另一种模式。但在掉线之前，这种下法从来没有在我们的屏幕上出现过，而等到比赛过后，我们才意识到这一点。"

作为讨论的基础，我们不妨假设，深蓝在崩溃之前的下棋思路要优于它重启后的。（现在回头看那场比赛我可以说，是的，它的掉线后的第 13 步棋确实走得很糟糕。）很不幸，是吗？但试想如果新的那步棋变得更犀利而不是更糟糕呢？要知道计算机国际象棋的思维可谓变幻莫测，我们可以合理推测，机器可能在重新启动后花费更多的时间发现改进之处，或者迅速作出不同寻常的举动打开局面，谁知道呢？即使你想仁慈一些，也必须警惕这种情况的发生。

对于弗里茨来说，这场比赛依然有很大的优势。在一次不幸的深蓝荣誉保卫战中，许先生在书中对剩余比赛进行了评论，这简直就是荒谬的。我也许不太了解"0.8 微米 CMOS 工艺"或其他成就了深蓝的东西，但对于国际象棋我还是在行的。他用了"还凑合"和"还不至于崩盘"这样的词，好像比赛还有得打。事实上，虽然它当时显然还没有意识到，在断线后不久下的糟糕的两步棋，就已经定下了深蓝的败局。第一个大错就是它的第 2 步，只是因为弗里茨的疏忽而侥幸逃脱了致命一击。但是两步之后，它已经彻底败了，深蓝因为低估了黑王的进攻而自寻死路。[6] 这局棋完蛋了。无论是我计算机上 3 000 等级分的引擎，还是我头脑里 2 800 等级分的引擎都可以一眼看出，弗里茨下出第 16 步棋之后，白棋已成案板上的肉。已经输无可输之后，深蓝又下了一连串棋，直到在第 39 步之后才投子认输。在巨大的不安下，弱小的德国戴维打倒了 IBM 巨人，赢得了世界冠军。

我为弗雷德里克和我在国际象棋库的朋友感到高兴，但这样的结果对接下来与我的比赛而言可能有点尴尬了，因为深蓝已经不是弈棋计算机中的冠军，而下一次夺冠可能要到几年之后了。不过最后证明我的担心是多余的。没有人质疑深蓝仍然是当时最强大的弈棋机器，而且九个月后在费城与我对弈的将是升级后的深蓝，它远比那台在中国香港输给弗里茨的机器强大。

在这期间，我还要确保我能坐稳世界冠军的位子。我在 1995 年的卫冕之战是与印度维斯瓦纳坦·阿南德的 20 场比赛。我们在纽约世贸中心南塔的 107 层鏖战。市长鲁迪·朱利亚尼（Rudy Giuliani）主持了我们第一局比赛的第一步的开局仪式，时间是 9 月 11 日。

我将分享一些关于这场双人对战事件的细节，以及在一次只有一个对手的情况下，一台机器是如何帮助我保住我的冠军头衔的。1996 年 2 月 10 日将成为我历史上又一个不光彩的纪念日。在费城进行与深蓝的 6 局比赛之前，我已经是第一个在超快棋与快棋比赛中输给计算机的世界级冠军了。在我坐到许峰雄的对面开始第一局比赛之前，我就明白，我保持冠军头衔越久，我越会成为第一个在常规赛事中输给计算机的世界冠军。这是必然发生的趋势，但我希望不是现在。

比赛由美国计算机协会（ACM）赞助和主办，该协会长期参与计算机国际象棋赛事的筹办。该协会在费城举办的年度计算周活动中庆祝第一台数字计算机 ENIAC 诞生 50 周年。计算机国际象棋委员会主席蒙蒂·纽伯恩（Monty Newborn）利用自己在美国计算机协会的地位有力地推动了人机对弈的发展。作为各参与单位的中间人，他帮助制定了费城比赛也就是美国计算机协会国际象棋挑战赛的规则。国际计算机国际象棋协会（ICCA）是比赛的仲裁机构，国际计算机国际象棋协会副总裁戴维·利维协助谈判和组织工作。奖金为 50 万美元，其中冠军会得到 40 万美元。最开始的提案是获得 3－2 的成绩就可以取得胜利，但在我的反对下，改为了 4－1 的成绩才可以。我很有信心，而且在 1989 年打败深思后，经过六年多的等待，有理由认为他们需要我胜过我需要他们。

然而，其他一些因素使得事情并不完全是这样。英特尔当时正在削减对我发起的职业国际象棋协会及其大奖赛的支持，因此我希望与 IBM 建立类似的合作伙伴关系。因为我在 1993 年高调而且不明智地脱离世界国际象棋联合会（FIDE）的举动，使得我在国际象棋圈里成了一个更有争议性的人物，但是也为职业国际象棋协会组织的大型赛事引来了新的赞助商，并且增加了棋手的收入。但当时英特尔欧洲公司告诉我们，它不会续订协议。这也是我参加奖金不到百万美元的费城比赛的原因之一，我希望能借此促成职业国际象棋协会与 IBM 达成长期的赞助协议。

对这场期待已久的比赛，舆论的预测非常有利于我。戴维·利维大胆地预测了我会 6－0 完胜。IBM 的团队负责人谭崇仁（C. J. Tan）和我都预测了 4－2 的比分——不同的是，他认为深蓝会赢，我觉得自己会赢。我有信心，但是也有担心，因为对这个新版本的能力缺乏了解。我指的不是对我来说没有用的技术规范，而是它之前的比赛数据，这对国际象棋大师的准备工作至关重要。我面对的这个版本没有公开比赛过，所以我对它的能力一无所知。

当然这些数字令人印象深刻。之前被称为深思的版本，每秒能搜索 300 万 ~ 500 万个位置。而这个新版有 216 个弈棋芯片连接到 IBM RS/6000 SP 超级计算机上，搜索速度达到了 1 亿个。我知道 20 倍的速度并不意味着 20 倍的能力提升，但它仍然是一个无法看清的黑箱子，这不是一个愉快的感受。专家估计，根据近 20 年一直成立的计算机国际象棋的"速度对深度对能力"的关系式推算，这个新版的等级分可能超过 2 700。更好的开局棋谱和更多的国际象棋知识可能会再增加 50 分或 100 分，直逼我的 2 800 多分的成绩。但这一切都是理论上的。谁知道还有哪些提高能力的技巧呢？

除了所有这些硬件和软件的提升，深蓝还增加了一个重要的新队友，美国国际象棋大师乔尔·本杰明（Joel Benjamin）。香港公开赛因开局棋谱导致的失利使得 IBM 团队相信他们需要专业的帮助，所以他们聘请了一位国际象棋大师来准备开局棋谱，并且在比赛过程中作为深蓝的助手，以备在需要的时候调整棋谱。本杰明也会担任机器的陪练，并帮助调整其估值函数。即使是世界上最快的弈棋机器，也需要一些人类的国际象棋知识。

我也在认真备战。在里约热内卢以车轮战战胜一支强大的巴西队后，我飞到了费城。我和我的教练及助手与尤里·多霍扬同行。我的母亲克拉拉也来了，她要确保赛场具备所有条件，并且一直坐在前排。弗雷德里克·弗里德尔在那里担任我的非正式计算机国际象棋顾问。热衷于计算机国际象棋的贝利公司创始人肯·汤普森同意担任计算机的中立监督者。相比于一年后在纽约进行的马戏般的复赛，这场比赛看起来还比较有格调。比赛引发的关注吸引了众多媒体，大多数重要纸媒的记者都来了，美国有线电视新闻网（CNN）也反复报道。但在巨大的会议厅中仍然比较随意而开放。美国计算机协会和国际计算机国际象棋协会在运营整个比赛，IBM 则相对低调，只通过团队负责人谭崇仁发言。这一切与其他顶级的国际象棋赛事很类似，直到我第一次和深蓝在棋盘上会面的那一刻。

在这 20 年的时间里我一直在想，用什么方式来讲述一个世界冠军和世界冠军级弈棋机器较量的故事呢？我不能肯定现在我已经想好了。和一台代表人类最高学术水平的机器直接对决实在是一次独一无二的经历。这不是和一台具有人工智能的电脑打电子游戏，也不是竞争工作机会的隐喻，更不是麻省理工学院的埃里克·布林约尔松（Erik Brynjolfsson）和安德鲁·麦卡菲（Andrew McAfee）在他们的书中所阐释的那种与机器的"竞赛"或"竞争。"

约翰·亨利曾经公开与一台蒸汽机比赛，用他的血肉之躯对抗无情的钢铁巨兽。与杰西·欧文斯跟汽车和摩托赛跑一样，都凸显了一种悲壮而滑稽的不对称性；它是一种广告营销和娱乐，而非严肃的竞争。如果一个人跑赢了一辆小轿车，那很有意思；要是他输了，又有啥好说的呢？

另一种差异体现在大众媒体的新闻报道中，这反映了数百年来关于国际象棋和智能的浪漫化观念，以及对人工智能和深蓝的误解。"人类大脑的最后一道防线""卡斯帕罗夫捍卫人类尊严""机器正在入侵人类最后的避难所——智慧"。即使脱口秀节目对这场比赛开玩笑时，比如杰伊·莱诺（Jay Leno）和戴维·莱特曼（David Letterman），也带有一种紧张的、轻微的末日降临感。"卡斯帕罗夫看起来相当紧张。你可能认为这没什么大不了的，直到发现自己的工作会被取代！""他正在跟超级计算机下棋，而我连录像机都不会操作！""类似的故事还有，今天早些时候，纽约大都会队被微波炉打败了。"

我承认，在大多数时候，组织者以及参与者对这些恭维的话很受用。难道我能站出来说国际象棋不是"人类智力活动的巅峰"？还是说我不是"活的珠穆朗玛峰"，不会是"代表人类输掉比赛的国际象棋冠军罪人"？IBM 也没理由要反对关于它的机器的"创造力"或"为整个工业带来革命潜力"的任何假设。美国计算机协会的纽伯恩对此很在行。他天生善于阐释，不会因为自己的计算机科学和国际象棋背景而观点偏颇。我当时没有这么多时间关心这些事情，但在听到纽伯恩在访谈中谈论比赛"对人类意味着什么"以及深蓝如果赢棋就好比登月时，我还是很受鼓舞。

最后，所有的喧嚣和神话都被放到一边，第一局比赛开始了。至少在操作员修复了又一个漏洞之后是这样。让我吃惊的是，当裁判开始计时的时候，深蓝还没有运行起来。当天的操作员是许峰雄，他花了几分钟才让它运行起来。如果说这种事情让人分心，可能会让人觉得我似乎刻意找借口，但的确如此。在这样奇怪的情况下再次集中注意力是非常困难的，尤其是当你明白你的对手不会有这种困扰时。就像桌子周围摄影师的声音不会打扰到计算机一样。你无法通过看对手的眼睛洞察他的情绪，或看到他的手在按下计时器时有点犹豫，表明他对自己的选择缺乏信心。我相信国际象棋不仅仅是智力对抗，也是一种心理对抗，与没有心理活动的对手下棋从一开始就让人困扰。

过了一会儿，深蓝开始运行了，许峰雄移子，1. e4。这是将王前面的兵向前移动两格，我以 1 . . c5 回应——我最喜欢的西西里防御，一个尖锐的反击开局。别担心，我没打算呈现整局棋！这场对决是国际象棋史上最著名的比赛之一，所以如果你感兴趣的话，能找到很多精彩的分析。遗憾的是，在我复盘这些比赛时，我发现这不是一局很好的棋。为了保持客观性，莫斯科的一些高手也用目前最好的国际象棋程序对此进行了复盘。我在费城的表现不算好，最多就是还行。

深蓝回避了我的开放性布局挑战，这多少有些让人意外，因为计算机以善于处理开放西西里防御这样的复杂战术见长。IBM 的团队担心进入无准备的开放性局面正中我的下怀，他们显然不认为用乔尔·本杰明准备的棋谱与我在有风险的变化局面下进行对抗是一件明智的事情。它选择了我们在 1989 年的比赛中执白采用的相同的第 2 步，他们当然没有期待我会重复那一局比赛，虽然那次我赢了。[7] 试图重复过去的胜利，而不是改进自己的表现，这是走进预设陷阱的极佳方式。他们的选择是稳扎稳打，让机器做好准备，走到第 9 步时仍然不逾越开局棋谱。

我也准备在第 10 步变得与我以前的一局棋不同，改进一下。我不想采取守势，想看看它会如何回应。这不是快棋或超快棋比赛；我们有几个小时，而不是几分钟。这给了我足够的时间思考，因此我不害怕进入复杂的对抗局面。深蓝在开始阶段表现良好，取得了执白常见的轻微优势。在我出现了一次失误后，它发起了更强力的进攻，第一次形成了真正的威胁。我瞥了一眼许峰雄，这个习惯性举动对这场比赛毫无意义。我的局势在恶化。这家伙很强大。这次不一样了。

如果你读过一些描写这场比赛尤其是这局棋的书或文章，你可能会认为作者说的是另一件事情，分析的是另一局棋。分析时有不同的观点是正常的，也是有益的。如果哪一天国际象棋被我们现在还无法想象的某种技术彻底解决了，我们才有可能客观地谈论棋局。在此之前，我们对某步棋的质量不会达成一致意见。不同的大师和不同的机器会倾向于不同的想法，这才是下棋有趣的地方。

这并不是说疏忽或失误就不存在，或者对于棋局没有明确的最佳移动。在许多棋局中，正确的移动显而易见，任何理性的高手都会采取。有 10% ~ 15% 的棋局需要大师级的经验或计算技能才能找到一个复杂的计划或策略。最后有 1% ~ 2% 的移动是最难的，即使是很强的特级大师也可能下错。让人惊奇的是，在这种条件下，再加上竞争的压力和时间限制，人类居然还能下得不错。事实上，我发现我们在压力下经常会表现得更好，而不是更糟。

我在写《伟大的前辈》（My Great Predecessors）这套书的时候，不仅对我研究的那些前世界冠军的成就有了更深的敬意，也对普通的棋手有了更多羡慕。很少有活动像职业国际象棋一样逼迫人的生理极限。快速的计算，肾上腺素飙升，每一步都至关重要。这种场景日复一日，经常还要被全世界围观。这是让身心崩溃的绝佳场合。

当我开始分析世界冠军前辈的对局时，我因此变得宽容一些了。不是说我的分析——必须像我的老师博特温尼克教我的那样不留情面——而是说我在面对他们的错误时的态度。我身处 21 世纪，百万场对局的数据库和千兆赫的国际象棋引擎的处理能力对我来说触手可及。我告诫自己："我不能凭借这些优势和后见之明苛责我的前辈们。"

写这套书时有一项很重要的工作是收集对以前这些对局的所有相关分析，尤其是棋手本人和他们同时代人的分析。我的同事德米特里·普利斯基（Dmitry Plisetsky）对来自十几种语言的材料做了大量分析。人们可能会认为分析师在分析时很冷静，有着充裕的时间整理资料和做笔记，要比棋手们自己轻松得多。后见之明是手到擒来，不是吗？但是我很快就发现，在前计算机时代的棋局分析中，后见之明极其需要交替使用远近视角。

奇怪的是，当其他顶级棋手在杂志和报纸专栏中评棋的时候，他们犯错误往往比棋手在棋盘上犯的还要多。即使棋手发表的是关于自己比赛的分析，也往往比比赛时的自己更不准确。[8] 把好棋当作失误，臭棋却得到赞扬。不仅很多棋艺不佳的记者理解不到冠军的精妙之处，有时候当所有人都没领会到一步妙手时，我却可以借着弈棋引擎很容易看出，这种事情经常发生。最大的问题在于，即使是棋手也会掉入把每一局棋都当作一个故事的陷阱，有开头、过程和结尾，沿途有一些转折的连贯叙事。当然，在每个故事的结尾都有个寓意。

我从这个发现中学到了两个教训。第一个教训是，我们经常在压力下才发挥出思维潜能。在压力和竞争之下，我们的感官和直觉以一种独特的方式被激活。当然我希望在作重要决策时能有 15 分钟而不是 15 秒钟，但这个事实依然成立，我们的头脑在危急时刻能有惊人的表现。我们经常没有意识到自己的直觉有多强大，直到有一天我们除了依靠它们别无选择。

第二个教训是，每个人都喜欢听好故事，哪怕它经不起客观的分析。我们喜欢看电影里的大反派得到应有的下场。我们站在弱者一边，不希望看到英雄落败，同情命运不幸的人。所有这些倾向都体现在国际象棋比赛中，一如它们体现在选举中或者企业的兴衰中一样，它们滋生出一种强大的认知谬误，总是寻求着并不存在的叙事。

计算机的分析揭示了这种点评棋局像讲童话故事的愚蠢传统。分析引擎不在乎故事。它们揭露了一个现实，在棋局中唯一的故事是每一步的移动，或强或弱。这不像讲故事那样好笑或令人玩味，但它就是真相，而且不仅仅只有下棋是这样。人类将事情理解为一个故事而不是一系列独立事件的倾向会导致许多错误结论。我们很容易从数据中提取出符合我们预想或满足大众口味的好故事。这就是为什么都市传奇传播得如此快；最好的传奇是告诉我们想相信的故事。我自己也不能免于这种倾向，克服我们所有的智力偏见是不可能的。但意识到它们是个很好的开始，而人机协作的众多好处之一，就是能够帮助我们克服懒惰的认知习惯。

理解了这些之后，让我们回到棋盘上，在对深蓝的第一局棋中我陷入了真正的麻烦。这台机器有了许多惊人的举动，我的局势渐落下风。回顾其他人的分析，以及几位特级大师（包括弗里茨 4！）的实况点评，叙事倾向再次颠覆客观性。舆论认为我用开放布局对抗计算机是犯了致命错误，因为计算机的战术能力具有压倒性优势，我应该做的是巩固防御耐心等待时机。也许这是对的，但我的本意并不是与计算机正面对抗，我只是没有找到更好的选择。

在 1989 年战胜深思之后，我接受了《纽约时报》杂志的专访。我们查看了关于这场比赛的新闻报道，深思团队成员默里·坎贝尔的一句话引起了我的注意，他说："深思没有机会展现它究竟能做到什么程度。""那就是重点！"我向采访记者大声说道，"我让它没有机会发挥出实力！国际象棋的最高境界就在于让你的对手发挥不出实力。"[9]

但是七年之后，深蓝已经太强大了，面对它无法轻易制定出对策，尤其当它执白的时候。虽然我选择攻击它的王会被批评为不明智的行为，但这不是一步臭棋，更不是致命的一步棋。两步之后才是真正的臭棋，具有讽刺意义的是，那是我为了保住兵而停止进攻造成的。如果我继续保持进攻，采取评论家们所批评的做法，我可能已经挽救了这局棋。[10]但是这与流行的故事相反，所以致命的败招往往被忽视。

另一方面，我所忽视的情况则被正确地指出来了。深蓝在王受到进攻时抓了一个无关紧要的兵，这似乎是一次严重的贻误战机。但是，基于人机对战久经考验的传统，它已经计算得足够深，所以能够摆脱陷阱。虽然我认为故事风格有害，但我还是必须分享一下专栏作家查尔斯·克劳萨默（Charles Krauthammer）在《时代周刊》杂志中关于这局棋的段落。这样讲故事我完全赞同。

> 在后面的棋局中，深蓝的王受到卡斯帕罗夫的穷追猛打。任何人类选手面对世界冠军的这种攻击都会紧盯着自己的王以试图摆脱。然而，深蓝却无视威胁，似乎事不关己地跑到棋盘的另一边捕杀无关紧要的兵。事实上，在最危险的关头，深蓝消耗了两步棋去吃棋盘另一边的兵——很多人面对卡斯帕罗夫时哪怕只让一步都是致命的。这就好像在葛底斯堡，米德将军（General Meade）在皮克特冲锋之前派他的士兵去拿点苹果，因为他已经计算出他们还有空隙足以回到自己的阵地。

> 对人类来说，这叫作冷静。如果你有把握，你可以很平静。如果米德对敌人到达的时间有绝对的把握——通过计算皮克特部队所有子弹、刺刀和大炮的精确轨迹——他的确可以毫不畏惧地派他的人去取苹果。

> 这就是深蓝所做的。它计算了卡斯帕罗夫可能采取的每一种走子的组合，并以绝对的把握确定，它可以在远征吃掉兵之后赶回来，抢在卡斯帕罗夫摧毁它之前刚好一步摧毁卡斯帕罗夫。这就是它所做的。

做这件事需要的不仅仅是勇气。它需要一个硅脑，没有人类能有绝对的把握，因为没有人能确保看到一切。深蓝可以。[11]

我在第 37 步就认输了，计算机在历史上第一次在经典比赛中击败了人类国际象棋冠军。我有点震惊，观众和评论家也是如此。就连许峰雄看上去都有些迷惑，他已经从屏幕上知道了对深蓝获胜的评估，差点没在他伟大的胜利时刻道歉。我当时的感觉有点沮丧，而不是一年后复赛时的厌恶感。我相信他想和队友一起跳起来庆祝，而不是回答我的问题。

我当时还处于对这台机器的优异表现的震惊之中，在认输后立即提了一个反思性的问题，就像特级大师们在完成比赛后进行所谓的"复盘"那样。"我哪里下错了?"我问。但许先生并不是棋手，他自己可能也有些惊讶，他无法全部回想起深蓝在屏幕上的分析来回答这个问题，所以我们这时都稍微有点尴尬。

比赛结束一个月后，我在《时代周刊》上写道，"那天我感觉到了'桌子对面的一种新智慧'，而且在某种程度上，确实如此。"[12]我不是在暗示某种形而上学的解释，但是速度快就真的可以产生如此令人印象深刻的国际象棋吗? 其中的几步棋简直就是在说:"我打赌你没有想到计算机会这样下棋!"例如，在中局的某一步，它为了灵活性牺牲了一个兵，这是一个非常类似人的想法，完全不同于机器常见的唯利主义。

这是我曾见过的机器下得最好的棋，无论是跟我对战还是跟任何其他人，至少在我输棋的那一刻，我甚至认为它可能已经变得太强大了，无法打败。那天晚些时候，我向弗雷德里克大声问道:"这家伙会不会是不可战胜的?"我知道那一天终究会到来;这一天已经来了吗?

答案没让我等太久。在次日的第二局比赛中，我执白用略温和的方式打出了开局。我的想法是令深蓝找不到任何明确的目标，而我知道它不能像人一样制订战略计划。至少，我希望它不能。像往常一样，深蓝出了一些技术问题，不过我当时只知道其中一个。深蓝很早就下了一步臭棋，在第 6 步。据弗雷德里克说，我明显很高兴，我猜这个很可能是它的开局棋谱中的一个重要缺陷。它并不是不可战胜的，而且今天我将会赢得很轻松。结果裁判跑过来说，许峰雄不小心下错了，提了一个错误的兵，就像我在伦敦与弗里茨的比赛中发生的那样，你们可以想象我的失望之情。规则允许他们纠正，棋局又回到了正轨。结果是虚惊一场，但它说明了让一个低水平玩家移子的危险，以及这样的分心是如何只能影响人类棋手的。

许峰雄在书中指责默里·坎贝尔未能在机器下完第一局后给位于约克镇高地的机器上传他和本杰明更新过的正确开局棋谱文件。这使得它只能依赖所谓的"扩充棋谱"，其中有根据特级大师赛数据库统计的模糊指导。尽管如此，我并没有察觉到这一点，深蓝的开局下得很好，遵循高水准的大师理论，一直到第 14 步我引入新的走法。几本书还提到深蓝有一个"评估错误"，这影响了它在这一局的表现，但是说实话我厌倦了区分哪些错误是故障，哪些故障是错误，哪些又只是差劲的评估。

我的策略很见效，而深蓝受限于这种远期的结构性弱点，它不知如何克服。我意识到仅仅避开复杂的战术搏杀是不够的。我应该采用普适原则胜过短期计算的棋局。深蓝的确有着评估函数，但不是很复杂，一旦我意识到它的硬编码偏好，我就能利用这一点。例如，如果我注意到它已经被设置为在棋盘尽量保存后——在机器对抗人类时通常是一个好主意——我就可以下这么一步，让它不得不在换后或走一步劣棋之间作选择。

人类的这种适应能力是一些计算机科学家大大高估了计算机战胜国际象棋特级大师所需要时间的原因之一。他们认为，一旦人类知道了控制机器对手的规则和知识，就会想到如何利用这点。但事实证明，凭借超快的暴力搜索，只需利用很少的知识，大部分弱点都可以通过充分的搜索深度来弥补。

然而，深蓝还没有达到完美。在第二局中，我设计了一个让其无法抗拒的弃兵，得到的补偿是它的王周围的保护力量被致命性地削弱了。这时很接近平局了，但是最好的策略总是超出它的搜索深度，并且它不知道在这种局面下防守的一般性原则。经过几个小时的精心操作，我接连赢了两个兵，默里·坎贝尔在第 73 步替深蓝认输。我扳平了比分，更重要的是我知道它并非不可战胜。

现在我知道"桌子对面的一种新智慧"只不过是我很熟悉的计算机程序的一个快得多的版本，这让我感到轻松了一点。它很强大，但它并不比我强，并且有明显的缺陷。和面对人类对手一样，如果我可以瞄准它的弱点，避开它的优势，我就能赢得比赛。

第三局棋重复了第一局棋的开局，直到深蓝以本杰明那天输入棋谱的一步棋偏离了原来的棋路。我们沿着它的计划一直下到第 18 步，深蓝本应注意到本杰明意图的一条棋路，但是他忘记了将其输入棋谱，结果损失了一个子。这让我有了一点小优势和明确的关注目标，所以我认为我有机会再赢一局。但深蓝开始了机器擅长的令人难以置信的顽强防守，它变得比蟑螂还难以杀死。只要还有一步棋可以挽救局面，它们就一定会找到。深蓝发现了一系列机智的走子来躲避危险，最终逼和，这让我很受挫。

压力下的准确性是人与机器不对称的另一个特征。我们所说的"尖锐"局面是高度复杂的，是任何错误都可能致命的棋局。双方都在走钢丝，滑倒一次就完了。对于计算机来说，这时反而更容易找到正确的路径，因为所有其他的走子的参数值很低。人类永远不会有这样的信心。更重要的是，只有人类棋手才会觉得是在走钢丝。我可以感觉到棋局的危险，感觉到搜索树呈指数增长。但是对于计算机来说这就像在沙滩上度假，尤其是对于深蓝这样专门增强了搜索功能，极大增加了搜索树深度的机器。

这局棋之后，6 局棋已经下了 3 局，形成平分，但是在后三局棋中，我有两局执白，更舒服一点。深蓝赢了第一局极大地吸引了媒体的注意力，但是显然机器无法接受采访。我没有理睬计算机专家的建议，在第四局采用了开放布局。我没有回避执白时采用尖锐的下法。我曾打算在第 13 步通过弃子一次对抗深蓝的王翼易位，想了一下又觉得太过冒险。不过，如果是面对地球上其他任何一位棋手，无论是人还是机器，我都会采取这种下法。我知道，面对这种局势如果计算稍有差池我就死定了，并且在只剩两局的情况下让比分落后。回想起来，这是一个重要的时刻。我不只是在下棋，我在进行细致的调整以与一台能力在某些方面远远超过我以及其他任何人的机器对抗。

在第四局又出了一个技术故障，正好是我在准备一次危险的攻击的时候。我在之前的一步棋花了很长时间，计划用马交换两个兵并作出一次攻击。在深蓝回应之前，它死机了，不得不重新启动。我很生气，这导致我在关键时刻无法保持高度的注意力集中。它花了 20 分钟才恢复正常，一回来就下出了强手避开我的弃子。这让我怀疑除了故障是不是还发生了什么事情（赛后的分析表明弃子可能会导致差不多的局面）。

现在势均力敌，但局势复杂，而我正面临时间上的麻烦。如果我下到了第 40 步，就能赢得更多的时间；问题是我能否做到这一点。在下了准确的几步棋后，我终于在第 40 步以守势进入了时间控制的安全港。我找到一个很好的办法逼和，这局棋很快结束了。还剩两场比赛，比分依然是平的，我却已经精疲力竭了。比赛的观众数量持续攀升，媒体关注趋近狂热。参赛双方频受采访，而 IBM 显然注意到了它的这个小小的国际象棋项目受到的关注大大超过了它多年来所做的一切。

尽管在第四局和第五局比赛中有个休息日，我还是难以恢复精力。我没有采用通常的西西里开局，而用了俄罗斯防御术，又名彼得罗夫。这并不是为了体现爱国；彼得罗夫下法很稳，有些人甚至认为乏味。它经常导致许多兑子和对称的兵结构，减少了局面的活力，这对面对着超级计算机的那个疲惫的我来说，是相当理想的，尽管它不是我常玩的局。深蓝则换成四马开局，它的无聊乏味一如彼得罗夫。

经过多次兑子，我获得了微弱的优势。考虑到为明天执白的决赛节省精力，我在第23步早早逼和。对于那些国际象棋世界的新人，可能会觉得逼和的想法很奇怪。想象一下，两名拳击手同意在第二回合就停止战斗，或者一场足球赛在15分钟后结束，因为双方教练觉得平局是一个很好的结果。通常，除非制定出不利于此的规则，在国际象棋中，任何一方都可以在任何一步之后向他的对手提议平局。另一位玩家可以接受，也可以无视并走下一步，棋局继续。

平局一直是国际象棋的一部分，至少在现代国际象棋史上。有很多局面任何一方都无法取胜，包括僵局，轮到的一方没有任何合理的走法，于是比赛成为平局。对于双方棋手而言，平局各得半分，所以绝对比输棋得零分要好。设置平局是出于礼节，它使得高手们不必为了一场明显的均衡局势精疲力竭到最后而一无所获。这就好像说，"我知道你知道如何打平，你知道我也知道，所以让我们握手言和，一块到吸烟室歇会儿去。"早早结束比赛可能会令一些观众失望，但通常并不会有很多观众担心这点。此外，回到19世纪，国际象棋的发展水平相对较低，几乎所有的比赛都会分个高下。

当特级大师们开始战略性地，甚至战术行性地利用平局时，问题就来了。如果一个平局对于你这次锦标赛的战绩很有帮助，那为什么不看看你的对手是否也乐意早早打平，有个轻松的一天？或者如果你发现你的局势在不断恶化，要不提议打成平局，看看你对手会怎么想？不久之后，它便像瘟疫一样传播开来，人们敷衍了事，没用几分钟没走几步就结束比赛，甚至特级大师们之间也是如此。这种习惯是传染性的，今天即使在比较弱的业余水平的比赛中，快速和棋也屡见不鲜。

最后，顶级锦标赛的组织者决定不再支持这种行为，并制定了最小化移动的规则。尽管现在通过重复局面变动或无子可动可以做到符合规矩的和棋，但是在 30 或 40 步之前不能和棋已是通行标准。随着棋手们在数十年间变得越来越强大、准确度越来越高，顶级赛事中平局的次数又增加了不少，精英比赛中大约有一半是和棋。只要他们努力下棋，我就不觉得这是个问题——平局是一个公平的结果。但是，总有人想推出更多规则以求变化，鼓励更具进攻性的下法，产生能分出高下的比赛，例如赢棋得 3 分，平局只有 1 分，就像足球和曲棍球比赛那样。

在比赛中，快速和棋对战略有帮助。在第五局棋中，我感到疲惫不堪，同时也觉得在我提出早期和棋的时候，就已经没有多少可下的地方了。可能是担心那天 700 名观众会很失望，所以深蓝团队拒绝了我的和棋提议，决定继续下。另外，这也是与机器比赛一个独特的地方，何时提议或接受平局。这个决定是否应该让机器做主呢？例如，如果其评估的获胜概率为零或更差，它应该自动接受吗？但如果是一个必赢的局面呢？就像开局棋谱一样，没有一个很好的方案来避免过多的人为干预。

深蓝认为在我提出和棋的时候局面有点不好。它的团队凑在一起，最终决定听从本杰明的建议，即认为结束比赛还为时过早，不能和棋，特别是他们会在最后一局中执黑。事实证明我的好运气来了，因为深蓝在下一步就犯了一个严重的错误。因为分析不到长远的后果，所以当我推进兵的时候，它就让自己的棋子被长时间牵制住了。深蓝没有什么积极的计划，也意识不到它当时唯一的希望是迅速进攻，它只是随意走了几步。当局面的危险性进入它的搜索范围时，才发现局面已无可挽回。我在第 45 步赢了，第一次在比赛中领先，在第二天的最后一局之前确保了比赛至少是平局。

尽管很疲惫，但我在进入第六局时还是感觉很好的。因为我在第五局中击败了机器，所以我觉得自己了解它的弱点。仅凭五局棋可能会高估了我自己的表现，但是比一个星期前还是要好很多，而且这些认识会在第六局中发挥出来。我重复了几步之前两次执白时的走子，直到深蓝开始变化。它的团队在幕后的任务是尝试找到一种执黑获胜的方式，这并不容易。尽管我的风格是具有侵略性的，但是在执白的情况下我可以保持数年不输棋，而且现在我只需要平局就能赢得比赛和 40 万美元的奖金，所以我不会冒任何不必要的风险。

我移位后，深蓝脱离了开局棋谱，开始出昏招并陷入了被动局面。没有棋谱库，它就无法像特级大师那样知道在特定的开局中，特定的棋子属于特定的位置。这正是人类一直使用的一种抽象类比思维。缺乏这种能力的深蓝不得不依靠搜索来避免麻烦，但它的选择正在减少。我把后旁边的兵向前推，强迫它的棋子回撤。这正是我梦寐以求的对棋局的控制：封闭而不是开放，战略而不是战术。我可以闻到空气中的血腥味。

第22步，我想用诱棋棋子封死他的王，这样似乎能赢。但我可以肯定吗？是的，百分之九十，也许是百分之九十五。但因为对手是深蓝，而且只需要一个平局就可以赢得比赛，在这个节骨眼上我必须有百分之百的把握。赛后的分析表明，这确实是制胜一击，但也不能保证我会完美发挥。我没有理由承担任何风险，因为我已经占据了绝对优势。黑棋没有反击，我的兵还在前进。观众们在意识到发生了什么之后变得很兴奋。深蓝被困住了，它的象和车被困在底线上。最后，黑棋的棋子都被困住，我甚至不需要攻破它。结果机器无论怎么走都会损失棋子，深蓝团队决定是时候认输了。

最后，我以4-2的成绩赢得了比赛，正好是我预测的得分，但也比我想象的要艰难得多。我赞扬深蓝团队的成就。虽然比分不如意，但它偶尔能下出我认为计算机无法下出的好棋。我改变了策略，很轻松地赢得了最后两场比赛，这点不见得对我在复赛时的心态有什么好处。我在《时代周刊》撰写了我对比赛的总结：

> 最后，这可能是我最大的优势：我可以弄清楚它的优先级，从而调整我的策略。但我的对手无法像我这样。所以，虽然我觉得我看到了一些智慧的迹象，但仅仅是一种很古怪、低效、不灵活的的智慧，这让我觉得我还能保持几年的优势。

事实上这个时间长度是450天，我的优势保持到1997年5月11日的复赛。回想起来，我是最后下赢机器的世界冠军。为什么人们不把这一天写进历史呢！？

虽然开始宣传很少，深蓝的第一场比赛就成为当时有史以来最大的互联网事件。IBM不得不分配一台跟深蓝同等级的超级计算机来解决网站上的负荷——这还是在1996年，大多数人都使用拨号连接上网。它成为展现新通信网络能力的早期案例之一，揭示了在未来终有一天互联网会与电视和广播竞争。想象一下这个场景吧！

对这样的结果，特别是最后一局的情况，深蓝团队显然并不会高兴，但他们说自已已经满意了。毕竟击败过世界冠军，并在前四局打得我精疲力竭。同时，IBM 甚至比我更高兴。它给我的赢棋奖金与比赛的宣传费用对于 IBM 的股价上涨和公司形象来说，显得无足轻重。突然之间，曾经平庸的老 IBM 变得很酷，它站在了人工智能和超级计算的前沿，和人类心智的霸权地位斗争。至少看起来是这样，股市似乎也同意这一点。

据蒙蒂·纽伯恩关于这场比赛的书中所说，IBM 的股票在一个多星期内差不多上涨了 33.1 亿美元。而那一周，道·琼斯的其他权重股大幅下挫。[13] 我真该要求股票期权，而不是 4-1 的奖金分配。深蓝的名字在媒体中无处不在，IBM 团队和 IBM 品牌也随之而来。当然这对我来说也是有好处的，特别是在国际象棋冠军并不那么广为人知的美国。在费城打败了深蓝，让我收获到了比在纽约世界冠军争霸赛中打败阿南德时更多美国媒体的关注。事实证明，即使是世界冠军，也不如一个捍卫人类的斗士。

这场万人瞩目的成功确保了复赛的进行，问题只是什么时候。深蓝团队在作出重大的改进前，恐怕不会想再打一场比赛。他们需要多长时间才能准备好一个足够强大到真正有威胁的新版本呢？因为随着磋商的进行，有一件事情变得非常清楚了：如果下一场比赛真的进行，那不会是因为深蓝团队想要有什么技术改进，或者因为卡斯帕罗夫又想赚些外快。原因只有一个，那就是 IBM 想赢。

第 **8** 章

高级深蓝

新泽西州的贝尔实验室是著名的创意工厂，它在太阳能电池、激光器、晶体管和移动电话等诸多领域都作出了突破性的开拓。汤普森就是在这里设计了革命性的弈棋计算机贝利，而贝利的芯片后来也成为深蓝开发的基础。汤普森也是现在被广泛应用的 Unix 系统的主要发明人。如今苹果的麦金塔（Apple Mac）、谷歌的安卓系统，以及运行 Linux 系统的数以亿计的电子设备和服务器，都是基于 Unix 系统的。

与早期的美国国防部高级研究计划署一样，贝尔实验室的做法是先提出一些重大问题，然后再通过创造新技术去解决问题，而不是从一开始就构思具体的产品。当我于 2010 年受邀去位于底特律的通用电气新创意中心作讲座时，我也曾听到过类似的观念。主办方十分鼓励天马行空的想法，而这种观念在之前几十年工业化的兼并和重组中早已荡然无存了。当时在我的研讨会上有人指出，太多大公司认为即使它们没有创新，总会有什么地方的某个人发明出来有价值的东西，它们只需买下来就行了。你可以看到大家都认为别人会去发明创造，这最终会成为严重的问题。

我想起这次关于弈棋计算机的特别研讨会，是因为我在某一幻灯片中引用了艾伦·佩利（Alan Perlis）的格言。艾伦·佩利是计算机科学的先驱，1966 年他成为第一个获得美国计算机协会图灵奖的人。他在 1982 年发表的关于编程的格言系列里写道"优化阻碍进化"，这句话之所以引起我的注意，是因为它听起来似乎自相矛盾。对事物所做的改进怎么会阻碍其进化呢？进化本身不就是一种稳定的改进吗？

但进化不是进步，而是改变。通常是从简单到复杂，但它的关键在于增加多样性，改变事物的本质。优化可以让计算机代码运行得更快，却没有质的改变，或者说没有创造出任何新事物。佩利喜欢展示编程语言的进化树，以说明编程语言如何通过满足新需要和适应新硬件环境不断进化。他解释了能够导致进化的目标是多么伟大，因为它们创造了意想不到的需求和新的挑战，而这些都不能仅仅通过优化现有的工具和方法来做到。

这也是机会成本的问题。如果要做的优化任务太重，但并没有新东西产生，很可能会导致停滞不前。当我们能够通过创造新的不同事物以获得更好服务的时候，专注于一些改进把事情变得更好就易如反掌了。

佩利的格言在编程之外也应用广泛，当然我们也要当心被滥用。如今它自身已经演变成一句流行的话："优化是创新之敌"，也由此与另一个模棱两可的概念绑定。许多我们所谓的创新不过是很多微小优化的技术性积累。第一台 iPhone 诞生的时候并没有太多新技术，比如，它甚至连外观都不是首创的。iPad 也不是第一台平板电脑，诸如此类。但首创并不确保一定成功，也未必就是最好的。在正确的时间点汇集了很多正确的因素也很重要，特别是当今这个研发预算下降、营销费用增长的年代。借用一个被说滥了的词就是，没有哪项发明具有与生俱来的"颠覆性"，它一定是被颠覆性地使用。

巴比奇、图灵、香农、西蒙、米基、费曼（Feynman）、汤普森……这个名单还可以很长。这些 20 世纪最重要的思想家和技术专家倾注了大量时间研究下棋。我不知道如果他们没有这么做，他们的学术成果是会更多还是更少。下棋对于提升孩子的注意力和创造性方面的好处已经被大量相关文献证明，不难想象对于成人也会有同样的益处。也许这些杰出人物在小时候学习下棋的经历给了当时还在定型期的他们一些特别的好处。

人们一度相信，大脑在成年之前就已经定型了。不过近几年这种结论已经被推翻了。诺贝尔奖获得者理查德·费曼（Richard Feynman）在他的文章中就曾广泛深入地探讨过这一想法，适度的兴趣爱好，如玩巴西音乐和开锁，实际上对物理机能的掌握有帮助而非让他分心。肯·汤普森就喜欢驾驶小型飞机盘旋飞行。对你来说也许诺贝尔奖有些遥不可及，但是下棋为时不晚。现在很多研究认为像下棋这类认知性活动有助于延缓痴呆症的发生。

具有讽刺意味的是，汤普森创造的超快硬件编程弈棋机器贝利标志着弈棋计算机进化的结束。如果想制造出有竞争力的弈棋计算机，就不能忽视通过提速、暴力搜索和优化获得的显著效果。虽然仍有很多方面需要改进以提高搜索引擎的效率和增加知识散点，但制胜的理念已经确立。得益于互联网时代的编程协作、更快更好的开局数据库以及英特尔越来越快的芯片，运行于个人计算机上的弈棋程序进步如此之快，以至于像深蓝这样花费数百万美元定制的弈棋芯片和超级计算能力不出六年就会被运行在商用级 Windows 服务器上的通用引擎所超越。

也就是说，在特定时刻，你用最好的硬件配置的机器将会是当时最好的弈棋机器。但是当你想升级的时候，你需要用更小更快的芯片替换掉所有这些昂贵的芯片，因此一旦没有了大规模的持续投入，这种拼硬件的机器的发展就会停滞。第一次战胜世界冠军获得的回报让 IBM 的投资物有所值，但是如果不继续下棋，深蓝也就无用武之地了，只能送到史密森尼博物馆（Smithsonian）去。

IBM 出版的一些书籍和访谈评价了它对于深蓝投资的价值，很低调地认为这为并行处理以及 IBM 其他一些项目提供了有用的试验平台。我不想否认这一点，我相信这种说法有一定的真实性。但我还是质疑这样评判的理由。作为世界上最伟大的科技公司之一，投资一项伟大的探索，加入一场同时融入了流行文化和科技元素的激动人心的竞争，这有什么错呢？我理解它想要把宣传比赛的费用投入到产品和市场中去，但对于这场挑战和探索的超常关注已经起到了这个作用，而且更大。毕竟没有什么比吸引人们的想象力更能获得市场份额的了。

我们还在费城出席闭幕式的时候，关于深蓝复赛的讨论就已经开始了。我问它的团队负责人谭崇仁，他们能否在近期大力改进深蓝。他说可以，现在他们更加明白什么才是必要的。"很好,"我答道,"那我就再给你们一次机会。"

这不是玩笑话,我问他的问题也是很严肃的。我知道,或者自认为知道,计算机变快的速度和弈棋机器变强的速度有多快。摩尔定律,搜索深度每增加一层速度就要加倍,每增加一层就会提升大约 100 等级分,等等。但困难也显而易见,即便有经验丰富的天才技术团队和 IBM 雄厚的资源支持,他们也花了 6 年时间才将深蓝从 2 550 等级分提升到费城之战时的 2 700 等级分。尽管配置了新的芯片、新的超级计算机,还有国际象棋特级大师的训练,我还是在第五局骗过并击败了它,并且在最后一局打得它毫无还手之力。难道在深蓝的搜索范围之内存在搜索深度效益的递减?我很难相信没有几年的开发,他们可以把深蓝提升到我的 2 800 分级别。

我相信这在当时是一个正确的评估,但仍有几个问题存在。第一就是 IBM 这次会投资多少,现在 IBM 已经看到这个小小的弈棋项目带来的全球性轰动。在短短一周时间内,深蓝的名字几乎就等同于人工智能了,也让 IBM 进入了热门技术领域的前沿,至少在公众眼里是这样。这无疑是 IBM 多年内最具标志性的事件。IBM 首席执行官路易斯·格斯特纳雄心勃勃的转型计划包括了几个引人注目的项目:用类似深蓝的超级计算机系统运行 1996 年亚特兰大奥运会的网络;一个天气预报系统也迅速更名为深雷(Deep Thunder),以搭上深蓝的便车。

如果一场 IBM 之前没怎么参与过的比赛在深蓝赢了一局之后就给 IBM 公司的股价带来了巨大的收益,并且产生了很好的公众宣传效应,那么想象一下,如果一开始就有 IBM 公关部门在后面全力支持的复赛又会带来什么呢?想象一下,如果复赛深蓝获胜又会怎么样?[1]没人会真的在意深蓝输掉的第一场比赛,就如同很少有人记得我曾赢过深蓝一样。这是第一次由美国计算机协会和国际计算机国际象棋协会在费城的一个会议中心组织的比赛,又是从 1948 年就开始了的一场科学实验的一部分。深蓝已经取得了很大进展,赢了第一局比赛,尽管其还是处于失败者的位置。它众望所归,也名副其实。

复赛中的一切都会不一样,IBM 大幅增加了投入。就像扑克牌玩家说的,它把身家全押上了,投入数千万美元在纽约举行一场真正的大赛。如果深蓝又输了,则无论吸引了多少公众关注,都是浪费股东的钱。人们不会再认为它是前沿挑战者,而是失败者。深夜脱口秀和动画节目会嘲笑 IBM 而不是我。格斯特纳还有胆量再尝试第三次吗？也许，但很可能不会太快，谁知道未来几年会发生什么呢。

我过度低估了形势，IBM 不仅仅是在制造弈棋机器来打败我，而是制造一台要打败我、终结我的时代的机器。

第二个问题是我对 1996 年自己的表现的评估失去了客观性。像我之前所说的，成功可以是未来成功之敌。在毫无悬念地两次击败深蓝后，我犯了一个典型而危险的错误，那就是把胜利归功于我的棋艺精湛而不是对手下得糟糕。你可能一开始会认为这不是什么大问题，因为复赛中对手还是相同的，但如果对手是机器就完全不是这么回事了。深蓝团队从自己的失败中学到的比我从自己赢棋之中学到的要多得多，他们将用自己学到的来针对我的弱点加强自身的能力。他们会解决机器具体的不足，而不仅仅是让速度加倍。

米哈伊尔·博特温尼克了解一些关于复赛的事情。在 1948 年赢得世界上顶级选手参与的一场锦标赛后，他继 1946 年去世的亚历山大·阿廖欣（Alexander Alekhine）之后成为第六个国际象棋世界冠军。苏联在 20 世纪 50 年代和 60 年代产生了主导国际象棋的黄金一代选手，博特温尼克是其中的翘楚和元老。他保持这个地位不是通过赢得世界冠军比赛，确切地说是通过赢得世界冠军的回敬赛。他在 1951 年通过逼和戴维·布洛斯坦恩第一次卫冕，利用挑战者必须赢而卫冕冠军只需要逼和的不对等规则保持头衔。1954 年，他在与瓦西里·斯梅斯洛夫的比赛中再次逼和对手。三年后斯梅斯洛夫已让博特温尼克难以招架，他才第一次失去了世界冠军的头衔。

不过，博特温尼克的最佳妙手并非在棋盘上。规则允许冠军一旦卫冕失败便可以在次年自动复赛，而不用像通常一样等待三年一次的资格赛周期。回敬赛条款在许多年里成为像博特温尼克这种喜欢玩政治的人提高他们头衔的有力手段。当然他必须赢棋，在 1958 年的比赛中他做到了，他开局三连胜并保持优势，将头衔从斯梅斯洛夫手里拿了回来。两年后又再现了这个循环。博特温尼克被 23 岁的"里加魔术师"米哈伊尔·塔尔令人咋舌的棋盘魔术所击败，以 4 分的巨大差距第二次失去头衔。

很少有人看好 50 岁的博特温尼克在次年的回敬赛，但是他再次证明低估元老比低估塔尔组合更冒险。博特温尼克主宰了回敬赛，以更大的分差再次夺回了世界冠军的头衔。[2]他的头衔一直保持到 1963 年，那一年他输给了李格兰·彼得罗相（Tigran Petrosian），而规则委员会已经取消了回敬赛条款。这是公平的，然而谁还会打赌博特克温尼克回敬赛会输呢，即使面对小他 18 岁的选手？反正我不会。

博特克温尼克一直很活跃，他建立了以自己名字命名的学校，后来我成为那所学校的一位明星学生，他还花了很多时间开发一个实验性的国际象棋程序。他上过的最好的课，可能要数他在 1958 年和 1961 年时对斯梅斯洛夫和塔尔的回敬赛的胜利。在他的对手们沉浸在冠军荣誉里的那段时间内，博特温尼克只做了一件事，就是分析他输掉的比赛并为回敬赛做准备。他并非只是针对对手做分析和准备，同时也进行严肃的自我批判。博特温尼克意识到只是找到斯梅斯洛夫及塔尔的弱点是不够的，他必须改进自己的下法，发现并保护自己的薄弱点。很少有人可以做到如此客观，更没有几个可以做得像博特温尼克这样成功。

为准备下一场比赛，博特温尼克专注于训练赛和分析，反复推演那些他输掉的比赛中自己觉得下得不好的地方。他明白既然自己无法控制他的对手会如何去改进自我，就只能针对自己的不足。当然，我的情况和博特温尼克略有不同，因为博特温尼克是那两场比赛中输掉的那方。他不会有过度自信的问题，而对于斯梅斯洛夫和塔尔则不是这样。无论如何，他专注于自己的下法对任何有追求的人都很有教益。

被认为会丧失斗志的博特温尼克从胜利者在打败他不久后就不再尊重他的姿态中也找到了一点动力。尤其是斯梅斯洛夫，他在 1957 年那场比赛后写道：对世界冠军的争夺终于结束了，现在博特温尼克应该可以放松一些了，没有了世界冠军桂冠的负担，他可以更随意地去下棋了。博特温尼克在斯梅斯洛夫的自信中看到了机会，他后来写道，"自负无益于正常状态的发挥。"[3] 如果我记住了我的老师的话，我肯定会做得更好。

如果我做到了这一点，我就会意识到我在第一局比赛中的表现充其量就是中等水平，只是深蓝最后两局棋的独特弱点掩盖了这个事实。就如深蓝团队的默里·坎贝尔所说，我没有让他们的计算机发挥出实际的能力。是的，这部分是因为我的缘故，但也意味着接下来几年他们会有针对性地修复这些缺陷。不像许峰雄，坎贝尔曾经下过多年的国际象棋，这也让他的评论更加有深度。他明白失误与必须通过吸取教训否则可能会重蹈覆辙的严重失误之间的区别。针对第六局比赛的惨败，他告诉纽伯恩，"我觉得［卡斯帕罗夫］对深蓝的长处和弱点的认识并不全面，5 局比赛又能认识多少呢？但我认为他已经认识到自己碰巧发现了一些能够加以利用的东西，并且很有效果。"[4]

这个观点没错，虽然我认为自己在那场比赛中的发现不仅仅是"碰巧。"就像后来迈克尔·霍达尔科夫斯基在关于这场比赛的书中透露的那样[5]，我在前一天晚上已经准备好了开局，包括计划后翼展开和展开后的控盘。我不确定我是对的，但我猜他们想在开局中"统一系统"，让策略可以转换，这样他们就不用为我多种多样的布局做准备。我的助手和我曾讨论过封杀位置的利弊，这种方法不适合用来与其他象棋大师对弈，但深蓝不太可能很好地应对，因为它无法从大局和战略上进行应对。这个方法很有效，但是当我在复赛第二局想故技重施时，成功迷惑了我。

我对深蓝以及第一次比赛总体结果的分析存在的第三个问题是人类和机器在棋力上有怎样的差别。每位特级大师都有优势和不足。即使世界冠军，在比赛的三个阶段——开局、中盘和尾盘——的水平也不会相同。不同类型棋局的可能变化却相对较少，程度也不一致。一个不以尾盘闻名的特级大师仍然可能在某个好运之日下出一局漂亮的尾盘。一个不善开局的大师可能在与你下棋时针对你的布局准备了杀招。最有天赋的策略大师家也可能有对棋局失去判断的时候。所有这些变动因素都会影响到一个人的等级分。

所以，当我们说某个特级大师的等级分是 2 700 时，是指他在几百场比赛中的平均表现。这种积分的误差非常小，除了少数年轻选手和少数发挥不稳定的特级大师之外，但弈棋机不是这样。当第一次比赛结束后，根据结果评估深蓝的等级分是 2 700，我在第一次比赛后被问到对深蓝棋力的看法时说道，"是的，兴许是 2 700，但对一些棋局能到 3 100，另一些则只有 2 300。"对于复杂的战术局面，深蓝甚至可能远超我的 2 800 以上的等级分。即使在个人计算机弈棋引擎还相对较弱的时候也是如此。但是对于封闭性的控制布局，深蓝的计算能力发挥不出作用，它可能会进行奇怪的毫无意义的移子，这种下法哪怕棋力很弱的人类大师一般也不会考虑。它的评估能力总体来说较弱，并且在某些场合，比如我在之前的比赛中所利用的，会非常糟糕。

当我估算它在一年多的时间里能改进多少时，我没有考虑到这一点。就实际水平来说，如果预计的运行速度再增加一层和 100 等级分——如果这 100 分是来自它本来已经强于我的地方——则不会产生决定性的影响。单凭速度也会对它的布局能力产生影响，但是很小，如果仅仅是从 2 300 等级分增加到 2 400 等级分，并且我知道这些布局，我认为我会很有优势。

　　不幸的是，深蓝团队对这一点也非常清醒。与我这个博特温尼克以前的明星学生不同，他们吸取了博特温尼克的复赛策略并且专注于自己的弱点。几乎从最初开始准备的时候，他们就决定要把大部分精力投入到改进深蓝的评估能力上。这意味着雇用更多的特级大师来优化，而且和最初的计划相反，制造一套新的弈棋芯片并把新的估值函数内置到芯片中。默里·坎贝尔和乔·霍恩编写了新的软件工具，让优化过程高效了很多。西班牙实力派国际象棋特级大师米格尔·伊列斯卡斯（Miguel Illescas）也被请来帮助乔尔·本杰明准备棋谱、与机器下训练棋，以进一步改进它的评估。很快，据许峰雄说，深蓝就能够打败市面上最好的公开发售的引擎，即使将其处理能力降到大致相同的水平，这意味着它已经比以前聪明多了。我将面对一个很不一样的程序，而不仅仅是一台更快的机器。

　　费城之战结束不久后的二月，我在弗雷德里克和我的美国新代理欧文·威廉斯（Owen Williams）的陪同下，应邀访问了位于约克镇高地的 IBM 总部。这是一次友好的活动，我们探讨了复赛的话题，并就之前比赛中的一些环节作了演讲，分析了深蓝和我的表现。我指出了深蓝在分析计算时候的一些弱点，这也许并不是一个好主意。我把它视为一次联合科学实验。我绝不会告诉卡尔波夫如何才能击败我。我通过远程会议对几个 IBM 的实验室发表演说，这其中还包括一个中国的。这开始变得像是合作关系了，而且我也希望能达成合作。几个月后，我们商定了复赛的基本框架和时间安排：比赛将在 1997 年 5 月初在纽约举行，同样是 6 局棋。谈判在接下来的一年中继续，最终确定了奖金等细节。奖金超过原来的两倍，总额为 110 万美元，其中 70 万美元将被奖励给获胜的一方。

　　这次更加保守的奖金划分方案被外界认为是我不自信的表现。毕竟，在第一次比赛正式决定按 4-1 的比例划分 50 万美元奖金之前，我曾建议把奖金全部发给获胜方。这种说法可能也对，虽然我不记得自己当时曾经那么想过。不过钱并不是最重要的因素。我本可以去参加表演赛，只需更少的努力就能赢取更多奖金。如此短的比赛奖金又如此之多，两边同时下注才说得通。这可以确保，我即使输了也可以得到和第一次比赛获胜时同样多数额的奖金。我虽自信，但我也知道在这 6 局比赛中什么都可能发生。我可能是慢热型选手。在我和卡尔波夫争夺世界冠军的五次比赛中，我在下完 6 局棋后领先的只有一次，就是 1990 年的最后那次比赛。在其他四次比赛中，我都在第三局后比分落后，甚至有一次在第六局后还落后，但最后我都没输，赢了两次平了一次（我们的第一次比赛在我把比分从 0-5 追到 3-5 时被终止）。

我在 1996 年剩下的那段时间里非常忙碌，无论是生活还是事业。很多变数未确定，还要处理复赛的协商，而比赛准备已经不是我的最高优先做的事项了。很难说是其他事项影响了下棋，还是下棋影响了它们。欧文曾尝试把这场比赛并入 IBM 更大的一个项目，形成一系列国际象棋活动，以及建立网站，等等。随着英特尔离开职业国际象棋协会，我迫切需要寻找新的赞助商，为此我飞去日内瓦参加瑞士银行的大奖赛活动。一个月后我带领俄罗斯队在亚美尼亚埃里温举行的国际象棋奥林匹克比赛中获得了金牌。这一年的年终，我赢得了在拉斯帕尔马斯举行的锦标赛，这是史上最强的锦标赛之一，我没有输给任何一个参与比赛的顶级对手。但那一年我最大的收获是 10 月我儿子瓦季姆（Vadim）的出生。

我们和 IBM 从预备到比赛的合约揭示了我对自己胜率估计的最后一个失误。美国计算机协会组织举行的费城比赛中呈现的开放以及友好的态度不复存在了。IBM 从上到下，所有的负责人都甚至用带有敌意的政策取而代之。如果我对 IBM 在这期间的宣传和声明多一些关注，我或许不会对此过于惊讶。8 月，深蓝项目主管谭崇仁曾非常直接地告诉《纽约时报》，"我们不再是进行一次科学试验。这回，我们要真正较量上几局。"[6]

当然，我也没因此被他们吓住。我有上千局的对弈经验，我来自最喜欢政治操控和心理战的国度。我早年和卡尔波夫对弈时，不仅要在棋盘上面对苏联的特级大师棋手，还要在会议室里面对一群特级大师般的苏联官僚。如果我知道去纽约参赛的氛围已经从肖邦的华尔兹变成了柴可夫斯基的进行曲，我就会毫不费力地据此调整我自己的态度。这在当时还是有点难的，毕竟，尤其是 IBM 不仅是我的对手，还是主办方和组织者，以及比赛的发起者。我甚至曾希望 IBM 会成为我的合作伙伴。

这就回到了那个问题上来，为什么我会要求如此少的奖金，比所有人认为的都少，尤其是我的代理人——这是因为我相信 IBM 所作出的关于未来更多合作的承诺。在我 1996 年访问 IBM 的时候，我曾和它的一位副总会面，这位副总向我保证 IBM 一定会作为发起方参与并复兴国际象棋职业联赛。我们还有其他宏伟的合作计划，包括搭建网站、展览、各种促进国际象棋发展的方式，当然还有 IBM 的技术。IBM 甚至曾经派一个团队来莫斯科和我以及我的一些朋友会面，商讨卡斯帕罗夫俱乐部网站的运行问题。我没理由怀疑 IBM 对这些宏伟计划作出的承诺，直到那天我看到收到的合同里没有任何这方面的条款。我们被直截了当地告知，IBM 负责预算的广告部门并没有审批通过，抱歉，我们下棋吧！复赛时谭崇仁和一些其他人还偶尔在公共场合提到了未来和我的合作，可那不过只是在作秀罢了。[7]

这让人很失望，因为我投入了时间和资源，我认为这会给国际象棋界带来大的变革。这也意味着，从 1989 年和深思开始下棋以来，在这场有史以来历时最长的科学试验中，我第一次感受到了背叛。我和这个团队的成员会面，并对他们的敬业和雄心印象深刻。费城之战以及那之后我们便互生敬意。而在邻近复赛的日子里，IBM 显然并不需要我的敬意或者合作，它只想打败我。

因为他们一直不停地提醒我，我不得不在很早之前就同意了这些规则，所以当后来他们利用字面做文章时我也不能抱怨什么。一个活生生的例子是我要求拿到深蓝前一年下过的所有棋局。在第一次比赛前，这些棋局全部可以随意获取，虽然那时候并不多。复赛之前，对于我的请求他们这样答复：根本没有下过的棋局，而且以后也不会有。我们知道本杰明、伊列斯卡斯以及其他一些国际象棋特级大师一直在和深蓝下训练棋，虽然过去整整一年他们都拒绝让深蓝在公开场合比赛。事实后来证明我们极大地低估了其他国际象棋特级大师在这个项目中的参与程度。职业国际象棋协会虽然已经解散了，但由于我，IBM 成为一些国际象棋特级大师的雇主。我们被告知因为这些棋局都不是正式比赛，根据比赛规则中的声明，他们没有义务和我分享。所以没有棋局！

当我在赛前的发布会提出这个问题时，谭崇仁的答复是我必须给他们发送我和其他所有计算机对弈过的训练棋局。我在过去的一年参加了很多国际象棋锦标赛，这些IBM 都可以轻松获取，尽管如此我仍立刻回答说我非常乐意把所有与弗里茨和哈克斯（HIARCS）训练引擎下过的棋局发给他们。但是 IBM 从没有给过回复，所以直到第一盘棋开始时，深蓝对我还是一个黑箱。另一个让我纠结的问题是当时对比赛时间安排的退让。我知道，一场比赛后，相比不需要任何休息的对手，我是多么需要得到完全充分的休息，特别是费城比赛让我意识到和一台机器下一场具有历史意义的国际象棋比赛后我会多么的疲惫。我竟没有坚持在最后一局比赛前休息一天，而是愚蠢地同意了在第四局比赛后连续休息两天，这样第五局和第六局就可以在周末举行，虽然这样可以提高公众的参与和关注。这是一个会引发恶劣后果的错误决定。

发布会让我第二次注意到实验已经结束了，友好的竞争也不复存在了。再没有像第一次比赛时那样的一起吃饭和闲聊。我对后续的真诚友好的假想被赤裸裸地否定了，这是一个粗暴的猛醒。当我被问及如果我输了比赛会怎么样的时候，我回答说"我们需要举行另一场公平条件下的比赛。"这看起来有点粗鲁，但就是在那时我才看到事情发展的方向。我有些责怪自己为什么那么轻易就同意了比赛的规则和安排。第一局比赛后，想让这一切再发生改变对我来说已经不可能了。我只能希望这种新的隐匿和敌意不会以任何方式影响到比赛。

这是另一个错误的假设，因为当 IBM 决定不惜一切代价赢得比赛的时候它执行了一个简单的程式。虽然深蓝团队付出了巨大的努力，但他们还是不确定能否把机器的水平提高到我的 2 820 等级分的水平。并且到比赛开始前，即使使用了新的改进后的评估工具和开局棋谱，他们还是不能让深蓝发挥得更出色。但是他们还是有机会诱导我下得更糟。如果我没有发挥我自己应有的水平，深蓝不需要达到 2 800 等级分也能打败我。因此，就让我们开始比赛中的比赛吧！

第 **9** 章

战火不熄!

为了比赛,IBM 已在位于曼哈顿区中心的公平中心(Equitable Center)布置了几层楼。深蓝主系统放置在一个大概比五角大楼安保更周全的房间里,还连接了几个备份系统,一个置于约克镇高地,另一个较小型的放置在同一栋楼里,可以无缝对接在主系统上进行的比赛。新版深蓝正运行在一台新的超级计算机模型上,速度比旧版快2倍。它拥有更多许峰雄新开发的升级版的国际象棋芯片——整整 480 片,峰值计算速度可以达到每秒计算 2 亿种棋步。我后来听说,这个新版本在训练赛中能够以 3 - 1 的胜率击败旧版本。不过就算我在比赛前听说了这个,也不会有什么影响。就算是旧版本,在提高了 2 倍的速度下,也会变得强大得多;而且,很难说一个在和计算机对战中表现突出的计算机,在对国际象棋大师的对战中就会表现怎样。

比赛区设在一个大概有 15 个座位的 VIP 小房间里。另一层有一个可容纳 500 人的大礼堂,配备一些大屏幕,以便观众能边听实况解说边看比赛。美国特级大师亚西尔·塞拉万(Yasser Seirawan)和莫里斯·阿什利(Maurice Ashley)与计算机国际象棋专家和 IM 的麦克·瓦尔沃一起做了大量分析。加入解说团队的还有弗里茨 4，我猜只有其中一位主持人代表机器发表观点才算公平。正如你所预料的，观众非常支持我，这对于 IBM 团队来说总是有一点尴尬。这场活动是他们主办的，从头到尾都是，观众却对他们倒戈相向。好消息是，选手们并不是很在乎主场优势和粉丝的支持。

比赛开始前几天，我们检查了比赛场地和我的团队在比赛期间将会用到的设施。我的指定休息区离赛场相当远，这需要调整，并且的确也作出了调整。该区域主要用于散步以及在比赛期间快速补充饮料和零食。深蓝需要上千瓦的能量来下棋；而我的大脑在比赛中使用的 20 瓦能量则只需要香蕉和巧克力来补充。这个想法源于我之后听到的许多关于人机竞赛调整场地的有趣想法中的一个：能量平等。也就是说，如果这一个国际象棋机器使用的能量不比人类选手多，这在能源效率上将是个巨大的进步。

另一个意外是，当我们想知道比赛期间我的团队会待在什么地方时，跟 IBM 的欧文当初说的相反，我们根本没有专属的休息室。他们将不得不留在记者招待室，或者和观众待在一起，与我母亲轮流坐分配给他们的两个座位。组织者没有事先安排周到令我感到不快。即便是简单的要求也需要经过诸多渠道、历经种种拖延。我承认我习惯了在国际象棋活动中得到一流待遇。与在我之前的博比·菲舍尔一样，作为世界冠军，我相信要求更好的条件不仅是我的权利更是我的责任，因为这也是在为其他赛事和其他选手设定一个标准。几次小小的怠慢和麻烦可能没什么，而一旦形成惯例就会让人担心。

在讲述比赛之前，我要特别强调所有这些在赛前和比赛的时候关于气氛和组织上的不满都不是在怪罪深蓝团队。不可避免地，由于他们既是比赛的参与者又是 IBM 的员工，当我提出要求和抗议的时候他们难免会站到我的对立面。前文说过，我并不相信一台世界冠军级国际象棋机器的程序员和训练员也应该像人类世界冠军那样傲慢，但他们的确是强有力的竞争对手，而我不能因此嫉妒他们。谭崇仁是这些事情的主要负责人，但深蓝团队在记者招待会和采访中还是不可避免地被卷入了舆论的鏖战。我是参加过 7 次世界锦标赛的老将，我知道我必须反抗这些日益恶劣的比赛组织，不然我会崩溃的。因为此前对这些事情毫无经验，又被 IBM 的公关团队、坎贝尔、霍恩和许峰雄推到了风口浪尖，这让我好像变成了他们的敌人，也许有时候我真是如此。这是又一个 IBM 同时作为组织者和参与者出现问题的例子。

　　重赛的第一局可能是自 1972 年博比·菲舍尔对阵鲍里斯·斯帕斯基的比赛以来，最受期待的国际象棋比赛。比赛的消息充斥了杂志封面、车站广告，还有脱口秀节目。比赛会场的新闻发布室被人流挤爆了，以至于发布会不得不搬到一个更大的房间来举办。我尝试去享受这种关注，进而尝试去忽略它，然而外界的压力早就如泰山压顶一般袭来。尤里、迈克尔、弗雷德里克和我制定了一套通用的比赛策略，希望能让我尽可能多地了解这个新版深蓝，进而降低我所承受的巨大风险。我的世界冠军比赛会持续数周甚至数月，在 16 或 24 局比赛中，我有时间对战略进行试验，并尝试不同的想法。但现在，仅有的 6 局比赛可没法让我从失误中扭转局面。

　　在比赛前的几个月，我在接受采访时说，"第一场比赛证明，在某些特定的局面下，机器确实是不可战胜的；但在另一些特定局面下，机器是没有希望获胜的。当然，两种局面之间有很多中间情况。大体上我知道应该期待什么样的结果，但我依然会谨小慎微以防意外出现。"

　　在纽约，我常常听到 IBM 的工作团队谈论他们如何大幅改进深蓝，还碰见过几位与他们一起工作的美国国际象棋特级大师，这让我有点震惊。我的团队在第三局比赛中发现，尽管 IBM 声明其没有与其他的国际象棋特级大师合作，但有几位特级大师和 IBM 团队的其他人一起住在酒店。《纽约时报》记者随后就确认了这些特级大师们已被 IBM 聘用。

　　与所有其他小意外一样，这是另一个迹象，表明我正处于一场倾尽全力的战役中。在准备一场大型比赛的时候，对手助手的身份通常是一个需要严格保守的秘密。如果你知道对手是与谁一起训练的，你就可能猜出他们正在准备的开局方式。例如，如果你打算采用西西里防御，那么聘请一名这种布局的专家就是有意义的。如果我看到深蓝团队与世界顶尖的计算机科学家混在一起，我就会认为他们正在寻找提高深蓝运行速度的方法，而不必过分担心。正如我所说过的，深蓝计算的战术布局数从3 100 种涨到3 200 种并不紧要，因为我可以通过策略避开那些布局。但如果他们和一群国际象棋特级大师一起工作，那也许他们真的在教深蓝下棋！把其局面搜索的范围升级到2 500 种国际象棋特级大师的布局范围内，将会让它能够处理许多针对计算机弱点的下法。

有了这么大的团队，他们肯定在开局方式上花费了大量精力。在我准备一场世界冠军赛时，我和我的团队会用几个月的时间来埋头剖析我的对手及他的团队。但当我们开始比赛后，只有我们两个人各自依靠自己的记忆在棋盘上拼杀。但深蓝并不需要担心会遗忘它的特级大师导师们所提供的数以千计的开局方法。

这仅仅是人机对弈中众多复杂不对等的一种，一旦比赛规则被一致通过，就没有什么太多要做的事情了。之后类似的比赛，根据从纽约的遭遇中学到的经验，将制定更加严格的规定来尝试使比赛变得公平。例如，限制机器在不同比赛的开局中可以添加或更新的局面变种数量，并且提前一段时间向人类选手提供相对较新版本的软件内核，来或多或少地弥补可供人类选手参考的机器比赛记录的缺乏（与深蓝复赛的规则长达3页，我的下一场人机对战规则将超过6页，人类同样可以学习）。

其他规定着重解决更棘手的公正性和私密性问题，这些都是没有完美解决方案的不对等问题。例如，如果程序在比赛中崩溃或出现其他问题，是否应该告知人类选手？尽管这会干扰人类选手，但在看到有程序员突然开始打字，或匆忙返回与其他组员讨论时，他也会胡思乱想。另一个就是，在比赛中应该备存所有人机交互的详细日志，而不仅仅是操作员的操作纪录。还记得在中国香港的情况吗？深蓝在与弗里茨比赛期间死机，纽约的工作人员努力让深蓝重新运行起来。监测机器的活动需要大量技术支撑和多站点访问能力，同时因为远程访问和冗余备份的存在，监测机器的活动成为一项几乎不可能完成的任务。在我的团队准备纽约一战时，我们没有足够的警觉去考虑这类导致分心的潜在因素，并且十分不明智地相信比赛会像费城时一样友好和开放。

严格监督的必要性体现在确保出现争端时能公正处理，不偏袒任何一方，让参与者都心服口服。当只有其中一名参与者需要心情平静才能发挥出最高水平的时候，这就更加显得至关重要。如果营造了一种诚信和开放的氛围，精美的规则手册就不那么重要了。总会有规则手册中未能涵盖的事故和问题出现，正如之前我和其他机器的比赛中发生的事情一样。有时根本没办法避免因一些特殊情况的出现而蒙受不公的情况。你会因为大楼多次停电而处罚一台机器吗？显然，这对它是不公平的。但作为机器对手的人类呢？心绪不定，疲倦劳累，坐在黑暗中想着比赛是否继续？自己还要等多久？

比赛开始的前几天，我对深蓝的性能一无所知。我想要观看深蓝的其他比赛要求被百般阻挠，这一点让我感到痛苦。我该基于什么去备战？尽管我曾历经费城的六局比赛，但样本实在太小，不具参考性。尤其是程序员还会有针对性地根据我暴露出来的缺点来修改程序。我决定尝试利用刚开始的几场比赛，看看能否找出它的优势和下棋倾向。这意味着我的下法比想要的更加被动，尽管被动应对符合我打算保持缓和局面的基本策略，但它的战术能力并不是决定性因素。

当然，IBM 团队之外大部分人对比赛结果的预测都对我有利。有些人，像戴维·利维和亚西尔·塞拉万，甚至认为第一局的得分我起码会是 4-2，因为我在这方面有丰富的经验。就我而言，我也一如既往地大胆预测自己会赢。为什么不呢？哪个运动员会参加一个毫无胜算的比赛？但是，我的自信是基于我对他们在一年多的时间里只能对深蓝的性能进行有限改进的想法。IBM 的谭崇仁比我更加虚张声势，他说深蓝将获得"压倒性的胜利"。

5 月 1 日，抽签在公平中心举行。这是一个古老的国际象棋传统，用来决定谁在第一局对局中执白。这通常会成为组织者给比赛注入一些地方特色的方法。当没有道具的时候，决定的办法就是：一名棋手在背后一手各拿一个颜色的兵，然后另一名棋手选择某一只手，选到了白色棋子，该棋手就执白。这样就太无聊了。多年来，我在比赛中见识过各种奇怪的选法，甚至还有彩票式、动物式、跳舞式和魔术式。在1989 年瑞士的谢莱夫特奥，选手们面对着 16 块真正的金条。每一块金条底部都有一个数字，然后 16 名选手各自选一块金条来决定他们的出场顺序。看到有些选手因为金条太重拿不起来的时候，我鼓足了劲想用一只手拿起一块，但失败了。我必须像其他人一样用两只手才能拿起来，只看到那个年龄是我两倍的匈牙利国际象棋特级大师拉约什·波尔蒂施（Lajos Portisch），轻而易举地单手拿起了一块。在 2002 年，我在纽约的时代广场跟卡尔波夫进行了一场快棋比赛。魔术师兼国际象棋爱好者戴维·布莱恩（David Blaine）负责这一场比赛的抽签，而他决定要用老办法来抽签——用两个兵。当然了，棋子在他的变幻莫测的手中不断地消失甚至化整为零！

纽约的情况更加庄重一些，谭崇仁和我拿到了两个相同的箱子，里面都是纽约洋基队的棒球帽子：一顶黑色一顶白色。我抽到了白帽子的箱子——象征了人类的守卫者！在第一局比赛的逆转中，我用白棋开始了复赛。至少从理论上讲，先后手并非无关紧要的事情。因为在这种情况下，为了更好地利用我在第一局棋局中积累的经验，我更喜欢在最后的三局棋中至少有两次执白的机会。跟首场比赛一样，根据比赛分数，在最后一场执白也会是一个战术优势。当你的对手和你打平又或是落后于你时，他（或它）会在巨大的压力下，想要在最后一局中执白。同样，第一局为谨慎起见，我有意让出白棋的优势，转而选择黑棋开局。

　　这一天终于到了。数以百计的记者来直播比赛，塞满了整个礼堂。我跟许峰雄在棋盘前握了手，并且试着在一大批摄影记者长枪短炮地摄影前把所有可以导致分心的事物都排除脑海。终于下棋了，看到这东西是什么做的了，真是松了一口气。我很高兴地意识到，维护人类尊严的重任并不会给我造成太大的负担。

　　同我在第一场比赛中所有的执白棋开局一样，第一局我首先把王的车移到f3位上。这是一步灵活的走子，通过让双方多次换位来试探我的对手。这是我"反电脑"战略的一部分，其实当时我并不十分情愿这样做，正如现在我并不情愿写出来。其实我应该用犀利的开局，我通常喜欢在与卡尔波夫和阿南德这样的对手对决时使用犀利的开局方式，只有这样才配得上一台能够连线像博尔赫斯的巴别图书馆那样无穷无尽的电脑对手。

　　但是我也必须实际点。我想赢，而不是在一片荣耀之光中被淘汰出局，无论这光芒有多么耀眼。通过和水平很弱的国际象棋程序的对弈，我发现任何面对人类选手时的犀利对决方式面对深蓝都不合适。我有信心自己在开局上会很好——我可以用现在这个准备工作来对抗世界上任何一支大师队伍。但是如果用我的主线对抗深蓝，将会有两个大问题。

　　首先，深蓝能够从数据库中调出我之前所有的开局走法，这样它就能够轻松地进入中局，而那里是它所擅长的。（怎么能够让电脑简单地模仿卡尔波夫的走法就能够下得同卡尔波夫一样好？）弗雷德里克曾向我展示了商用开局棋谱，其中一些复杂的开局变体一直保持到终局。如果深蓝真的是世界冠军级别，那么我想通过思考来证明这一点是否属实，而不是通过将我过往的棋局返还在我身上这一方式。我希望能够找到深蓝布局的缺陷，或者尽早有策略地摆脱深蓝的开局数据库，尽管客观上这个立场对我来说并不是最好的，至少，之后转换棋局到主线上，这种情况确实发生了几次，我能从中获知深蓝的一些下棋偏好。

其次,很多我最爱用的开局方式都会导致尖锐、开放的棋局,而在这方面深蓝经过反复演练,从那些闭合、机动的棋局中不断学习,下棋的等级已经达到 3 000 分以上,我认为在对抗电脑的泥沼里挣扎好过同电脑摆开阵势进攻,看起来也确实如此。要作出这个决定很不容易。我天生就不是愿意妥协的人,在棋盘上是这样,人生也是如此。但我不能因为最后输掉了比赛就承认这是错误的决定。

博弈分析中"叙事"的错误之一就是我们所说的"结果导向分析"。也就是说,赢家因为赢了,所以他的走子是正确的;输家输了,所以他的走法是错的;等等。如果你在开始分析比赛之前知道了比赛结果,就很难不以更加挑剔的眼光来看待最后输家的走子,虽然它们可能并没有那么大的问题。当别人知道我失去了与深蓝的复赛的机会时,会很容易把我所有的决定都看成是错误。尽管事实上每个人都应该尽可能客观地对结果进行评估。当然,输掉一场游戏或一场比赛确实意味着你犯了错误,但我们也应该记住,像美国国际象棋作家 I. A. 霍罗威茨(I. A. Horowitz)写道的那样:"一步坏棋会抵消 40 步好棋。"

即使不是决定性的影响,我的反电脑策略也确实让我在第一局比赛中得到了回报。我采取了雷蒂开局(Reti Opening),我之前曾成功地破解过它。最后我们转到了一个标志性的位置,我可以肯定深蓝还在开局棋谱上。然后,我下了一步偏离的棋,如果是与人对战,我绝不会这么下。我没有按照通常在中心扩张的方法把兵推进两格,而只是谨慎地推进了一格,避免与黑子的力量接触。这是故意表现出来的被动,几乎是一步废棋,我在用戴维·利维的老把戏让电脑失去具体目标,看看电脑是否会被愚弄而弱化自己的局势。

你瞧,确实如此!它的下一步不必要地造成了王周围出现弱点。深蓝无法利用我压抑的打法为自己创造机会,也不知道如何处理我给予它的额外时间。记住,这是除 IBM 阵营以外的所有人第一次见识到的深蓝走几十步。对我来说,这是一个很好的迹象,它仍然有东西要学习。现在的问题是我能否教它。装傻可能会让它走一些平庸的棋步,但我知道如果我要赢,我必须在某个时候发起进攻。

我继续我的策略,并从深蓝的两个无意义的走子上再次得到好处。我后来读到,国际象棋特级大师评论员和观众嘲笑机器的笨拙。由于我的走子无关痛痒,这种错失良机的走子并没有给深蓝带来危险，但它给了我信心，并且让我想到了一个主意。我用马进行了一个威胁性的走子，希望鼓励深蓝再次削弱王面前兵的力量，以保护它的象。令我欣慰的是，它迫使我的马后退，但它的布局上充满了我稍后可能瞄准的漏洞。

然而，这并不容易。我们可以诱导电脑给自己布局造成缺陷，但它们也非常擅长保护这些弱点。理论上的弱点没有价值；你必须能够利用它。深蓝会作出奇怪的、非人类的走子，但它们对机器来说并不一定是坏棋。如果这样的走子能让深蓝下出好棋，那么这些评价就都不重要了。

这并不是说我的立场是客观的。我下得太谨慎，以致不能利用深蓝的弱点。但这是服从我的整体比赛计划的。我不得不时刻提醒自己不要仓促，我需要尽可能多地了解我的对手的能力。我的首要任务是避免机器的反击，正如我在上一场比赛中做的那样，在费城第六局中完全压制了它。但是这款深蓝版本有了很大的改善，不会让自己受到压制，这意味着我最后不得不放手一搏。

英国国际象棋特级大师约翰·纳恩（John Nunn）在分析国际象棋库的第一局比赛时就描写过这样的场景："在关键时刻，每个和电脑对弈过的棋手都遇到过这样的情景，一开始你处于战略优势，但后来电脑迅速作出调整，决定背水一战，加之你又做了几个不准确的判断，转眼间电脑就开始全面碾压你。"的确，深蓝在我进一步稳固攻势之前就开始发起绝地反击。深蓝把它的兵向前推进，这也许是第一次，电脑的进攻让观众屏住了呼吸，心惊肉跳。现在的局面让我感到正在挑起一场我试图避免的那种恶战，谨小慎微、步步为营的阶段已经过去了，现在是正面交火的时刻，或者拿当时评论员阿什利的话说是"烽火四起，战火不熄！"

当时评论员决绝的评论与很多关于比赛报道的文章和书籍，都用了"大胆"和"疯狂"这样的词语来描述这次比赛。我可以允许深蓝两个斜线上的象离开王的禁区，我心想可以用大子换小子，比如用车换象，而且用两个兵去压制黑棋的王。正如国际象棋特级大师丹尼·金（Danny King）在他《卡斯帕罗夫对战深蓝》（*Kasparov V Deeper Blue*）书中所写的那样，"人和机器都必须计算好步法并先于对方抢占到优势地位，而且双方都认为对自己是有利的，然后往往双方难分伯仲。"

正如普鲁士元帅赫尔穆特·冯·毛奇（Helmuth von Moltke）所说的那样：没有

什么作战计划能够持续到第一次和敌军作战之后而不改变。面对机器的强烈攻势，我在第一局比赛中想暗中摸清机器走棋套路的计划落空了。之后我又把希望寄托在我对局势超强的评估能力上。深蓝擅于发挥各种棋子的优势，并能合理布局棋子。我喜欢两个连在一起的过河兵和强悍的黑格象。这是一个动态平等条件下典型的失衡决斗。这是混战，但我有足够的时间，我相信我有能力应对出现的任何战术。

自 1986 年我狠狠挫败英国国际象棋特级大师托尼·迈尔斯以后，他称我是"一个能看穿一切，长了无数只眼睛的怪物"。我不喜欢这个绰号，我更喜欢被叫作"野兽巴库"（Beast of Baku，后来我知道它的西班牙语为 el Ogro de Baku），但我觉得那是对我的称赞。我能在几秒内看清那些相当有经验的国际象棋特级大师需要花几分钟才能看明白的棋局，因为这个能力也让我从小就得到了米哈伊尔·博特温尼克的关注。我不是机器，也不是能看穿一切的怪兽，但我是个一谈到下棋就很接近这种能力的人。第二天，国际象棋特级大师罗伯特·伯恩（Robert Byrne）在《纽约时报》的一篇名为《迟来的荣耀，人类的计算打败了计算机》的文章中写道，"昨天，加里·卡斯帕罗夫战胜了不可思议的 IBM 国际象棋机器深蓝，在客场获得了胜利。"

如果深蓝意识到了棋局大致处于势均力敌，也许结果会好一点。相反，深蓝高估了自己的子力优势，在它不应该交换后的时候犯了这个错误。这是机器普遍爱犯的错误：它们习惯安于现状，而且还不能看清局势，导致后面无法扭转局势，然而我能做到。本来深蓝还有一线生机扳回平局。要做到这一点，它必须放下身段，忘掉它的子力优势。但是，事实证明，机器也会因为自我感觉良好和自身优势而过于执拗。不是朝着承认错误和摆脱困境的方向去做，深蓝试图拉住一艘正在下沉的船，最终却和船一起葬身于大海之中。之后又是一个防守不到位，车还进行了一个很诡异的移动，接下来我会讲到这一点。黑棋的局面已经无力回天了，坎贝尔也举手投降认输了。值得注意的是，我的棋子中没有一个迈出过我这半边棋盘的一半，这在胜利史上都是极其罕见的。其实只用我的兵就足以取胜了。

我来到礼堂，观众起立鼓掌欢迎我，也对深蓝团队表示祝贺。我们都值得被喝彩，这是一场激烈而精彩的比赛。我能赢得这次比赛，正如我在赛后的舞台上所说的，这次的胜利与费城的那一次很不一样。深蓝的确是一个很强劲的对手。

　　我只有不到 24 小时来享受我对阵深蓝取得的三连胜。我需要为第二局比赛做好充足的准备。在业余比赛中，先手的优势并不是非常明显。在比赛开始的时候，先手其实并没有多大影响，其重要性甚至比不上半兵半卒。对于菜鸟来说，他们轮流失误而且几乎每一步都在浪费机会，先手的作用是微不足道的。但对于特级大师来说，先手是非常重要的，尤其是在一些关键棋局上，谁先"攻城略地"往往谁就是获胜的一方。

　　在棋局局势相当的情况下，比如第一局比赛的早期，如果不是故意的，即使丢失几个先机也并不是致命的。利维有一句人机对弈的老格言，要"按兵不动，下好棋"。让机器在严防死守的防御工事下自取灭亡。在比赛逆转过程中，深蓝不知该怎么应对我的"缓兵之计"，但是深蓝已经做得够好了，它没有陷入很危险的境地。只要有一线生机，深蓝也会迅速地作出反应，并且拼命地作出反击。说我不敢再低估深蓝了，这其实并不够准确，因为刚开始的时候我并没有什么信息对深蓝进行评估。随着比赛的进行，我是真的不敢再低估它了，在第二局比赛中我甚至没有像平时下棋那样，拿着手中的白色棋子在下巴处肆意挥动，而是专心下棋。

　　就像黑夜总会接着白天降临一样，如果不是计算机出现漏洞，我是不可能取胜的。漏洞对于国际象棋程序员来说，就像是国际象棋特级大师经常在比赛中说的一样："不是简单地因为我失误而对手没有失误导致我输了，而是我在下棋的过程中'忘了'什么东西。"1988 年，斯帕斯基在一次采访中开玩笑地说到了这种趋势，并提到自己正在写的一本关于国际象棋比赛的书。他在书中写道："我可以很诚实地告诉你，如果我没看到某些东西，我会说'这是我的盲区，我没看到这一招！'"[1] 对于这个问题，也许莎士比亚说得最为贴切，他在想如果一个错误以另一种名义发生，它仍然可以称为漏洞吧？

　　在第一局比赛中提到的两个漏洞，只有一个被认为是有意义的，并不是因为它对比赛的影响。这个漏洞在 15 年后又火了一把，不过已经被匪夷所思地扭曲了，这是又一个"言过其实"的例证。

　　比赛进行到第 44 步时，也基本上结束了。此刻的局面对我来说是很有利的，而且我和深蓝已经对弈了 40 步，我有充裕的时间来避免在获胜路上出现的任何花招或突发事件。现代引擎在我第 44 步之后对比赛进行评估，接近赢了白方 12 分，足足超过了多出一个后的价值。人类遇到这种情况时会瘫在椅子上陷入绝望的境地，他们会负能量爆棚，一心想着是前期的失误才导致了最后的一败涂地。但计算机是不会那样做的，它们会"绞尽脑汁"搜索棋局库去寻求最佳的走法。计算机不会理解人类从实践中所获得的启发式搜索，比如当你如临深渊时，无论怎样，通常的做法是能采取一些"下下策"来迷惑你的对手。而机器不会让骄傲扰乱它们的计算。对于机器而言，利用 10 步被对方将死的方法显然比利用 9 步更好。与计算机对弈过的人都知道，当面临败局的时候，它们通常会走一些很奇怪的棋，仅仅是为了延缓被将死罢了。

深蓝的第 44 步棋看起来就像是垂死挣扎的怪异一步。我的兵就要沉底变为后了，并且深蓝没有办法拖延太久。如果我知道这一点，深蓝也同样知道。或许它已经算出了从现在到将死的每一步，这对于只能被迫应对、几乎没有其他棋步可走的情况来说，并非不现实——这是一个非常有限的搜索树。深蓝没有如我分析的那样选择放弃或采取防御的战术，转而走车直接发动攻势。我完全无法想象这一步的意义，所以再三检查确保这步棋里没有隐藏高超计算机算法。想了 5 分钟也没有发现任何不妥，我便认为这是一步机器在没有胜算的情况下经常作出的匪夷所思的走子，高兴地不再去管它。我把棋子走到 g7 直接将军，而不是让它变成后。我把爱彼表重新戴回手腕，这是我一种宣告比赛结束的仪式。坎贝尔认输，这证实我的结论，即深蓝怪异的最后一步棋已经是最后的挣扎了。

当晚我和团队仍得分析比赛情况，尤其是开局。然而，分析到深蓝怪异的第 44 步棋时，我们暂停了，因为我们的计算机引擎无法重现这一步或按照我们的想法解释这一步。深蓝的棋路看上去很差劲，虽然我们相对原始的计算机花费了大量的时间去计算从那一步到将死的每个可能的棋步，现在的计算机可以在几秒之内得到这个计算结果（5 步后败局已定，但 19 步后才被将军）。深蓝是否比我们和我们的计算机引擎更能体会这一步棋其实具有深意呢？如何解释这一现象呢？我问弗雷德里克："计算机为何会像那样自杀呢？"和弗里茨摆弄了一会棋局，我发现，深蓝走车将军之后，就能获得压制性的胜利。我从未在比赛生涯中看过这种巧妙的棋局，但我假定深蓝见过。我断定计算机察觉到结局将近，走棋制造完美的假象以延迟惯常棋路，鉴定完毕。计算机经常在完全失势的位置走出深不可测的棋，如果我们需要分析更多这样的棋路，这确实是个好消息。

其他评论员同意我的结论。金在关于比赛的书中称深蓝的第44步棋"奇异"和"古怪"，可能是它看到了可以速胜的机会。这个机会显然已经失去，因此它不值得我们添加"？"去注释这一步，就像我们通常用来标注错误一样。

尤里和我回去准备第二局的开局。同时，弗雷德里克对第一局这个无关紧要的时刻进行了总结。作为说故事的人，他将这一刻描述为传奇。他在为国际象棋库写的文章中，把我对第44步棋的困惑写得很夸张，尽管我们在分析中已得出满意的结论（虽然这一结论有可能是错的）。弗雷德里克写道："结局有点吓人……深蓝实际上已经全部算出来了，算到了最后一步，并且它只选择了最不讨人厌的走法。加里说，'它可能提前20步甚至更多步就看到了将死的结局'，它一直在用这些精彩算法做正确的事，谢天谢地！"

他这样说并没有坏处，尤其是他的文章中包括了我和弗里茨的分析，这个分析表明在我会将死深蓝的时候，它作出了符合预期的走子。"可怕"和"精彩"是弗雷德里克说的，不是我。比赛后，这个小故事莫名其妙地转变为了都市传说，认为我对机器走车那步怪棋的深度算法念念不忘，影响了我在接下来的对局中的发挥，尤其是关键的第二局比赛。是默里·坎贝尔提出的这个假设，早在2002年蒙蒂·纽伯恩有关深蓝的书里就提到了这一点。他的理论的精彩之处在于他指出深蓝那步奇诡的棋一点也不深奥，它是一个无心的错误，是一个漏洞导致的结果。坎贝尔和许峰雄表示这步棋是随机产生的，比赛开始前他们更新了算法，但未修复一个已知的漏洞，从而导致这样的结果。

2012年，选举分析师纳特·斯利文（Nate Sliver）在他的新书《信号与噪声》（*The Signal and the Noise*）中用一整章描写这个故事，赋予了这个故事新的生命。弗雷德里克的描述和坎贝尔的宣传极具说服力：卡斯帕罗夫因为一个漏洞输给了深蓝！斯利文写道，"对深蓝而言，这个漏洞并非败笔，正是因为它，计算机才打败了卡斯帕罗夫"。《时代周刊》、《连线》及其他媒体争相报道该主题，版本各不相同。这些故事对国际象棋的错误描述，以及对我精神状态的愚蠢假设，一个比一个多。[2]

我的比赛和国际象棋跃升为一种文化元素，成为时下流行文化和许多作品的主题，我感到由衷的高兴。问题是，正如你在电影里看到的大多数棋盘都放错了，那些在流行杂志中写国际象棋的人根本不知道他们在说什么。他们理所应当地以为，获得过二流国际象棋锦标赛的塑料奖杯，就不用花时间咨询职业棋手，也能随意揣测世界冠军的棋路和心态。

斯利文书中大部分对棋局的正确描述源于别处，当其他错误描述频出时，它的正确就更为凸显了。斯利文误解了开局的运作，称中局为赛中，完全搞混了第六局。当然他曾举了一个例子："卡斯帕罗夫不知道卡罗－卡恩［防御］。"我确实年轻时就放弃使用卡罗－卡恩了，但我也合著过一本相关的书。很显然，对任何国际象棋选手而言，即使你自己不使用某个开局，但你经常需要应对这个开局，那你也会对这个开局了如指掌，就像我一样。

回到即将到来的比赛，斯利文忽略了弗雷德里克在国际象棋库一文中提及的事实，"弗里茨在这附近开始预测结局"。弗里茨在家用电脑上能预演至数十步，但我们知道深蓝的计算速度比这快得多。如果棋局中大部分走子是局势所迫和客观有限，那计算机很可能经搜索去走下一步，这点很好理解。十多年前那些诸如搜索树窄化和"单步延伸"等成熟技术影响深远，当比赛进入这个阶段，王被将军，棋盘上仅剩 4 个车和一些兵时，深蓝能在几分钟内轻易地计算出来。你甚至可查看计算机的日志进程，在几步前的第 41 步它就能算到 20 步后了，那时候棋盘上甚至有更多的棋子。

同样的棋局，如果深蓝走出了一步难以理解的棋，故事就不一样了，这需要我们去调查。比赛结束后面临棋局溃败，它对此既好奇又善忘。起初我感到迷惑，然后觉得稍微有点厉害，仅此而已。但是"一个漏洞打败卡斯帕罗夫"的说辞太富吸引力了，即使对于统计学家来说也是如此。将这种说辞转变为业余的心理分析，并用它来解释我第二局比赛弃局的原因是荒诞可笑的。斯利文开头引用了 1836 年埃德加·爱伦·坡（Edgar Allan Poe）关于土耳其假机器国际象棋手的故事，然而他本应多思考一下爱伦·坡的这句格言："耳听为虚，眼见未必为实。"

关于这个故事，我接受一个更广泛的结论：假如我处于更好的状态，我可能不会输。但直到第二局比赛及后期难以置信的那步棋，我的状态才受到影响。

第二局对阵深蓝的比赛我自信满满。从费城到现在，我已经打败过深蓝 3 次。深蓝已经不再鬼魅般神秘，这让我放松了许多。尽管深蓝 II 更加强大，但它并不完美。在开局中深蓝Ⅱ的一些走法还是有些电脑式的漏洞，尽管最后作了不错的补救。我利用这些来设计战术，事实证明我对棋局分析更胜一筹，将其打得落花流水。

第二局比赛的另外一个问题是我执黑棋。通过观察我们发现深蓝Ⅱ只要一有机会，就会发起进攻，我们一致认为在执黑棋时运用同样的消极对抗战术是相当危险的。当我是白方的时候我可以更好地控制住局面，等待机会。作为黑方时，使用一个已知的开局会更加安全，即使它已经在深蓝的数据库中了，尤其当这是一个封闭式开局的时候，深蓝将会难以找到机会。这种战术的缺点，就像在所有这些比赛中一样，就是不是我自己的风格。我的反电脑战术同时也是反卡斯帕罗夫战术。

这是否为正确的策略，即使在事后看来也很难判定。如果我提前了解过深蓝的比赛，哪怕只有十几场，就能对它的能力有一些直观的感受，也就能从容地使用我顺手的开局方法，我的准备方案也将和面对人类国际象棋特级大师时一样。在没有任何具体线索的情况下，最好的办法就是在灵活区域进行坚守，这样就不用过分担心对手会使用哪种新奇的走法。在思考怎么下的时候进行体力的保存也是主要因素之一。与深蓝下棋非常耗体力，因为我需要去反复思考以往不需要思考的可能性，反复检查我的每次计算。在常规的联赛或比赛中，尤里和我在每场比赛的前一天晚上都会熬夜到很晚，挤出每一秒为第二天的比赛进行准备。电脑从不会感觉疲倦而我会，这对于我来说是个灾难。

我能确定的一件事，就是在第二局比赛中，我的开局非常糟糕。我使用的开局叫作鲁伊·洛佩斯（Ruy Lopez），这是16世纪一位西班牙牧师的名字，他曾在欧洲第一本重要的棋谱书中分析过这个开局。这个开局还有一个别称叫"西班牙式的折磨"。至于这个别称的由来，我们很快就会知道。我并不想采用反电脑策略，也避免利用我常用的尖锐的西西里开局，以防深蓝不按常理出牌。鲁伊·洛佩斯开局是一种和平机动的开局，在国际象棋著作中，它被认为是一种最具战略性和深入分析性的系统。在第30步之后，仍有许多人对其走法进行研究。在许多比赛中，30步之内早已分出胜负。

执黑棋时，我不曾用过鲁伊·洛佩斯开局；在执白棋的时候，我曾尝试去击败使用它的对手。鲁伊·洛佩斯曾是我在与卡尔波夫、肖特和阿南德进行锦标赛时所使用的主要开局。其实在与深蓝比赛的时候，我并不乐意使用这种开局，因为这样会让其利用棋谱数据库的优势很容易到达中局，但我们认为还是值得一试。深蓝在第一局比赛中并没有展示出任何布局上的提高。我当时希望保持棋局的保守局面，不使用清晰的计划而是慢慢进行比赛。这样，如果进展顺利，我可以按自己的风格进行走子。否则，就将与黑棋达成平局并且在大比分中领先，这同样也是一个好的结果。

显而易见地，无论对手是人还是电脑，当他们按照棋谱下棋的时候都会不假思索地立即走子。如果你记得某个棋步并且已经知道这么走会得到你想要的结果，那么为什么还要浪费时间呢？

关于这个夸张的问题有几个朴实的答案。有时你只是想获得方位感，仔细检查以确保你不会陷入任何陷阱或棘手的易位中。人们描述下国际象棋就好比被人拉着衣袖尝试画一幅杰作，双方棋手都会有这种感觉。你必须时刻记住，国际象棋的每一个棋局，对弈局面都是协同创造的。所以，你对开局满意，可以说你的对手通常也很满意，这至少会让你谨慎一点。

开局中你可能在走棋前停顿一下的另一个原因是使用心理扰乱战术。大多数的棋手倾向于快速打开局面，以便产生积极的心理作用，尤其是当你的对手正深思每一步棋时。你努力思考以求打破复杂局面，这反而会扰乱你的心绪。因为当你最终走棋后，你的对手迅速应对，逼迫你立即采取回防。这让你毛骨悚然，因为你知道对手分析局面强过你，他很有可能利用强大的引擎准备好了这一步。事实上，你不仅在对抗人类对手，还在对抗整台电脑。机器使用基于人类经验的开局棋谱，而越来越多的特级大师也在使用引擎协助他们的开局准备，这种趋势虽然很讽刺却是不可避免的。

但有时候你不想让你的对手知道你还是在背棋谱。也许你已经准备在接下来几步进行一次绝佳的创新而并不想太过急切地赶超以免引起他的怀疑。时不时地停顿可能会让他相信你没有做好准备应对变化，造成他的盲目自信。通常我没有耐心欺骗别人，一旦做好充足的准备，我就会想让对手知道。菲舍尔曾在接受采访时表示，或许他说得有些虚伪，"我不相信心理展示，我只相信好的走子"。

当然，机器并不易受心理干扰。但是，我认为让他们的人类教练对你的准备有所怀疑或许有用。然而令人相当震惊的是，12 年后我们发现，深蓝虽然不受扰敌战术影响，它却能够学会这些技巧。

基于对米格尔·伊利斯卡斯和其他人的面谈，我认识到所有深蓝的工作人员都签订了保密协议，未经批准他们不得讨论幕后发生的事情。很难想象，除了禁止自由讨论深蓝获胜这一创举，还有什么比谭崇仁的预复赛声明"科学实验已结束"[3]更清晰的例证。非技术顾问更匪夷所思。这好像并非为了他们的秘密才雇用特级大师作为深蓝的教练的国际象棋竞赛项目。那为何IBM不让团队对外发声？还持续十年之久？

第二局比赛的西班牙主题是谈论这个话题的好时机。2009年西班牙特级大师伊利斯卡斯一反缄默，接受了《新国际象棋》（*New In Chess*）杂志的长时间采访，其中他广泛地谈到比赛期间他有关深蓝及其他活动的工作。[4]我仅读了几段，就明白为何IBM让他们发誓保守秘密。

伊利斯卡斯是一名精明又随和的人，同时也是一名厉害的国际象棋特级大师和教练。他在西班牙经营一所重要的国际象棋学院，与此同时还在那发行杂志。不知是否算巧合，他也是第二位在弗兰基米尔举办的2000年世界锦标赛上打败我的人，我曾输掉的为数不多的那几场比赛有他的一份，但我对他并无恶意。好吧，或许有一点。

我会在后文继续讨论他采访中其他更有趣的部分，但这里要说说他对深蓝对战第二局的看法。"我们给了深蓝很多国际象棋开局知识，同时我们也给了它很多自由，让它从数据库和统计数据中自行选择。第二局，在一个鲁伊·洛佩斯开局中，机器正思考像a4这样的走子。这是非常理论化的一步走法，卡斯帕罗夫发现机器开始考虑按照棋谱走子后或许会很惊讶。深蓝想了十分钟最后下了a4。发生了什么？他可能开始得出太多的结论。这是一个新的方法，而加里永远也无法确定电脑是在背棋谱还是自己想出来的。"

太有趣了！尽管我是比赛后才开始认识这种技术。如果一台机器确实比很多国际象棋特级大师都强，那么让它在开局时有多种选择肯定是有意义的，否则它就只是在盲目地复制着特级大师们的棋谱。但接下来伊利斯卡斯说的给了我当头一棒："当然，我们也给深蓝内置了一些专门对付加里的技巧。对于某些特定的走子它会有停顿，对于另外一些走子它又会下得很快。在某些位置，我们会认定加里将下出最好的一招，如果是这样，我们会立即反馈。机器变得不可预测，给人类棋手带来心理影响，这就是我们的主要目标。"

太神奇了！他们做了个让机器走子停顿的程序来戏弄我——而且只有我，因为深蓝短暂的生涯中从未出现另一个对手。这也是一条单行道，因为深蓝对这种把戏是免疫的，正如它从来不信鲁伊·洛佩斯的建议"永远坐在背光处"。我认为国际象棋和战争都是公平的，但这次爆料让我更加相信，夺冠并不是 IBM 的一切，而是唯一目标。

因为第二局比赛是有史以来最严格的一场，我就不卖关子了，直接开门见山地谈谈这场比赛为何这么有名。以经典鲁伊·洛佩斯开局走完 20 步之后，可以说棋局对于双方来讲都算皆大欢喜。但确切地说，我并不喜欢当时的局面，这是我设的一个局，也是我的一些战略思想。我的棋子都被牵制在了一道兵组成的"墙"后面。这是黑棋以鲁伊·洛佩斯开局的一个典型的弱点。白棋有更多空间，也就是说有更大的自由度去移动棋子，以及查缺补漏。不过我打赌，深蓝没有耐性也没有能力去处理这种"妙招"。

比赛中我先出现了失误，而且我也知道到自己犯了什么错误。我当时的想法是，棋局应该越保守越好，所以我把一部分兵放在了后的这一边，这直接导致了我没有积极的方法来应对白方的计划。如果这是跟一个国际象棋特级大师对阵，场面会很糟糕。但是，在第一局比赛之后，深蓝并没有根据当时的优势，优化自己程序中的评价函数。慢慢地，深蓝明显变得和第一局比赛不一样了。它娴熟地在防线的后面调兵遣将，准备发起最后突破性的攻击。深蓝没有像在第一局比赛中那样漫无目的、悠哉游哉地移动。我才是那个漫无目的的人。"西班牙式折磨"已就绪，我要被深蓝玩死了。

深蓝之后的举动震惊了评论员。它将捉双兵向前走了两格，打开了王一侧的防线。这看着像是人类棋手的举动，遵循了一旦有优势，就开辟前线的原则。当然，深蓝没有完全遵循这些原则，至少它将这些原则进行了划分，评价这些原则的价值。对于电脑来说，棋子的移动都是根据程序计算出来的，很好理解。评论员惊讶的原因是机器打开第二道防线像一种策略性思维，这对于机器来说是出乎意料的。人类更擅长策略，深蓝重新审视棋盘上的每一个位置，没有武断地沿着一贯的老路子走，这也是电脑经常性震惊我们的原因。即使是特级大师也容易陷入一些生搬硬套之中，比如"走了 A 之后，现在应该走 B"。电脑并不知道它刚才走了 A，它关心的是在当前时刻最强的走子。有时候这也是一种劣势，特别是在前期，所以它们需要开局棋谱。但是，总的来说，计算客观存在的遗忘症反而让它成了很好的分析工具，也成了一个危险的对手。

从很久以前开始就有一则关于国际象棋的老笑话：一个人在公园散步，他看见有个男人和狗在下国际象棋，他惊叹，"这太神奇了！"这个棋手说，"这有什么了不起的，我3-1赢了它！"

为了准备写书的素材，我和同事初次深度分析深蓝的比赛时，我想起了这个笑话。随着时间的推移，我们使用比深蓝更强大的现代国际象棋搜索引擎，发现了许多有趣的现象。原来关于这步棋和其他类似走法的评论已经成为一种模式，反复出现在几乎所有文章和有关比赛中，这一模式也让我备受折磨。如果电脑走出了令人惊讶的棋，我们就认为它的走法非常厉害，那我们就错了。深蓝经常会走出某一步电脑之前从来没有这么走过的棋，我们往往会对这些棋步感到惊讶不已，这就会影响我们对深蓝真实能力的评判。

例如在好几本关于这场比赛的书中，第二局第26步的f4棋被誉为"伟大的走子"并加上感叹号，但分析结果显示那远不是局面里最好的一步棋。相反，它可以撤象，直线落棋三面夹击，获取主导局面，不给我任何反击的机会。事实上，这个绝妙的计划是现在任何一个搜索引擎短短几秒内就能得出的首选。正如那只下国际象棋的狗，人们看到它能下国际象棋就已经够惊讶的了，而它棋艺普通这一点则会被忽略。在比赛期间这种思维误区对我影响很大。我越来越在意它可能会做什么，以至于我没注意到我的问题出在自己下得太糟而不是它下得有多好。

我仍处于自己反电脑错觉的影响下，只能被动地回应。当我痛苦地突围时，深蓝一如既往地主导棋局。我在第32步错过了最后一次主动攻击的机会，却仍对深蓝可能找不到果断突围的方法抱有一线希望。它施加压力，有着卡尔波夫一样的耐心。正当我备受折磨的时候，深蓝令我惊讶地在走第35步棋时陷入了长时间的思考。通常它走子要么非常快，要么在3~4分钟内走一步。而现在它思考了5分钟、10分钟、终于在14分钟后走出了这一步棋。这让我分了心，我认为深蓝可能出现了故障。很显然，它开启了发明者所称的"恐慌模式"，即它对于一个主要变量的搜索估算能力急剧下降。

第 36 步棋，它的后有机会入侵，可能直接吃掉两个兵。我看到这可能给了我一个在中心孤注一掷地拼子的机会。贪婪会再次导致电脑的毁灭吗？

令我沮丧的是，深蓝再次拒绝像电脑一样下棋。它走了一步象而不是吃掉兵，这一步棋就像是在我棺材板上钉的最后一颗钉子。历经将近 4 小时的曾被我所不齿的消极策略的痛苦折磨，局面甚至变得更糟糕了。一股认命的沮丧袭来，我几乎无法走好接下来的几步棋，只能眼睁睁看着白方的后和车侵入。我唯一希望是建立某种封锁，但找不到任何方法去实现。我发动后进行最后的攻击，几乎完全是为了泄恨，甚至没有注意到深蓝把王走到棋局中心避开了将军，而没有更加自然地撤退到角落。

第 45 步棋，它用车攻击我的后，一切都结束了。我的后无路可逃，除非我弃象。我可以牺牲掉象来挣得几次用后将军的机会，但这看起来没什么获胜的希望。如果说电脑最擅长什么，那就是应对一长串的将军，毕竟这是游戏中自由度最低的走子。在作出了如此强大的表现之后，深蓝竟然错过用简单的方法保全王的机会，而使王被追得到处跑最终成为和局，简直匪夷所思。

这局比赛变得令人泄气，我只想着赶紧离开赛场，越远越好。我的思绪已经飞走，想着这个在第一局中只会浪费时间的电脑究竟是怎样做到在第二局的时候下得如此拿手。我想到了一切可能性，只是没意识到这局比赛只是反映了人类典型的、无可避免的弱点。看着已成败局的棋盘，我身心都备受煎熬。我想至少保留一点尊严地认输，为下一场比赛保留一点精力，总好过在渺无希望的局面下硬撑。

我认输，愤然离开了赛场，尽快将厌恶的感觉转化为愤怒。我没有心情去面对观众、评论员或其他任何人。我和母亲毫不迟疑地离开了大楼，让深蓝团队尽情享受属于他们的光荣时刻。

我没有留在那里听，但记录显示观众们对深蓝好评如潮。经常指责机器下棋的塞拉万说："我为这场比赛感到骄傲。"阿什利称之为"一场华丽的比赛"，他和瓦尔沃对这种以最不像电脑的方式来慢慢将我逼到绝境的"蟒蛇"风格大加称赞。一位观众问这是电脑下得最好的一次吗？答案是肯定的，这是电脑对卡斯帕罗夫下得最好的一次，难以否认。

深蓝团队感到过去的 14 个月的努力工作终于得到了回报，这从他们得意扬扬的评论中可以看出来。许峰雄表示："今年这场比赛让国际象棋得到了更好的理解，也让人们看到了一些微妙之处。"本杰明说:"可喜的是,这是任何一位人类特级大师都以白棋自豪的比赛。"当戴维·利维问深蓝是如何从第一局中的"怪棋"变成了第二局中的"绝对天才"时,谭崇仁说:"我们让它喝了点鸡尾酒!"这一回答博得满堂喝彩。

　　我不是一个爱喝酒的人,但那一晚我喝了一些比热茶更浓的东西让自己打起精神回顾比赛。强迫自己回顾自己的失败往往非常艰难,尤其是还要鼓励自己为下一场比赛做好准备,打一场硬仗的时候。在一次锦标赛中,你不会两次都用黑棋或者白棋迎战同一个对手,所以及时进行事后分析并不是很重要。但是在这种比赛中,你必须与同一个对手一连下几天的棋,所以从每一局中发现一些或许会对下一场比赛有用的蛛丝马迹就显得尤为重要。对战深蓝的时候更是如此,因为这几场比赛是我们仅有的线索。

　　有一些失败比另外一些更难接受,这次的失败是我经历过的最糟糕的失败之一。它让我怀疑一切:深蓝棋技的戏剧性的飞跃;我采用反电脑策略而违背自己下棋风格的决定;我怎么会蠢到相信自己会在赛前得到一些深蓝下棋的资料来研究。我们对比赛结果的分析并没有让我好受一点。一个在第一局比赛中表现得如此笨拙、短视而机器化的电脑是怎样做到可以不被眼前利益所迷惑的?我们的计算引擎甚至完全没有考虑过深蓝会走出这些有耐心的棋步。

　　我谴责那些试图对我评头论足的人,我不会再犯同样的错误,我会坚持自己的走法,坚持分享自己内心的真实感受。我了解比赛者用于对付挫败的精神防卫机制,也知道这与粒子物理有些类似:如果你观察得太仔细,结果就不一样了。我需要在第三局以及以后的比赛中恢复自信,否则就会毫无机会。我既苦恼又生气,向所有人发泄我的愤怒,尤其是对我自己。

　　还有一点是我不知道的,如果我不能从那一场失利的比赛中恢复过来,谈何赢得比赛。第二天,我和团队成员——尤里、弗雷德里克、迈克尔、欧文一行,沿着第五大道走在去吃午饭的路上,尤里走近我,带着一副阴沉的面孔,就好像要通知别人刚失去了某位亲人一样。"昨天的比赛本应是和局,"他用俄语告诉我,"持续地将军,把后走到e3,达成和局。"

我在人行道停下脚步，手放在头上，一动不动地站了一会儿。我看着他们每一个人，很明显他们已经知道了，并且已经就是否、何时以及如何将这一消息告诉我有过一场争吵。他们不敢接触我的视线，都知道我对这个消息有多么震惊。我在全世界的关注下输掉了人生中最糟糕的比赛之一，而现在我发现这是我人生中第一次在和局的时候认输。我感到难以置信，就是那种在这次比赛中时常出现的感觉。和局？！

库布勒·罗斯（Küler Ross）模型，又名"悲伤五部曲"，是绝症晚期病人和其他人收到噩耗时的一系列情绪反应：拒绝、愤怒、讨价还价、失望，以及接受。在午餐剩下的时间里，我陷入了一种拒不相信的状态，有几分钟一直盯着墙壁，脑中不断回想当时的局势，然后开始质问我可怜的团队："深蓝怎么可能漏掉这么简单的东西？它下得那么好，它走了 Be4 那一步，下得像神一样，怎么可能漏掉一个简单重复的和局？"

下棋 20 年，第一次使用精神分析法，我也是在对自己说"我的天，我怎么会犯下这种简单的失误"。当你是世界冠军、世界第一人的时候，任何一次失败都将被看作是自己造成的。这对我的对手们来说不完全公平，他们中的很多人把赢过我看作事业的巅峰，然而发生了这出乎意料的事情之后，我没有任何心情去公平对待他们了。

这一发现归功于连接全世界的互联网力量。早在我退出第二局前，就有数以万计的棋手在观看比赛进行分析，然后分享他们的结果。到清晨为止，这些同样配有强大计算引擎的分析者，已证实假如我当时坚持最好的走子而不是退出，深蓝不可能赢得最后的胜利。这个令人难以置信的消息已经在那天早上被我的团队验证了。因为觉得毫无意义，我放弃了后的偷袭，但事实上这恰恰是救命的一招。白棋的王不可能避开后的将军，最终导致我们所称的"三次重复和局"。深蓝最后的几步棋，实际上是无心的失误，只要我对这几步棋怀有警觉，深蓝就会失去大获全胜的时机。

这是一个巨大的打击，就好像我输了两次。弃和局，不可思议！在同样的局面下，如果和人类棋手对决，我永远不会如此可怜地放弃，我对这一点非常确信。我被深蓝的走子震慑到了，面对已形成的棋局意志消沉，我懊恼由自身导致的一切，我无比确信机器不会产生如此低级的错误。

和人类特级大师下棋时，我推测他能大致预见我所预见的，并不太可能确定任何我不确定的局面。但和电脑对抗时，它每秒计算 2 亿步，而且刚和世界冠军进行过一场激烈的比赛，对于它的推测是完全不同的。我不能按照常规方法下棋，在某些特定的局面，不得不给电脑制造假的利益。例如，如果我认为可能需要作出巨大的牺牲才得以将军，几乎可以肯定是我的计算里有缺陷，因为一台性能强大的电脑不会允许这种事情发生。这是人类对抗电脑时受到的启发：如果它允许你玩战术策略，那你可能根本无法赢。这能帮助你保存实力，但此次情况导致我职业生涯最严重的失误。

比赛中最糟糕的是失败会持续影响你。心理平衡一旦被打破，它能摧毁你的集中力，让你快速犯下越来越多的错误。一个典型的修正方案是试图在糟糕的失败后获得快速的和局，以此作为稳定局面的方式，但在短短的比赛中，我不可能浪费剩下反败为胜的白棋。深蓝团队也不可能接受任何棋局打成平局，毕竟他们的选手不会感到疲惫，也不会被"由于自己判断失误而失去了第二局的和局"这样的消息所干扰。

现场发生的事情迅速传遍媒体并占据头条，我害怕被问到提前弃局的问题。我能说什么？继续关注第二局只会让我难以释怀，毁掉我之后几局比赛的心态。接下来仍有 4 局比赛，而我已经不想再比了，我根本不了解我的对手。它是第一局那个下出弱兵的电脑吗？它是第二局那个像蟒蛇一样的战略家吗？或者，它是那个易出错，会错失一个相对简单的重复和局的棋手吗？这种强烈的困惑让我一直情不自禁地去往坏处想。IBM 明确表示它会不惜一切代价获取胜利。会不会存在外在的原因导致深蓝发生了如此剧烈的变化呢？

我对自己也无法释然。我怎能采用如此糟糕的开局？我是听取了差劲的建议还是自己作出了错误的决定？我应该如何改进？我究竟为什么会如此匆匆地认输？

不管我脑中的头绪多么乱，我还是不得不坐下来玩第三局。在第一步我再次作出尝试，把后前的兵推进一格而不是通常的两格。这是一招极端反电脑的下法，让深蓝无法参照棋谱，我希望能在早期的布局中压制它。这个策略在第一局很奏效，尽管我心中很清楚我所面对的很有可能已经不是同一个深蓝了。

现在再看那场棋赛，考虑到之前 24 小时所有的纷乱，我倒有点惊讶自己下得还不错。由于毫无理由地没有在后附近进行强势扩张，我在开局没有得到什么优势。二十年后，分析第三局至第六局的复盘感觉更像是在分析一个陌生人的棋局而不是我自己的。以往我有着强大的对棋局思考回想的能力，即便十年前的棋局，我都能记得。这场比赛却并非如此，因为我简直就不是自己了，而且心神恍惚，没法把精力好好地集中在比赛上。

深蓝第三局的表现并没什么特别，但我仍然不知道要如何取得进展。我抓住机会牺牲了一个兵来向对方施加压力，把黑象困在了角落里，但是我也知道，在深蓝不犯错的情况下，这并不足以扭转局势。我的发挥远远失去我的水准，在这一个例子可以看出来：我没有把车打入黑方的关键位置，而是强迫对方交换了后。分析显示，这一步棋没有带来多大优势，但这步棋主要是为了找回我自己的风格。我下得担惊受怕。

深蓝表现出了良好的警觉性，它不允许局面陷入被动，我希望能哄骗它进行被动防守，这样我就可以利用我的时间来压榨它，但深蓝粉碎了我的最后希望。我的棋子只是获得表面上的主导地位，但没有足够的潜力去获得胜利。最后，深蓝给回一个兵结束了枯燥的局面，平局收场，比赛结束，然而一场更激烈的战斗即将开始。

我将在赛后新闻发布会上被问到关于深蓝在第二局的强势和我提前认输的问题，我知道这会让我感到度日如年。我也知道如果我想在比赛的后半段赢回一点尊严，就不能让自己陷入被迫进行防守的境地。我一直相信，进攻是最好的防御，这适用于国际象棋、政治，同样也适用于新闻发布会。

枯燥的第三局如何能与精彩的第二局媲美？冠军的烂开局，计算机的漂亮布局，绝妙的一击，一个令人震惊的错误，一个震动了国际象棋界的赛后爆料。看看那些报道，就知道评论员们这一整天基本上没讨论别的事。弗雷德里克用惯用的戏剧化方式，拿我被爆料的相关八卦款待了他们，说他们决定告诉我是因为即便他们不那么做，我也会从遇到的第一个出租车司机那里得到消息。

塞拉万，评论员中唯一的世界级国际象棋特级大师，同情我的处境。他试图向观众传达我经历了什么以及正在经历着什么，他清楚我在第三局中的苦战。"他说服自己这已成败局，所以他认输了。我们人类是会感到沮丧的……国际象棋专业人士都是非常骄傲的人。他们是艺术家，非常非常认真地对待自己的作品。一场伟大的比赛对一名棋手的职业生涯意义重大。在平局认输是不在考虑范围内的。我的意思是，换作是我，也会在精神上折磨自己。加里在经历过这些事之后又恢复得如何了？"

由于深蓝很明显缺乏对局势的理解，很有可能在我发挥得很好的时候它就无法获胜。许峰雄写道，他在后来分析的时候震惊地意识到最终仍然可能是平局。但数年后，当我们有时间进行更深入的分析时，这个故事又发生了一次反转。现在使用强大的计算引擎研究显示，当时的白棋还是有胜机的。

如果你在家里研究那一场棋，你只需要在棋盘上摆出终局，让国际象棋程序看看如何下。即使是一个免费的手机版本，它也能显示出来白棋占据了将近一个兵的优势。当你看着深蓝最后的一步棋，即 45. Ra6 时，今天的程序会马上分析出来，简单地交换后是白棋的败笔。令人惊讶的是，深蓝这个强大的国际象棋专家最后的两步却是严重的错误。但是我认输了，这是我最糟糕的错误。

在第三局比赛之前，我请求查看深蓝的计算机日志，看看在第二局比赛中我觉得费解的棋步，包括那本应导致和局的、深蓝走错的最后一步。谭崇仁拒绝了我的请求，给出的原因是我可以从日志中分析出深蓝的策略，虽然我不能理解为什么那走错的最后一步会泄露深蓝的策略。我们向仲裁委员会提出请求，将日志打印出来，将其作为深蓝进行公开测试的永久存档。几次协商之后，谭崇仁提出将深蓝的日志提交给肯·汤普森，他是仲裁委员会的成员，将作为中立的技术监管者，就像他在费城作过的那样。但这只是敷衍，几次请求之后这些提议也没有开始实行，这件事就一直被搁置着。

在去往让我恐惧的记者招待会的路上，我决定告诉他们自己的真实想法，管它会有什么后果。我有权利表达我的观点，如果我所经历的一切让我感到不快和不解，那么我会说出来。为了在国际象棋事业中继续发展，我必须忍受质疑，掩盖心中的愤怒。多年来，各方试图对发生的事情进行捏造，这导致了一个结果，那就是把我说成是一个修正主义者，说我是一个输不起的人，丧心病狂地用阴谋论来解释我的失败。对于"输不起"的指控，我已经承认了我的错误。对于阴谋论，记者发布会的记录稿已经记录了真相。这并不仅仅是我表达自己的怀疑和沮丧的问题，我承认自己不知道发生了什么。我无法理解为什么计算机下棋下得好好的，却突然走了一步犯了基本错误的差棋，我就这么说了。我质疑深蓝团队，并让他们给我和外界一个解释，我希望他们能对外公布记录日志，同时消除所有疑惑，但是他们不同意这样做，这又是为什么呢？

在几次表达了我的迷惑之后，莫里斯·阿什利特意问我，这是不是在暗示第二局比赛中有人进行人工干预。"这让我想起了 1986 年世界杯马拉多纳在对阵英格兰的比赛中那个著名的进球，"我说，"他说那是上帝之手！"

观众笑了，正如我所料，然而我没有意识到，那些基本上不懂足球的美国观众不会领悟到我想表达的意思。1986 年墨西哥世界杯 1/4 决赛，阿根廷对阵英格兰，比赛中，阿根廷足球巨星迭戈·马拉多纳（Diego Maradona）打进一个球。这个进球不仅观众没有看清楚，连裁判也没有看清楚，但是场上的球员看得清清楚楚，马拉多纳是使用他的左拳将球打入球门的，这在回放中才被看到。比赛以 2－1 的比分结束，阿根廷获胜。赛后采访中，马拉多纳聪明地回应道："进球一部分靠的是我的头，一部分靠的是上帝之手。"[5] 除非我能看到证据，否则那些无法解释的事情总是可以被解释为有猫腻。

本杰明和我在记者招待会上争论深蓝在关键时刻到底能预见什么、不能预见什么。我想从深蓝的日志中得知结果。谭崇仁试图平息当时的场面，肯定地回答了瓦尔沃的"我们可以在比赛后一起去实验室，仔细过一遍第二局比赛的结果"的提议："当然，赛后我们很高兴加里也来实验室，我们可以和他一起继续我们的科学实验。"

我开始恢复平静，但这一示好的消息只会再次激发出我的肾上腺素。难道不是谭崇仁自己告诉《纽约时报》，科学实验已经完成了吗？如果这与科学有关，为什么不放出深蓝的日志以消除疑惑呢？我回复道，如果我们讨论的是"实验的严谨性，那么你们自然会想让两个对手处于同等条件下进行比赛"。坎贝尔向媒体表示，比赛结束后他们会很快揭晓谜底，他说道："他不知道我们是怎么做到的，我们在比赛结束后就会告诉他。"

第 10 章

圣　杯

如今，我已经 50 多岁了，而且必须特别注意控制血压。这让我在回到复赛的最后决赛之前，能够暂时把比赛中的艰难困苦抛诸脑后片刻。与比赛相比，赛后的记者招待会，更像是孩子们的下午茶派对。

人们对比世界锦标赛中存在的不正当行为甚至一些更糟糕的事情予以指责和控告，有着一个相当漫长而丑陋的历史。每一本"门外汉"般的国际象棋书都花费了大量篇幅叙述那些最受关注的奇闻逸事，这是因为距离产生好奇。1972 年，菲舍尔在对阵斯帕斯基的比赛中，因为抗议比赛大厅里的摄像头而丧失了第二局比赛的资格。与此同时，他在第三局比赛中也无法去主赛场，而只能在一个窄小的房间里进行。卡尔波夫和科尔奇诺在比赛过程中常常互相敌对争执，在 1978 年于菲律宾举办的世界锦标赛中，这种境况尤甚。在卡尔波夫的团队中，有一位心理咨询师——祖克哈（Zukhar）博士。有些人说他是竞技心理咨询师，他一直盯着科尔奇诺。处理比赛中的各种争议让这位先生几乎每场比赛都进进出出地忙个不停。科尔奇诺则请来一些被保释的美籍印第安裔谋杀犯，让他们冥想或盯着卡尔波夫以及这位先生，以此反击。连科尔奇诺的镜片也被拆开，经 X-射线检查；甚至卡尔波夫的酸奶也成为待检项目之一，这使得人们对比赛主席有很多抗议和调查。

2006 年，在弗拉基米尔·克拉姆尼克对阵韦塞林·托帕洛夫（Veselin Topalov）的世界锦标赛中，发生了一件更耸人听闻的事情——这竟然与卫浴器具有关。托帕洛夫的团队指责克拉姆尼克在比赛期间消耗了太长时间在私人盥洗间里。组织者随后关闭了私人盥洗间。克拉姆尼克也因为抗议此事而失去了第五局比赛的资格，棋艺媒体将这一丑闻称为"厕所门事件"（尽管克拉姆尼克在随后的比赛中继续获胜）。

在我对阵卡尔波夫的赛事中，自然也没能躲掉类似的事情。在 1986 年的复赛中，对于我一开局的铺垫，卡尔波夫表现出了神奇的直觉和强有力的应对，这看起来就像是早早准备过的，就连我自己都没提前想过的战法也是一样。我觉得，除非是我的团队里有人将我的计划共享给了卡尔波夫，不然没法解释所发生的这一切。最后的结局是我的团队中有两人离开了，尽管这不是发生在我连续输掉三局比赛之前。后来卡尔波夫团队在自己的一篇文章里说到卡尔波夫是如何在赛前不眠不休地分析跟我接下来的比赛中"可能发生的一切"的，尽管这局比赛的开局与我执白的前两局比赛完全不同。没什么可说的，他的预演很正确。

总的来说，你可以选择相信，即使在最高水准的比赛中也有着很多不诚实的事情，一些顶级棋手就像故事里提到的偏执狂那样；也可以认为，竞技中不算犯规的擦边球和一些场外策略的确是在倾尽全部身心的鏖战中普遍存在的元素。或者你也可以对上述两者全信，并参与其中。

另一点我需要澄清的是关于莫里斯·阿什利在新闻发布会上透露的危险措辞："人为干预"。二十年来，我一直在应对这句话的众多含义，即便存在这样的可能性，我依然不确定我自己是否曾使用过同样的措辞。在那场比赛的过程中，深蓝方被允许有一定程度的人为干预。譬如，他们被允许修复错误，在宕机后重启机器，甚至被允许在比赛过程中修改棋谱和评估函数，而且他们也是那样做的。因为断定这是有利于电脑的不公平条件，后来的人机比赛对这一类行为进行了限制。

在那场比赛中至少发生了两次宕机，都需要手动重启。根据深蓝方的说法，宕机发生在第三局和第四局比赛过程中。似乎每次宕机都与比赛结果无关，因为它并没有干扰深蓝走下一步棋，但是，在第四局比赛的最后阶段，（由于宕机）不得不询问许峰雄*发生了什么事，这种情况真不能令人满意。如同后来一些国际象棋程序员告诉我的，因为无法复现赛况，一次系统重启足以改变一切。重启导致丢失了机器用来保存棋子位置的内存表，没有任何方法能够确认机器是否会重走相同的棋步。

撇开允许的人为操作不谈，大部分人提起人为干预就会产生这样的想法：阿纳托利·卡尔波夫或者其他国际象棋特级大师藏在一个箱子里下棋，如同沃尔夫冈·冯·肯佩伦（Wolfgang von Kempelen）的国际象棋自动机——那个名叫土耳其的机器人。但是在拥有了所有的备份和远程访问技术的现代，我们已经不需要一个国际象棋侏儒大师藏在一个大黑箱子里了。虽然这是有趣的想法，但事实并非如此。简单地重启机器或者触发一个事件使得深蓝在棘手的情况下花费额外的时间就已经足以改变局势了。记得在1995年中国香港举办的世界锦标赛中，在我与弗里茨比赛的关键时刻，深蓝的原型不得不重启，结果重启回来后它马上走了一步低劣的棋招，真是走霉运。反过来，它重启后也可能走出超水平的棋招，特别是如果它被设定为崩溃后重启需要花费额外的时间。

2016年9月15日，我要在牛津举办的社会机器人学和人工智能会议上发表一个演讲，结果恰好遇见了来自谢菲尔德大学的诺埃尔·夏基（Noel Sharkey）。他是人工智能和机器学习领域的世界级专家，当时正在从事若干有关机器人伦理规范和社会影响项目的研究。但是在英国，他被大众所熟知是由于他作为专家和主裁判参加了一档流行的电视节目《机器人战争》（Robert War）。我们只在午餐时间谈了一小会儿，因为之后他马上要在会议上作主题演讲了。我想要讨论机器学习和他在联合国有关机器人伦理的辩论，但是他只想讨论深蓝！

"这已经困扰我好多年了，"他告诉我，"我非常看好人工智能系统打败你的前景，但是我想看到公平的比赛，结果却相反。机器崩溃？所有的连接系统都已经布置好了？你怎么监督这些？他们甚至能在棋招之间更换软件或者硬件。我不能咬定IBM方作弊，但是我也不能说他们没有。他们确实有作弊的机会。唉，罢了！如果我是比赛裁判，我会拔掉所有线路，给深蓝罩上一个法拉第笼（Faraday Cage），然后才能

---

　　* 许峰雄，深蓝负责人。——译者注

说，'好了，现在你靠自己下吧。'否则我马上没收了它！"诺埃尔·夏基从深蓝机器
上拔掉网线的情景顿时出现在了我的脑海中，这让我决定，不管与谁比赛我都要他留
在我的团队里。

争执到最后，IBM 公司承诺不再为了帮助深蓝胜出而不择手段，并不再允许任何
此类事情发生。这件事在当年流传甚广，今天看来就显得不同寻常的有趣。这是
1997 年，安然丑闻震动企业界的四年之前。安然丑闻暴露了美国能源大鳄竟是恶意
和欺诈事件的幕后推手。这一堪称企业界的"水门事件"，也像是 2007—2008 年间金
融危机的一个预演和预示。当然了，我倒是没有把下棋这件事与如此大规模的金融震
动相提并论。我想表达的是在安然事件之后，人们不再一直跟我说："像 IBM 这样的
美国大公司不会做这样不道德的事。"特别是当他们发现 IBM 公司的股票在那场比赛
后上升了多少之后。

多亏了米格尔·伊列斯卡斯的诚实，我们知道了 IBM 为了优化深蓝的表现，会
不择手段地跨越道德底线。在他 2009 年《棋坛新说》（*New In Chess*）的访谈中，伊
列斯卡斯披露了这一不寻常的事件："每天早晨，我们小组的全体成员，包括工程师、
沟通人员等所有人，都要聚集在一起开会。这是一个我在个人生活经历中从来没见过
的专业化方式，事无巨细。接下来我要告诉你们的事情本来是保密的。好吧，这听起
来可能是奇闻逸事，因为它也没那么重要。一天，我说，卡斯帕罗夫在赛后对多霍扬
说了话，我想知道他们说了什么。我们能替换掉安保人员吗？将他换成懂俄语的人？
第二天他们就把那个家伙换掉了，所以我能够得知他们在赛后说了些什么。"

就像他说的一样，也许这真的没有多么重要。但这简直是个炸弹，暴露了 IBM
为争取一点竞争优势而无所不用其极。我简直不敢想象：在我参与的那场比赛中，
IBM 甚至雇用懂俄语的保安站在我的私人休息区，而且就是为了侦查关于我在比赛中
的一切。这如果被曝出来，将会是多大的丑闻！

在交代了上述的这一切后，我也来坦白一些事情。由于这的确事关重大，也的确
打破了我的镇定，我的确错了，并向深蓝团队真诚道歉。在第二局比赛中的那步棋，
让我陷入失败的境地，士气即刻一落千丈。在此后的五年里，标准的英特尔服务器上
运转的商业国际象棋引擎都能够下出深蓝最精妙的那些棋路，甚至能够优化一些当时
令我及在场所有人都印象深刻的"类似于人"的下法。今天，我笔记本电脑里的引

擎也会下出稍微"类人类"的招数，比如第二局比赛中 10 秒内机器下出的这步 37. Be4，虽然与我意料之中的后突击下法威力差不多，但当时我们都不相信 37. Be4 的下法会有这么大的威力。不管最后结果怎样，如果我没有投子认输而是作了更好的抵抗，对于机器来说，第二局比赛只能算是印象深刻的经典之战，仅此而已。

这也说清了为什么我是带着批判眼光的，在这之前我从来没有看过一场深蓝单独的比赛。比如说在第二局比赛的 Be4 那步，如果我哪怕看到它做了一个能够解释自己不像电脑战法的动作，或者在第五局中让人惊奇的 h5 步推兵棋，我的反应和战法都会是完全不同的。IBM 将深蓝完完全全地隐藏起来是本次比赛最厉害的一步棋。

相反，现在我明白了深蓝虽然强大但仍然会犯错，那么它在第二局比赛的最后错过了持续将和的事实就更好理解了*。考虑到深蓝强大的计算能力，犯这种错误虽然奇怪，但也不难理解。如果我能在比赛中以任何方式了解这一点，也许结果就会完全不一样，但是我也不确定。第二局比赛我过早的认输，以及由此带来的强烈羞耻感和挫折感，都令我几乎无法继续比赛下去了。

虽然感到懊悔，但是当时我的震惊和困窘都是合理的。在 1997 年，深蓝的比赛策略令我完全无法理解，IBM 公司也花了大力气来保持神秘感。也许 IBM 方没有什么可保密的，但他们意识到，故意作出保密的姿态从而引起我的猜疑也不是什么坏事。他们一直在拖延，拒绝按时公开第二局比赛的打印材料。如果肯·汤普森能够早早确认材料没错的话，那么幕后发生的事情给我带来的压力就会小得多。

我的代理人欧文·威廉斯（Owen Williams）在第四局比赛之前告诉主办方，如果汤普森还没有收到打印材料，他就不能出现在申诉委员会里面。IBM 方认为这是一个警告，如果汤普森缺席的话，我也可能退出，所以他们通知媒体当天可能取消比赛。在比赛开始前 30 分钟，我们收到纽伯恩的消息，打印材料已经交给了申诉委员会，但是当我们到达 35 层的时候，汤普森告诉我们他们只收到 37. Qb6 一步棋的材料。没有其他棋步作为背景，只有一步棋的材料是完全没用的。

这种遮遮掩掩和敌对的行为同样表现在其他方面，譬如《纽约时报》在第五局

---

* 在第二局比赛的最后深蓝选择了一步差招，卡斯帕罗夫本可以利用这次机会依靠不断将军迫和，但是由于他判断失误，错失了这次和棋的机会。——译者注

比赛后报道："一名叫杰夫·基斯洛夫（Jeff Kisseloff）的记者，曾被 IBM 雇来为大赛网站写关于卡斯帕罗夫团队的报道，他在文章中引用了冠军支持者发出的有关深蓝的咒骂评论之后，便失去了发表文章的权利。IBM 也聘请了国际象棋特级大师约翰·费奥多罗维奇（John Fedorovich）（也叫 Fedorowicz）和尼克·德菲尔米安（Nick De-Firmian）在公开赛期间同深蓝一起工作。但是在新闻发布会上，即便被直接问及是否有专业人员提供技术辅助的问题时，深蓝方也没有作公开回答。只有德菲尔米安确认了他和费奥多罗维奇有参与其中，但是谢绝进一步讨论。他说，IBM 坚持让他们签署了保密协议。"[1]

所有这些事情的发生让我母亲发出感慨："这令我想起了 1984 年同卡尔波夫对决的那场世界锦标赛。你需要同时与卡尔波夫和苏联官僚机构做斗争。13 年过去了，现在你又不得不面对一台超级电脑，同时还有使用心理战的资本主义体制。"

棋局上的比赛还得继续进行，在第四局比赛中，我执黑棋。显然，我在这场比赛中没有重蹈第二局比赛的覆辙，在那场比赛中人和机器（人工智能）之间的典型角色发生了转换。机器强大的战略思想建立了它的主导地位，而我被迫处于防守地位，亦步亦趋。但是，机器最终没有保持住它的优势。它本应该当机立断，打成"震惊四座"的平局（在当时所有人都是这么认为的），却犯下了一个战术上的错误。自从第一次人机竞赛以后，无数次的比赛都重复着这一相同的模式，只不过人和机器已经转换位置罢了。在第四局和第五局比赛中，比赛选手将会重返他们正常的角色。

在第四局比赛中，我重新回归到灵活的防御系统当中，在和超级计算机深蓝较量几个回合以后，我取得了稳固的优势地位。深蓝仍然会时不时暴露出不能像人类一样将每一棋步按照逻辑关系相互衔接的缺点。在一开局，深蓝就出动了它的兵，但随后深蓝发现有其他选择就去移动别的棋子了，就好像忘记了刚发出的兵一样，这种走法总给人一种怪怪的感觉。有时不得不承认，这种极具客观性的走法也是有好处的。我们有理由相信有胜于无的道理，至少在人下国际象棋时是如此。如果你有计划或方案，即使失败了，你也能从中学会一些东西，避免下次再犯；如果你漫无目的，从一个棋步变换到另一个棋步，从一项决策变换到另一项决策，那么，无论是在政治、商业还是国际象棋中，你将什么都学不到，你也绝不会成为一名游刃有余、灵活应变的高手。

　　机器开始紧逼，越来越紧，这样下去它会暴露自方阵营的弱点。在第 20 步，我牺牲了我的一个强兵来解救另一枚重要的棋子，希望能扭转局势，减少损失。接下来，机器再一次让人大跌眼镜，竟然走出了奇怪的几步，评论员立即用"糟糕""毫无意义"等字眼来解说机器的这几步奇怪走法（至少从人的角度来看，这几步走得是很差的）。特级大师罗伯特·伯恩想知道，"机器怎么会在某一天很厉害，而接下来一天又突然像发疯一样乱走了？"也许对评论员来说机器的举动确实是疯了。我开始认可超级计算机深蓝有能力让它走的每一步都起到作用了，虽然这棋走得很"糟糕"，但是它可能是真正的国际象棋特级大师。这是很重要的，因为尽管机器没有像人类一样应用目标导向的战略思想，但如果机器评估某一步走法是最好的，那是因为在它的评判机制里，有些走法是机器喜欢用的，也正是这种走法的喜好导致了机器在棋局里下出来的局面。这是一种与国际象棋特级大师"花样百出"的招数完全不同的下棋风格。前国际象棋世界冠军彼得罗相向来以精湛防守的技艺著称，但对于我这个攻击型选手来说，他的走法可能看起来完全没有意义。的确，在实际比赛中，如果我按照他的走法思想去下棋，我的实力可能被削弱；但是对于彼得罗相来说，这种走法就很强大，因为他对一切了如指掌，他知道接下来会发生什么。也许超级计算机深蓝还很"弱"，甚至有些步走得毫无意义、莫名其妙。当然，有理由相信它的矛盾性机器思维正在向好的方向转变，而且会变得越来越强。

　　随后我又进入另一个可怕的失望当中，第四局比赛又变成了另一个反面教材。我错失了一次进攻的机会[2]，不过在整场比赛中我还算是一直处于上风。但让人意想不到的是：机器发起了一系列令人难以置信的"调兵遣将"招数，这是我没有预见到的。直到今天，回想到比赛第 36 步以后，我都不能相信自己没能挽回局面。更让我无法相信的是：客观来讲，它甚至在根本不可能获胜的局面下赢了比赛。我还有两个车和一个马，以及散落在四处的兵，棋局各个方面对我来说都是有利的。我的棋子走动更活跃，而机器的兵孤立无援，我很容易"干掉"它。甚至在比赛的最后阶段，我觉得我的王位置都被安排得妥妥帖帖。我觉得即使面前是一个很厉害的国际象棋特级大师，我也能 5 局赢他 4 局。

　　看起来深蓝似乎在嘲弄我，将我拖到输棋的边缘。棋盘上的棋子慢慢地减少，我开始疲劳，并且感觉难以计算清楚。我之前确信的近在眼前的胜利始终没有到来。后来的国际象棋评论家和分析家同我当时一样震惊，不断找寻我棋步中哪一个失误最终使得深蓝逃脱了困境。也许当时我真的有失误，现在看起来那一局就是赢不了。任何优秀的棋手都能明白为什么黑棋有明确的优势，但是即使是拥有强大引擎的国际象棋特级大师也无法解释它是如何赢棋的。那又是棋盘上令人泄气和精疲力竭的一天。

　　比赛之后，我问弗雷德里克是否认为深蓝使用了秘密武器帮助它取得奇迹般的平局。有传言认为，深蓝在分析棋局的时候可以使用残局库。如果这是真的，我想让肯·汤普森提出抗议。1977 年，汤普森在世界计算机国际象棋冠军赛上展示了一项发明：一个在王和后对抗王和车的残局中表现完美的棋局库（简称 KQKR 残局）。它不是一个引擎，（使用它）根本不需要思考。汤普森已经生成了一个残局库，从根本上解决了棋招的落后，我们称为逆向分析。残局库从将死开始逆向分析，直到囊括了所有可能的均势棋局。然后找出从均势棋局出发的最优棋步。举例来说，在 KQKR 残局中，从后的一方总能找出最快将死对方的棋步。从车的一方，它总能最长地推迟将死。用它下棋我们不仅像神一样，根本就是上帝。更精确一点，是国际象棋女神——凯撒（Caissa）！

　　残局的精妙之处使得机器力不从心，但是残局库对机器下棋具有革命性的贡献。一个人可以看一眼兵残局，如果一方有两个兵对同一边的一个兵，他马上知道应该兵触底变后。这可能需要 15～20 步棋，但是你根本不需要计算就知道最后会发生什么事情。而一台计算机必须通过计算大量棋谱直到兵触底，才能看到最后的结果，即使是具有强大计算能力的机器，这也常常太过艰深。

　　有了残局库，所有棋局的局势都开始发生改变。机器不用一直计算该怎么走，该走哪一步，它只需要找到其运算中心残局库的位置便可以知道接下来是赢是输，或者是平局，就好像机器具有“先见之明”的能力一样。不过，并不是所有的国际象棋比赛都能到达收拾残局的地步，因此残局库的应用也是有限的。但是，随着残局库越来越成熟，加入运算的棋子和兵的数量越来越多，残局库变成了计算机装备库中一种新型的、强有力的杀伤性武器。

汤普森发明的残局库也是计算机国际象棋的首个创新，对人类的国际象棋产生了影响。当汤普森第一次设计提出 KQKR 残局库时，他就向国际象棋特级大师提出挑战，让国际象棋特级大师同他的残局库（机器）玩一局，看看国际象棋特级大师能不能执后赢了他设计的残局库。请注意，一般对于一个很厉害的棋手来说，执后赢下"后 VS 车"是很容易的，因为每一本残局教科书中都会有通用的解法。让人难以置信的是，机器证明了要赢下这场比赛是多么困难的一件事，但机器做到了，而且它所移动的步法让国际象棋特级大师都大为费解。

拿过六次美国国际象棋冠军的沃特特·布朗（Walter Browne）和汤普森打赌可以在 50 步以内打败他的残局库，但是最后输掉了比赛。（这次比赛的"50 步以内"判定规则是，在防守方宣布平局之前，进攻方尝试赢得比赛所移动的步数。）打赌赌输的结果也让这个曾经的赌徒大为震惊。在这之后，布朗经过几周的刻苦钻研，决定再来一战，幸运的是他刚好在第 50 步"将死"残局库，并赢回了自己的钱。实际上，根据残局库的判断，如果布朗发挥完美，他只需要在第 31 步的时候就能拿下比赛。这是人类第一次感觉自己暴露在远没有达到完美棋手水平的机器面前。

对大多数引擎来说，每增加一个棋子就需要更大规模的数据存储，这使得残局库在创造之初就显得有些不切实际。比如，普通设备记录 4 颗棋子包含的所有棋局需要 30MB，记录 5 颗棋子包含的所有棋局就需要 7.1GB，记录 6 颗棋子包含的所有棋局就需要 1.2TB。幸运的是，随着新型数据生成和压缩技术的出现以及硬盘驱动不断的扩容，未来残局库的应用会越来越普及。

正如开局时因搜索树生长太快而并不能从一开始就解决棋局一样，从将死开始回溯的残局库也因为过于困难和过于庞大而不能一次解决整个棋局。理论上，32 颗棋子的残局库是有可能生成的，但是我们无法想象这需要多大的存储空间。正是由于生成和存储数据需要巨大的计算机资源，直到 2005 年的时候才开始出现 7 颗棋子的残局库。那时候一套体积庞大的 7 颗棋子残局库机器要花几个月的时间来生成和处理成 140TB 字节的数据。现在只要上网，就可以访问最初由俄罗斯学者扎哈罗夫（Zakharov）和马赫尼切夫（Makhnichev）发明的 7 颗棋子残局库，这个残局库是他们用莫斯科国立大学的超级计算机罗蒙诺索夫（Lomonosov）来生成的。

残局库不仅揭示了关于复杂的国际象棋世界里一些有趣的事情，还驳倒了几个世

纪以来的一些国际象棋分析和研究的谬论。比如，7 子棋局里最长的"将死"局面是
KQNKRNB（王、后和马对抗王、车、马和象）。如果遇到这种局面，双方任何一方在
理想情况下都需要移动 545 步才能勉强将对方将死。而且，还有很多实用和熟知的棋
局局面需要被重新评判，比如：一个世纪以来，我们都认为在一些棋局里 2 个象不可
能对抗得过 1 个马，但残局库验证这一判断是错误的。

　　国际象棋的研究和问题有很长的历史，国际象棋设计者巧妙地安排棋子，然后向
读者解读国际象棋术语，比如通常所说的"白棋获胜"或者"白棋发动攻势 3 步将
死黑棋"。这些内容常常能在当地新闻报纸的国际象棋专栏里找到（前提是我们还有
报纸，而且报纸还有开设国际象棋专栏）。国际象棋专栏报道中的那些大多数看起来
不太可能的棋局，其解法却透露出人类的智慧和棋局所带来的"视觉美"。而残局库
不关注这些，很多认为不可能解开的棋局都被机器给驳回了。

　　在某些情况下，残局库提供的一些通用棋步可以供棋手参考学习。但遗憾的是，
这样的通用棋步是很少的。为了能下好棋，我们需要用到一些有用的模板和启发式教
学方法，比如："把车放在通路兵后面"或者"防守对方的后时要把车靠近王"。一
般来说，残局库对人类更容易地理解这些残局解法没有任何帮助。即使对我来说，在
一些局势下 99% 的残局解法都是不可理解的。我曾经看过一些 6 子和 7 子残局，需要
200 多步棋才能解，而且前 150 步常常看不出所以然，我看不出有什么套路。直到将
死前四五十步，我才开始看出机器一些令人疯狂的举动。

　　国际象棋特级大师团队需要面对如此强大、开放，并且随时准备好应战的残局
库是一件事。但要想从下棋堪称完美的残局库手中夺取胜利果实又是另一件事了。
当残局库变得更大、更普遍后，人机对战就需要在这方面作出一些调整。例如，
在 2003 年我对战小深时，增加了这样一条规则："如果比赛中遇到了机器残局
库中的一个棋局，而且这一棋局是在自然而然地移动过程中引起的，那么判定为
平局，比赛结束。"否则，比赛就不再像是一个比赛，反倒像是一个奇怪的单人
纸牌游戏。

　　残局库是人类国际象棋不同于机器国际象棋的最清晰的例证，同时也是人类和机
器如何达到最终结果的极不同之处。多亏了新的工具，人们在过去的十多年里试图教
计算机如何破解残局的方法瞬间就显得过时了。在智能机器领域，我们一次又一次地

看到这种现象。教会机器像我们一样思考固然很美好，但是如果能变成上帝，为什么还要选择仅仅像人类一样思考呢？

当回顾起深蓝在第四局比赛中不可思议的防守时，这个问题就一直浮现在我脑海中。车残局最终以 8 子和棋，8 子太多了，以至于残局库没法作出完全正确的裁定。但是如果深蓝在搜索中访问了残局库呢？它能看出来哪种棋局倾向于赢棋或者输棋，从而提高它的评估水平吗？后来，这种在搜索中访问残局库的做法成为机器下棋引擎的标准方法。但是，我们当时并不确定深蓝究竟有没有这样做。如果有，那是很令人担忧的。如果我在对战深蓝的时候必须避免一些残局，我会愿意把这些残局加入残局库中吗？

根据深蓝研发团队后来发表的论文，深蓝在比赛中确实访问了残局库，也确实在第四局比赛中稍微使用了一下，而第四局比赛也是达成简单残局的唯一一次。6 子残局库在当时是很少见的，所以当我读到深蓝团队特地从一位专家那里征求调用"优选6 子残局库"的时候，我感到非常震惊。[3]

在第四局比赛中，当我走了 43 步以后，机器还出现过一次死机。任何用过电脑的人都知道什么是死机。死机就是你的电脑突然卡住不运行了，又或者是出现蓝屏，这时候你忍不住开始吐槽这是什么破电脑，并且不得不重启电脑。我曾经在演讲期间经历过好几次笔记本电脑死机和投影仪崩溃的情况。我开玩笑说，这是因为电脑还很恨我！但是在和一些专家讨论这些经历时，包括和多机世界冠军程序小深的一位发明者谢伊·布申斯基的交流，我才认识到原来我的理解是多么的肤浅。他告诉我，在电脑修复过程中，任何问题都有可能发生，特别是如果电脑属于"可控型死机"而不是那种完全死机的情况。程序员经常会嵌入一些代码，让电脑在一定条件下能够重新启动全部或部分程序的进程。实际上，从许雄峰《"深蓝"揭秘》（*Behind Deep Blue*）这本书中的分析来看，深蓝当时发生的事情就属于这种情况。许雄峰称之为"自我终止"而不是死机，并声称这其实是由于程序自身所导致的。程序会自行监控并行搜索的效率，当效率太低时，就自动终止运行。

这是一个你不得不特别注意的问题，因为这些让人心烦意乱的、带有一定"特色"的死机，不对，准确说是一种"自我终止"，它们并不是漏洞，也不是故意的，而是根据需要发生的并作为系统工作的一部分。如果深蓝的并行处理系统"堵塞"

了，它们常常被用来"疏通管道"。不过这并不是说"自我终止"直接提升了深蓝的棋技，或者说它影响了比赛的公平性，这主要取决于当时所定的规则。但是，机器在比赛中自我终止程序的修复除了让我有点心烦以外，更让我生气的是那局比赛已不可能像原来一样重现了。

谢伊说这也是最大的问题。2016 年 5 月在特拉维夫市一个酷热的晚上，我们在他家附近吃饭时，他给我说，一旦发生死机，整件事情就像是一场骗局，因为你永远无法确定发生的什么事情是真实的。我在以色列作过两次演讲，一次是关于教育的，一次是关于人机关系的。我从老朋友和同事（他们恰巧也是机器国际象棋界世界级的专家）那里得知，"棋步节奏变了，哈希表（hash table）也变了，谁知道还会发生什么？你也不能毫无根据地说'这正是为什么机器如此确信要走这一步棋的原因'。这发生在测试或者友谊赛的时候其实也算不上什么问题，但是在备受瞩目的竞赛中，因为有上百万美元的押注，所以这是不可接受的。"

在第四局比赛时，深蓝的崩溃发生在它自己的棋步上。幸运眷顾，当时对它来说，棋局上只有特定一步棋是正确的。我刚刚用车将了它的王，它的回应是被迫的，所以这次根本不需要担心重启会给它带来什么帮助，当然也不会有什么伤害。

IBM 的 CEO，路易斯·格斯特纳过来参观这局比赛，虽然我怀疑他仅仅是因为被告知他的电脑之星刚又崩溃了一次才来的。当媒体针对崩溃或者自我终止开始展开追问时，所有深蓝的公关人员都遭受了一场重大打击。格斯特纳对他的员工们讲了一些鼓励的话，然后告诉媒体，"这是一场世界上最伟大的国际象棋选手同加里·卡斯帕罗夫之间的对决。"这不仅不准确，而且简直是一种对我的侮辱，因为那局比赛是平局，而深蓝仅有的成果是我对胜利的放弃。

我感到精疲力竭了。幸好我们还有两天的休息时间来准备最后两局比赛。我非常渴望在第五局比赛中执白子赢棋，令格斯特纳吞下他曾讲过的话。

虽然我很想睡上 10 个小时，但我们还是为我的团队和朋友们准备了一场特别的晚宴。在休息的第一天，我们为第六局比赛执黑棋作了一点准备。然后在星期五，我们开始为第五局比赛作准备，决定继续使用之前在第一局和第三局发挥良好的电脑对抗战术。第五局将会是一个雷蒂开局。同时，我们要求第五局和第六局比赛的打印材料在赛后马上封存并交给申诉委员会保管。

第五局的开局再一次证明了我的"非卡斯帕罗夫的电脑对抗战术"的长处和短处。除去开局浪费了一点时间外，我已经掌握了我想要的主动位置。我执白子，虽然还没有获得真正的优势，但是还有很多机会。深蓝的第 11 步很奇怪，它把 h 线兵向前移了两格。评论员认为这可能是深蓝愚蠢的、类机器的棋步的又一个例子，但是我并不确定。这步棋造成了王翼威胁，在我看来，这步棋更像来自一个激进的人类选手，而不是一台电脑。比赛刚开始，所以黑棋的选择还很多。它在边线奇怪的猛攻令我摇头，深蓝没什么了不起。在它走到 h5 上的时候，我甚至瞥了坎贝尔一眼，想确认这是不是操作员的错误。

结果 h5 确实走得不够聪明，如果我把我的马移到 e4 方格，我就能确立很大的优势，但是我畏缩了。再一次，深蓝用古怪而失水准的棋步造成了比正确棋步更有效的结果，因为这从心理上影响了我。我失去了目标的感觉，不知道应该如何走下一步棋。最终，我的专注度被完全毁掉了。这古怪的棋步连同比赛之外的矛盾，使得空想占据了我的头脑。

当我想要巩固优势的时候，棋局却被重新打开了。今天分析来看，我震惊于自己那时错失了很多好机会。当时我处在棋手生涯的巅峰时期，当我写这本书时，我已经从职业棋手退役超过十年了。然而现在看来，我那时走的一些棋明显低劣，而赛后分析也证明了这一点。我下得如此糟糕，我甚至庆幸那场比赛结局还不算太坏。

在换下了一些棋子之后，局势对双方来说是差不多旗鼓相当的。我看不出敌我任何一方能赢下比赛。紧接着，让我高兴的是，深蓝居然移动了它的后，在我看来这是一步很糟糕的棋，这样一来我就可以换它的后了。在棋面上没有了强大的后产生的威胁，黑子结构上的劣势会更加凸显。现在，我的目标就是能够像我在费城的第二局比赛中表现的那样。

这起到了一定的作用，随着更多的棋子被换下，我不断地向前推进。正如第四局比赛那样，我好像看到了比赛的最后阶段，而且如果我是在和人类选手比赛的话，我绝对有信心拿下比赛。但是深蓝再次发动了猛烈的防御攻势，凭借它那卓越的战略智慧来奋起反抗。它用它的兵和王来威胁我的王。此时，我就已经预见了被迫和棋局面的到来，而评论员直到差不多比赛的最后一分钟还认为是我快赢了呢。对于连续的第二局比赛，我逐渐濒临崩溃。我确实浪费了一次获胜的机会，我对自己下的臭棋感到懊恼。

在我离开棋桌之前，我提议立即将比赛报告递交给裁判或者仲裁委员会。屋里挤满了盯着视频屏幕观看比赛的观众，他们大多数都看得云里雾里的。谭崇仁早些时候曾给仲裁委员会说过：不到比赛结束，不允许发布任何报告。在谭崇仁作出了更多承诺之后，我们开始下楼和观众讨论比赛。之后，我们作好比赛报告都已经很晚了，比赛场的人都走光了。我回到宾馆的时候，迈克尔和我的母亲正在等我，并想问问我比赛的事。最后，比赛报告交给了卡罗尔·亚雷茨基（Carol Jarecki）。（仲裁委员会悄悄地将这次的比赛结果上传到 IBM 创办的网站上，而深蓝全面的分析记录报告则在比赛结束几年后才能和公众见面。）

在观众席上，我再次受到了热烈的欢迎。但这时候我已感觉不到观众给我的支持所带来的鼓舞，只是掌声听起来很好罢了。在棋盘上，我感觉自己什么都看不见。尽管我后来有好几次机会获胜，但是可望而不可求。结果真的是很让人失望，深蓝的棋子一次又一次地从我的战术中逃跑，简直不可思议。从今天的分析来看，这是一份准确的评估报告。在比赛中，我错失了两次获胜的绝好机会。深蓝也犯了致命的错误，然而我未能利用好它的失误。之后的结果就是，我错失了在第五局比赛中决胜阶段的获胜机会。[4]哪怕抓住了一丝的机会，我的心情也不会像现在这样难过。

在新闻发布会上，我坦诚地重申了我惊讶于深蓝一些不可思议的棋步，特别是那些会引起评论员发笑的棋步。我说："我对 h5 步感到非常惊讶，这场比赛有很多发现，其中一条就是有时机器下棋的风格就像人一样。h5 步下得非常好，我不得不佩服机器对棋局的各个要素都有着非常非常深入的了解，这是一项伟大的科学成就。"

我想在我的辩护中加入这个声明，因为我被告知没有给深蓝和它的创造者足够的认可，尤其是人们觉得 h5 根本不是什么好棋。这是比赛结束的第二天，而且比赛就是以你们所看到的那样结束的，我根本没有心情说恭维的话。

当被问及如何评论我在伊利斯卡斯那场比赛中表现出对深蓝的惧怕时，我再次坦诚地告诉大家："我不怕告诉你们我害怕！我也不怕告诉你们我为什么害怕。我确信深蓝已远不止是世界上一款成功的程序这么简单。"最后，阿什利问我是否能在决赛执黑棋赢下比赛。我回答说，我会努力下好每一步。

作为开启多个第一次和创造多项纪录的比赛，复赛的第六局还有其他的意义，但是没有一项对我有利。第六局是我棋手生涯中输得最快的一局比赛，也是我棋手生涯中经典赛的第一次失败。这是在正式比赛中第一次由机器打败了世界冠军。如同表演赛一样，对抗电脑比赛的这些重要结果在比赛记录里会加星号强调。但是我根本不在乎星号或者我的历史地位。我已经输了，我讨厌输。

随着第六局也是最后一局比赛的展开，我认为其发展的路线还挺适应这历史性的时刻。故事已经上升到神话级别了，不同的解读意见互相争论。关于第六局的真相的不同传闻在其信徒之间流传起来，好像这些传闻是预言家的裹尸布一样。

我重视的是国际象棋，所以我希望国际象棋比赛本身能够得到相当的关注。即使注定要失利，我也希望这场失利是国际象棋历史中的传世佳作。然而，这场比赛不仅仅是国际象棋世界的一个恶作剧，更被整个气氛提升为历史纪念碑。

当时处在平分阶段，2.5－2.5。我是应该为保险起见而抱定平局的目标，还是孤注一掷用黑棋争取赢棋呢？在第六局比赛之前没有安排休息日，我知道我没有精力再进行一场专门对抗电脑的冗长的对弈。我的决心已经松懈。我有着超过二十年的比赛经验，所以我非常清楚地知道自己的神经系统已经不能再承受同机器对抗四五个小时的鏖战。但是，我必须尝试，不是吗？

在比赛中我第二次用了一个专业的开局。第一次是在第二局比赛中失败的鲁伊·洛佩斯开局。这次我用卡罗－卡恩开局——这是一个可靠的下法，是我的宿敌卡尔波夫的最爱，他曾在和我对战的比赛中多次使用。我在年轻的时候经常使用这个下法，但是很早就决定使用犀利的西西里下法，它更适合我的进攻方式。深蓝则继续使用我曾在多个场合执白棋的时候使用过、我非常熟悉的下法。也许深蓝的开局教练颇具反讽的气质，或者他们只是认为这种下法既然对我有利，对机器也不会错。

按照开局的路数，我在第7步开始进攻时，没有照常先移动象，而是把h线兵移动一步。深蓝马上就作出了回应，视死若归地把它的马闯进我的方位，我听到评论室里发出了不可置信的呼喊。我的王暴露了，我的防守还没有布好，白棋作出了势不可当的威胁。你可以从我的表情看出来，我知道已经不可挽救了。我继续下了几步棋，尝试建立防守。即使面对任何一位国际象棋特级大师，这种局势下作出防守都是十分困难的。并且我知道，面对深蓝，这都是徒劳。

我继续不假思索很随意地走了几十步，完全没有考虑接下来会发生什么。当操作员霍恩在第 10 步错误地拿起象时，我完全没注意到。在第 18 步的时候，我不得不放弃了后。再后来，我损失越来越惨重。没办法，最后我只有认输。整场比赛只用了不到一个小时的时间就结束了。

你可以想象一下我此刻的心情和当时的情景。我脚每向前迈出一步，就会面对成百上千的记者和大量的观众问我关于比赛的问题。新闻发布会就像是赛事的继续，感觉异常陌生。我对赛前赛后所发生的一切感到震惊、疲惫，甚至有些痛苦。轮到我发言的时候，我对观众说，很抱歉我在决赛中的表现，我不配得到你们的掌声。而且我承认，其实在第五局失利之后，我就觉得比赛已经结束了。我说我感到很愧疚。我也承认，没有严格地作好准备也是我的一大错误，以至于在后期正式比赛中没能发挥出备战前的正常水平。而且，自己部署的反电脑策略也没起到作用。

我重申我很赞赏和关注深蓝那些令人费解的步法，并且我向 IBM 发出挑战，希望深蓝能参加接下来的常规赛。当我承诺"要把深蓝撕成碎片"时，我说自己随时可以向深蓝开战。但唯一的条件是，IBM 只能作为一个比赛方参加比赛，不能作为赞助商和组织方。同时我还宣布我将再次在世界冠军头衔比赛中上场。

当我阅读新闻发布会的文字记录回顾当时的情景时，我觉得我看上去不像后来被描述的恶棍那样。我的肾上腺素陡增并一直这样持续了很久，我不止一次告诉自己淡定、淡定。而且，在深蓝队赢得比赛那个光荣的时刻，我对胜利的深蓝团队并不是很友好。我必须为此道歉。

但是，当我从广播里听到比赛新闻发布会的播报时，我就理解了为什么有人后来说我把下棋的乐趣都带走了。我的声音明显充满了疲惫、失望、愤怒和困惑。但我又不能为说出了自己的想法而感到抱歉。因为我的内心告诉我，我要说真话，我要说出心声。我本来可以稍做休整等到比赛第二天休息好、认真想好一些问题后再开发布会的，但是我没有这样做。我可以直言不讳地说，我没能在第六局比赛中灵活自如地和深蓝对弈，然后在新闻发布会上我又无法灵活自如地应付记者。

因此你们会问，第六局比赛中到底发生了什么？在新闻发布会上，当我几次被问到这一问题时，我试图转移话题，我说，"这根本就不算是一场比赛。""我不得不告诉你们，我当时没有一点心情下棋。""当你的棋子一个个相继被'吃'的时候，你可以选择认输。在很多激烈的国际象棋比赛中这种情况常有发生，这是很正常的。但是我又无法解释今天为什么下得这么糟糕，因为完全没有下棋的心情。"

我说的这些都是真的。但我又不能解释为什么我走了这么糟糕的一步 7. . h6，而不是正常水平的 7. . Bd6。有以下几种争论的理论赋予了第六局比赛神秘感。第一，比赛的时候我感到顾虑不安和困顿疲倦，以至于我无意中改变了一些常规下法，而且这一"不走寻常路"的做法让我完全失控了。我的朋友和支持者们之后提出了一个理论来解释我当时的走法，而且这一理论还争先出现在各种新闻报道和书上。第二，我基于一些最近的电脑国际象棋杂志上的分析解说，认为当白棋的车被吃掉后，黑棋还是能够防守的。我试图用这一招引诱深蓝上钩。第三，最后一刻，我从卡罗-卡恩那里得到了灵感，但是没有作足准备，最后竟不知所措、一败涂地。

说实话，我觉得我在备赛过程中犯下了错误的说法比我完全精神崩溃的说法还要让人羞愧。当然，我意识到了 Nxe6，我也意识到如果我在第六局比赛中和深蓝对阵，那将是一场杀戮。但我竟然简单地认为它不会出现。

机器不会做假想的进攻。它们需要看到策略的回馈才能作出下一步的计划。我认为，深蓝会撤回它的马，而不是执意牺牲。如果这样的话，我的局势还不错。我知道我没有精力作出繁复的对弈，我想用这种方式取得稳定的均势。我们曾在一些下棋引擎上试验过，所有的引擎都把马撤回了。它们认为白棋可以作出那样的牺牲，但是甚至再训练向前看几步，在没有实质获益的情况下，它们不愿意失去一个棋子，所以这时撤回更合适。

看到黑棋面对的糟糕局势，我意识到只有电脑才能成功防守，这才是重点。电脑喜欢保存实力，是优秀的防守家。我打赌，深蓝会以它那高超的防守能力分析（它牺牲马之后）我的局势，然后得出黑棋不会输，所以不会作出牺牲马的决定。结果很显然，我赌输了，而且输得彻底。但是我输的原因恐怕十年之后也搞不清楚。

当你发现我对深蓝的评估完全正确时，你可能会感到惊讶。深蓝不会牺牲那个马。但是最终它那样做了，为什么？因为这是国际象棋历史甚至是全人类历史上，一次最引人注目的"巧合"。

这里，我们再一次提到深蓝的教练米格尔·伊列斯卡斯。他在 2009 年的一次访问中谈到决定性的第六局比赛时说："当时我们查看了大量的无意义的棋步，像 1. e4 a6 和 1. e4 b6 这种，然后尽可能多地给电脑设定了强制的棋步。在当天早晨，我们刚好设定了在卡罗－卡恩开局中让马走 e6，正巧同一天卡斯帕罗夫用了卡罗－卡恩开局。早晨我们告诉深蓝，如果卡斯帕罗夫走 h6，则不要搜索数据库，直接走 e6。就这样下，无须考虑。他会打赌电脑不会为了一个兵而牺牲一个马。相反，如果我们让深蓝自己选择，它也不会那样走。”

当我第一次读到这一段的时候，我忍不住从口中蹦出了一堆俄语的、英语的，或者是其他还没被发明的语言的咒骂。这究竟算什么？在此前的两个段落提到，伊列斯卡斯透露了 IBM 曾雇用懂俄语的人监视我。然后他说，那天早晨，深蓝教练团队为深蓝设定了那条致命的棋步规则？这些策略我只同我的团队在纽约广场酒店的房间里秘密地讨论过！

我不是纳特·斯利文*。但是，深蓝团队在那天早晨改变了那一条特定规则。这种下法在我整个生涯中从来没有出现过，但是这种棋局竟然真的就在同一天的决胜赛中出现了，相比于这种概率，买彩票中头奖也太容易了。他们不仅仅为机器准备了卡罗－卡恩开局的 4..Nd7 一步，而且在我特别用了 4..Bf5 这一步的时候——我就像 15 岁小孩一样漫不经心地用了卡罗－卡恩开局——他们也设定了深蓝走 8.Nxe6。他们这样做，完全不顾伊列斯卡斯自己曾说过的，让深蓝“自由地下棋”。

难道只有我一个人质疑这种难以让人相信的巧合吗？我尽量接受，但是我始终无法相信。IBM 团队不遗余力地用“上帝之手”的评论来嘲弄我，也许我真的注定失败。深蓝的下法实在令人费解，部分原因在于 IBM 拒绝解释。说到底，深蓝不是一个人（无法作出解释）。或者，这些都是心理战，而其间发生了什么就不得而知了。如同平钦（Pynchon）在《万有引力之虹》（*Gravity's Rainbow*）中提出的偏执狂的箴言第 3 条：“如果他们能让你问错误的问题，也就不必担心问题的答案了。”[5]**

如果我没有在第二局比赛中出师不利，如果我没有过早地认输放弃比赛，这些假设已经都不重要了。不仅过早地认输放弃比赛是我的过错，而且自乱阵脚才是真正致命的错误。赛后仔细回想起来，我觉得在比赛中我没有发挥出平时应有的水准，这让

---

* 通过数据进行预测的专家。——译者注
** 这句翻译出自平钦. 万有引力之虹. 南京：译林出版社，2009。——译者注

我审核这本有关国际象棋的书时感觉有点尴尬。就像比赛后的第二天，我在拉里·金（Larry King）的节目里放松而淡定地说，"我没有责怪深蓝，我应该责备自己"。然后，我又一次挑战了深蓝，我认为我拿下第一局比赛、丢掉第二局比赛是我应得的。我想在公平公正的条件下下棋，我想看看我能否在常规赛中击败它，而不是像卡斯帕罗夫人机国际象棋那种比赛。

当然，这是不可能发生的，深蓝从来没有参加过除国际象棋之外的其他比赛。我有点不赞同那些说 IBM 已经得到了它想要的东西的人。有一家公关公司巨头对外宣称 IBM 的股值仅仅一周多时间就增加了 114 亿美元。如果真像 IBM 所公布的那样，整个项目估计花费了 2 000 万美元，这也算得上是一项令人眼红的投资回报了，虽然这几十亿美元中只有一小部分来源于这场比赛。而这场比赛的损失方是我，我将会很尴尬，即使深蓝再胜我一次，也没有人会记住第二个爬上珠穆朗玛峰的人。

深夜，我在广场酒店的电梯里碰到了演员查尔斯·布朗森（Charles Bronson）。在相互寒暄过后，查尔斯·布朗森对我说，"伙计，你的运气也太差了吧！"我说，"是的，不过我下次会做得更好。"他摇摇头回答说，"也许他们再也不会给你机会了。"确实，查尔斯·布朗森说的是对的。

比赛结束的几天以后，一位华尔街的朋友安排了我和 IBM 首席执行官路易斯·格斯特纳的通话。我告诉路易斯·格斯特纳，自从我答应和他的机器进行复赛后，他欠我和世界一场桥牌比赛。他很友好地告诉我机器很有这方面的潜力。但是我能从他的话语中得知这也许永远不会发生，他只是出于礼貌而委婉地拒绝了我。如果 IBM 首席执行官路易斯·格尔斯特纳不感兴趣，那么机器就不会对桥牌感兴趣，更不用说让 IBM 来搞研发了。

外界传言是因为我在比赛新闻发布会上对 IBM 的深蓝研发团队要求过于苛刻，他们才会放弃在深蓝和国际象棋上的开发，这难免有些不可思议吧。如果这只是一个他们不想深蓝参加桥牌比赛的借口，那没问题。但是他们为什么会放弃深蓝呢？有位评论员写道，人工智能在匹兹堡已经能实现自动驾驶了，为什么不让机器参加一些锦标赛或者让它们来对比赛做一些分析预测呢？为什么不把机器推向互联网让成千上万的国际象棋爱好者和它对弈一局呢？深蓝是 IBM 近期推出的最有影响的产品，IBM 为什么在一夜之间就放弃了深蓝，而不是继续开发它，让它进行人名识别呢？我们不希望看到深蓝像一战成名的运动明星皮特·桑普拉斯（Pete Sampras），随后便悄无声息了。如果 IBM 是因为我在深蓝真正实力上的大言不惭，就立即放弃了深蓝并限制其团队去讨论它，那这个回应未免太让人奇怪了。我甚至觉得如果把深蓝推向风口浪尖，再让深蓝和其他人进行一场比赛，它就会自降身价。深蓝打败了国际象棋冠军，然后马上退役，就像菲舍尔一样，这估计会成为机器界的一个未解之谜。

国际象棋迷们，尤其是计算机国际象棋迷社区的成员们愤怒了。他们称其为对科学的一种犯罪，背离了图灵和香农追求圣杯的精神。也许是为了嘲弄蒙蒂·纽伯恩关于深蓝胜利和登陆月球的比喻，弗雷德里克·弗里德尔在《纽约时报》上面写道，"深蓝对卡斯帕罗夫的胜利是人工智能的里程碑，但是 IBM 让深蓝退役是一种犯罪。就如同登陆月球后无所作为就返航回地球。"

由于本书计划将在 2016 年 12 月出版，我的合作者米格尔·格林加德（Mig Greengard）同深蓝团队的两位成员坎贝尔和本杰明进行了邮件交流，他们大方地分享了一些吸引人的内容。坎贝尔仍在 IBM 研究院进行人工智能的研究，同时也是一位国际象棋迷。他说，他期望看到第三场人机大战，他们已经在研究如何改进深蓝了。同时，他纠正了由媒体爆出的关于深蓝一直保持工作状态的惊人消息，他回应道："深蓝最终在 2001 年关闭了。其中一半捐赠给了美国国立博物馆（2002 年），另外一半则给了计算机历史博物馆（2005 年）……深蓝是一台令人敬佩的超级计算机。我们并没有例行公事地在整个系统上运行国际象棋硬件。"可惜的是，深蓝始终被藏在黑暗处。坎贝尔告诉米格尔，他自己在计算机国际象棋领域的几十年研究中（从 20 世纪 70 年代后期开始）最享受的不是 1997 年那场复赛，而是为复赛作准备的过程，因为在比赛中神经绷得太紧了。不知道深蓝团队的压力能不能影响深蓝的比赛，反正影响了我。

现在就职于通用公司的本杰明反驳了他的同事米格尔·伊列斯卡斯关于第六局比赛的回忆录。他写道，是他（本杰明本人）把决定性的 8. Nxe6 棋步输入深蓝开局库中的。"大概是在比赛前一个月"，而不是第六局比赛的"那个早晨"。伊列斯卡斯曾把这句话着重强调，并作为访问的标题。本杰明说，由于不想公开反驳他的老同事，他并没有驳斥发表于 2009 年的那篇访谈和我难以置信的回应。这种如同人们在 12 岁和 20 岁的不同记忆上的争论，也是人们坚持认为深蓝所有的文件和记录都应该公开的另一原因。尤其是，它已经不可能再次投入使用了。IBM 把深蓝拆解了，也就毁掉了唯一的客观证据。

至于我，已经释然了。尘埃落定，世界还是需要一位世界国际象棋冠军的。我不会再有机会对深蓝报"一箭之仇"了，这让我很失望。我始终有一个念头，就是我们无法向后代重现深蓝所有的棋步了。那是一部反转的阿加莎·克丽斯蒂（Agatha Christie）侦探小说，有足够的现场证据和充分的动机，但是有没有发生犯罪不清楚。

我曾被无数次追问，"深蓝作弊了吗？"我诚实地回答，"我不知道。"经过 20 年的反思、追问和分析，我现在的回答是："没有。"对于 IBM 来说，它不惜一切代价对胜利的努力本身就是对公平竞赛的背叛，但是它背叛的真正对象是科学。

第 11 章

人机合作

我们作出过诸多尝试，来试图减轻输给深蓝带给我和全人类的挫败感。其中唯一让我们感到欣慰的是，深蓝的成功也是人类的成功，因为它是由我们人类所创造的。在赛后的许多采访中，我讲过很多祝贺深蓝团队的话。无论复赛的情况有多么不堪，我依然感觉自己是一次人类伟大实验中的一部分，即便我在好几年内一直拒绝接受它已经结束的事实。

坦白说，"双方都是人类的胜利"的说法并没有让我感觉到好受多少。但我一直都是一个乐观主义者，多年来，面对关于这段我生命中最为痛苦的经历的反复追问，我不得不说，这是一个让人感到宽慰和乐观的事情。我常常在想，如果我们认为对于同一件事情而期待不同的结果是荒诞至极的，那么不断问相同的问题而又期待不同的答案何尝不是呢？

至于人性，它恢复得如同往常一样快。复赛后的第二天，也就是 1997 年的 5 月 12 日，关于这场人机大战的报道都试图炒作其对全世界人们的潜在影响，但除非你是国际象棋世界冠军本人，或者深蓝团队中的一员，又或者是一个程序员且正试图创造一台可以打败人类或者深蓝的机器，这一天与往常并没有什么不同。颇具讽刺意味的是，在输掉比赛后，我回到了自己的日常工作中。而击败了我，对于深蓝的开发团队来说，也就意味着他们将自己淘汰出局了。

深蓝只是被设计用来在国际象棋项目上击败我的机器，这足以证明人们关于人工智能在电脑国际象棋和其他领域多年来的警告：除却我们已经知道的，电脑能从自己的胜利中学到为数不多但无比宝贵的知识，这一点是不可避免的；到 2000 年左右，运行在高性能机器上的更智能的程序就有可能击败人类世界冠军了。这并非批判，而是事实。公众对于国际象棋秘诀和电脑知识的了解速度大致相同。暂且不去理会那些哗众取宠的头条报道，随着电脑变得越来越强大和普及，人类能不能在国际象棋方面击败电脑，这想法已经不值得讨论了，并且听起来十分奇怪。

英国人工智能与神经网络领域的先驱伊戈尔·亚历山大（Igor Aleksander）在他2000 年出版的《如何构建心智》（*How to Build a Mind*）中解释道："20 世纪 90 年代中期，拥有电脑使用经验的人比 20 世纪 60 年代多出了好多个数量级。在卡斯帕罗夫的失败中，他们认识到，尽管对于程序员来说这是一个伟大的胜利，但这样的胜利并不能替代人类的聪明才智并改善人类的生活。"

然而，这并非意味着超级国际象棋程序没有任何意义，只不过它们的意义暂时仅限于国际象棋领域。值得庆幸的是，国际象棋领域发生的事件往往是其他领域的一个预兆。我将关注三种不同类别的人机关系。在这里，不管怎样，我和我所钟爱的国际象棋一直处于人与机器之间瞬息万变关系的风口浪尖。随着人与机器十年对抗的谢幕，人机协同——"人 + 机器"合作共赢——是时候登上历史舞台的中心了。简单来说，如果我们战胜不了机器，不如与之握手言和！

"人机协同"这个表达适用于任何技术，因为早期人类就开始使用石块来进行敲打作业了。我们在展示人类相对于其他动物优越性的进程中，主要不是靠语言，而是靠我们对工具的创造和使用。[1] 人类具有的这种制造工具来提升生存机会的心智能力导致了对越来越好的工具制造者和使用者的自然选择。诚然，从猩猩到乌鸦，再到黄蜂，有很多动物也使用工具，但从"随便拿起一件东西就当作工具"到"想象出适合特定任务的工具并且将其创造出来"，这是一个巨大的进步。

现代人能做的几乎所有事情都和技术的使用有关。只不过近几十年来，人们将关注的重心转移到了技术如何独立运作上。自动化技术朝着模仿和超越人类能力的方向稳步发展，不管是从物理层面的重物提升到精细运作能力，还是从智力层面的计算到数据分析。机器现在已经逐步发展出了像记忆这种基础的认知功能，我们开始把很多电脑和手机轻而易举可以做到的事情交给它们。甚至在 iPhone 把智能手机变成标配之前，科技对我们大脑的代替效应就已经成为一个很重要的话题了。

科技作家兼记者科里·多克托罗（Cory Doctorow）于 2002 年在他的 Boing Boing 博客网站上创造了"大脑的外延"这个概念[2]。他这样写道："它不仅是一个仓库，储藏我在各个信息领域所有的劳动果实，同时它也对各个领域扩充数量、提升质量。我比之前任何时候都知道得更多、发现得更多，也懂得更多。"即使你不写博客，任何搜索过自己邮件或社交媒体的人都会感同身受。回看几年的邮件或者脸书肯定比翻看老旧相册回想起来的记忆更丰富。这是一本混乱又特别的日记，它也包括了来自朋友和家人的记忆。

在 2007 年《连线》杂志的一篇《你大脑的外延知晓一切》（Your Outboard Brain Know All）的文章中，作者将这个概念拓展到了移动互联网时代。那时候第一代 iPhone 才刚上市不久，所以作者克莱夫·汤普森（Clive Thompson）描述的现象之后才变得强有力。他描述了黑莓（BlackBerry）和 Gmail，提到人们已经无须记住他人甚至自己的电话号码，因为手机"能在内存中存储超过 500 个号码"，他继续写道，"赛博格（Cyborg，电子人）的未来就在这里。在我们还没注意的时候，我们已把重要的大脑外围功能外包给了身边的硅基体。"[3]

这其实没有那么革命性，因为它只不过是科技民主化的另一种阐释。主管们和其他精英们早就把管理俗务的认知功能外包给了他们的秘书和私人助理。他们直到现在还使用日历和通信录来组织和存储他们的联系人和日程信息，而我们现在都用微型的掌上电脑。智能手机使得这个过程变得更强大和高效。我们现在能查询任何东西，不仅仅是电话号码。我们不再像过去那样在老旧的电话簿中找餐馆的电话，而是可以通过算法获得餐厅的推荐，也只需手机的几个指令预订座位或者叫外卖了。

几乎所有新技术都遵循这样一个传统。最初，没有人会对其带来的"认知外包"可能产生的负面作用感到不安，直到孩子们开始以一种父辈们所难以理解的方式来使用这些新技术。他们用拇指敲出怪异的俚语和搞笑的符号。他们缺乏耐心，注意力不足，记不住自己的电话号码。他们在社交媒体上花费的时间比在现实生活中与朋友相处的时间还要多（我的女儿告诉我，这千真万确）。他们正成为一具具仿佛被偷走了理想和自由意志的"行尸走肉"。《纽约时报》专栏作家戴维·布鲁克斯（David Brooks）对《连线》杂志上的那篇文章作出回应时，以一种诙谐的方式阐述了自己是如何臣服于那颗被"外包"的大脑的："我本以为信息时代的伟大之处在于它让我们知道得更多。可后来我却发现，它真正的魔力竟是让我们知道的越来越少……"他还说，"你可能想知道，在将思想'外包'的过程中，我是否会丢失自己的个性。其实不然……我只是放弃了我的自主权。"[4]

十年以后的今天，有人会为没有记住电话号码或者地图而感到遗憾吗？或许有吧。但他们一定是群怀旧的人。他们会为非手工生产的布料和玻璃上毫无瑕疵而感到悲凉，会怀念旧唱片播放时的嘶嘶声。但我们不应将怀旧与人性的丧失相混淆。我们丧失了对 GPS 设备、亚马逊推荐和个性化新闻订阅功能的选择权吗？当我们真真切切地漫步于乡间老路、徜徉于街边书店，或者信手翻翻报纸时，我们经常会有一些意外收获和乐趣。我可以肯定，失去这些意外之喜的确会让我们的生活失去了一些许情趣和圆融。但实际上，并没有人阻止我们去做这些事情。特别是当今时代，我们拥有了更多的时间，而要满足我们的具体需求也正变得越来越容易。

我们并没有失去自由意志，只不过是获得了更多的时间但不知道该如何支配。新兴的信息技术让我们获得了不可思议的能力，几乎是无所不知，但我们仍然缺乏合理利用这些知识以满足自身需要的目标感。我们在文明的发展路程上又前进了几步，它进一步降低了我们生活中的随机性和低效率。这种变化是非同寻常的。当它发展得过于迅速时，这种日新月异的变化甚至会让人感到不安，但这并非坏事。等到伴随着智能手机成长起来的下一代在《纽约时报》专栏上占有一席之地的时候，所有的这些戏谑和警告都会很快消失殆尽。

那么这场"思想外包"存在负面影响吗？当我们将一些认知过程赋予我们的智能手机时，我们是不是在降低大脑对应功能区域的功能呢？汤普森常常会想，"当我身处网络中时，我是一个名副其实的天才。但如果不在其中，我是否会变成一个精神瘫痪者呢？对于机器的过度依赖是否关闭了我们理解世界的其他途径呢？"[5]这些都是至关重要但绝非最近才有的问题。我们获取知识不能仅仅为了执行当前任务或回答问题，至少如果我们希望达到智慧更高的目标。因为有了谷歌和维基百科这样的网站，你的智能手机或许能让你随时随地查到你想要的答案。这些功能非常有用。这种行为同查询百科全书、查电话簿、请教图书馆员一样，不会令我们变得更笨。这只是技术发展到能够让我们越来越快地创造更多的信息并与信息进行交互的又一个新阶段，但这不会是最后一个阶段。这场技术革命的风险不在于它会导致智力的停滞不前，或我们只热衷于回答即时的事实问题甚至深陷于此，其真正的风险是我们可能过度重视一些浅层的知识而忽视了创造新事物所需要的真正理解和洞察。

专业技术不一定都会转化为适用的理解，更不要说智慧了。这一讨论起源于苏格拉底，贯穿于亚里士多德的《尼各马可伦理学》（*Nicomachean Ethics*）和笛卡儿的《哲学原理》（*Principles of Philosophy*）。什么是智慧？它是不断积累的知识吗？是谦卑地承认我们自身的愚昧吗？是知道如何过上好生活吗？利用工具来获得并存储知识本身不是一件坏事。问题在于这其中是否有某种认知机会成本。由于国际象棋的缘故，我见证了这一相对量化的整个过程。我认为这是毋庸置疑的。同时，我们能意识到这一点也并不一定是坏事。我反对那种认为每件事都是零和博弈的观点，不是每一次认知上的收获都会带来相应的损失。认知管理中的巨大改变能够而且也往往会带来一些积极作用。正如我说的认知软件升级那样，自我意识是至关重要的组成部分。

我已提到过，在家里或口袋中有一台特级大师水平的电脑是如何促进世界上更多高水平棋手的出现的。然而国际象棋机器不仅仅影响棋手是谁，也影响着人们下国际象棋的策略技巧。

这指的并不是在网上下棋或人机对战，尽管这个观点也适用。我指的是在跟超级计算机合作后人类特级大师们在相互切磋时下棋的方式。过去年轻的棋手都是从他们的启蒙老师那里习得下棋风格的。如果你受教于一个偏好凌厉开局并且偏向进攻的教练，你也会受到影响。我确定你也可以在网球教练和写作老师那里发现类似的现象。

那么若电脑是早期教练呢？电脑不在乎下棋风格、模式或几百年积累下来的既定理论。它计算棋子的权重，分析好几十亿步走法，然后再不断计算。它完全没有偏见和教条，尽管有些程序确实会下得更有攻击性或更保守，这取决于它们的评估是如何调整的。练习和复盘中对电脑的大量使用已经影响了一代棋手的发展，他们已几乎像训练他们的电脑那样不再信奉教条。人们逐渐发现，我们已经无法单从表面上来判定某一棋步究竟是好还是坏了。

渐渐地，一步棋好坏并不取决于它看起来就是这样或者它没被这样下过，而是看这步棋有用与否。尽管我们仍需强有力的直觉、指导思想和逻辑来下好一局棋，但是今天我们的棋手下得更像电脑了。

作为"卡斯帕罗夫国际象棋基金会青年新星计划"中的一员，我与一群非常有才华的孩子们一起工作了十年之久，他们的年龄都在8～18岁之间。从开始学习下棋起，他们就与很多强大的国际象棋程序进行对弈练习。毫无疑问，与我20世纪80年代在苏联博特温尼克学校工作时碰到的孩子们相比，他们的练习方式很不同寻常。因为我本身就是科班出身，所以总是忍不住会对他们这种缺乏系统专业的对弈思维有所微词。但后来我也慢慢意识到，只要能赢，这种不遵循套路的学习方式虽然有很多缺点，但也有其自身的可取之处。很多人虽然具备深厚的对弈理论知识，也能够分析和解释每一步棋的优劣，但在实际对弈中不一定就能下出好棋。

当对弈程序的数据库和引擎从"教练"模式切换到"预测"模式时，问题就显现出来了。尤其是当我问一个学生他（她）为什么要走某一步时，如果这一招正好是他（她）之前碰到过的，他（她）往往会回答"因为主线就是这样的"，意思就是，数据库里存储了这一招，这也是之前很多特级大师们最可能走的一步。有时候这一步并不是理论上最优的下法，但在之前对弈引擎的辅助练习中，这些学生们练习过这一招，所以他们的答案往往都很相似，"这是最优下法"。可能的确是这样，但我不禁要问：为什么这就是最优下法呢？为什么特级大师们都喜欢下这一步呢？为什么电脑推荐这一步呢？

所以我们经常会碰到一个问题：为什么这么下？因为这一招好。那么，这一招为什么好呢？要回答这个问题就需要大量的理论认识和研究了。这些开局建立在实际经验的基础之上，发展了几十年甚至几百年。例如，在第12步的时候，如果针对一个特定情形来说，象走到某一个位置是最优下法，这样的结论背后往往有一段完整的历史。也许，数十次甚至上百次不断的试错才造就了今天的这一招棋。

这些孩子们希望能跳过所有那些分析而走捷径。在自觉思考之前，他们依赖之前的分析和对弈来获知怎么去走下一步。如果你有留意，你会准确地记住机器是如何下棋的：它们会去查询现有的开局棋谱和存储了很多特级大师们对弈历史和理论结果的数据库。按照这种方式来下棋的人同样也有类似的局限性。如果棋谱出错了呢？如果你只是一味模仿，而你的对手不按你所模仿的套路来下呢？

当然，这种下棋方式是非常实用的。如果某一招经常被厉害玩家和电脑推荐，那么它极有可能就是最优下法。与电脑不同的是，人类盲目接受数据库判断的方法会碰到两个问题。第一个问题，当你用光了记忆中的招数之后，你就必须得自己动脑了。即便你知道自己在现有的局势中占上风，除非你作了一些更实质性的准备，否则你可能根本不知道下一步该怎么走。这就像乘坐一条小船到了湖中央，当发现小船有个裂缝在进水时才意识到自己不会游泳。

如果你对手的棋风跟你死记硬背"主线"的风格迥异呢？电脑根本不会在意这些。当数据库中正好存储了某一个招数时，它们就会直接走这一步；如果没有，它们才会开始思考。但除非你对全局有一个很好的理解，即便你的对手的招数并不一定是数据库里最优的，你仍然可能会碰到比他更多的麻烦。这也正是在练习时不能完全依赖对弈引擎而需要自己动脑思考的原因。电脑会告诉你它所认为的双方最优的走法，而不是彼此最有可能的应对或能让对手最难应对的招数。如果你总是按照电脑的方式来下棋，对它的过度依赖可能会削弱而不是提高你自己对棋局的理解。我告诉我的学生们，他们需要借助于对弈引擎来挑战自己的精心准备和分析，而不是为它作这些。对于棋路，知其然并不够，你还需要知其所以然。

第二个问题更深入，直指人机合作究竟是让我们变得更有创造性还是更死板这一话题的核心。这取决于我们如何使用数字化的工具。数据库里不仅仅存储了开局招数，还存储了整个棋局。尽管让两个棋手完全复盘一局棋的情况偶尔也会发生，但在实际中是很难实现的。即使双方都知道他们在还原棋局，但终有一方会因寻求优势而发生背离。这就是说，如果两个选手在复盘一局黑子输的比赛，那显然执黑的选手要在复盘过程中寻求突破。那么，问题来了：你是从哪里开始寻求突破的呢？在哪里犯错误了呢？由此开始，你可能就会避免一场灾难。如果能够从这里寻求突破，你可能就会获得一个好结果。

当你有一个很大的突破时，你应该及早开始练习它，而不是满足于学习数据库中的招式。你必须致力于研究那些走过无数次且大家都认为是最好的走法。这就是我年复一年对我的对手施压的方式。他们知道我像他们一样一直忙于传统开局的提升，但是我偶尔会在开局早期有新想法，这导致了一些曾被遗弃的开局及其变种的复兴。这既对于结果有好处，也在总体上提高了我的创造性，而不仅仅是在国际象棋上。

这对于那些年轻的棋手来说尤其好。他们站在巨人的肩膀上，模仿顶尖棋手的开局，依靠他们（和他们的电脑）来尽量避免犯错误。一些电子科技公司同样如此。它们模仿大公司的产品，只不过价格更便宜、功能更多。它们基本上没有任何创造或创新，只是一味地模仿。它们跟其他模仿者们竞争，就看谁复制得更快、更好。当一个拥有更廉价的劳动力和更高制造效率的市场被打开时，这样的公司很快就会倒闭，除非它们学会自己进行创新。

国际象棋思维和商业思维也是这样，都是去追求总体上的创新。你越早遵循发展的定式，就越可能受到颠覆式破坏，就要做越多的工作去创新。如果我们依靠机器来告诉我们如何成为优秀的模仿者，那我们可能永远也不会走到下一步，成为创造者。这个世界当然会包容各式各样的成功。有的人拿苹果公司来举例，认为苹果公司丢弃了颠覆性的根基。自从它们不再生产拥有尖端技术的畅销产品，就变成了一个仅有高级设计感和顶尖市场营销的追随者。并不是每一个伟大的歌手都会为自己写歌。然而，苹果的股东和消费者显然相信设计和品牌可以给产品增值。但如果每个人都在模仿，那么马上就没什么新的东西可供模仿了。市场需求只能被产品的多样化刺激一小段时间。

著名的企业家和风险投资家马克斯·拉夫琴（Max Levchin，Paypal 联合创始人）借用硅谷的科技创业公司的例子对这一效应作出了很好的表述，我对这一表述的每个方面都非常喜欢。几年前，当我们在一起做一个图书项目的时候，他把这种现象称为"边际创新"，意思就是在主营业务上寻求能带来很小效率提升而非风险很大的创新。自 1998 年联合创立 Paypal 以来，拉夫琴就一直对在线支付和其他替代货币非常感兴趣。他一直强调绝大多数这样的服务是怎样在减少 2% ~ 3% 银行服务费用的同时依然让大银行承担主要风险的。这种创新能够增加便利性和提高效率，但不属于颠覆性创新。

这是一种耻辱，因为变革的潜力甚至比我们的野心要大得多。我们拥有越来越强大的机器，这让我们可以心安地去扩大野心和做好更充足的准备。即便如此，我们仍然需要作出相应的选择。科技降低了很多商业领域的准入门槛，进而会促进更多的实验和投资。同时，强大的模型让我们能够比以前更好地模拟变革所可能带来的影响，以便降低风险。

让我们再一次用国际象棋对弈机器作为我们最喜欢的"果蝇实验"隐喻。国际象棋特级大师们已经借助对弈引擎和棋谱数据库来尝试和探索更具有挑战性和试验性的开局变式。很多国际象棋界人士一度很担心：超强对弈机器将不可避免地给专业国际象棋带来损害。因为人们会更多地转向对弈引擎，按照它们建议的"最好棋步"来下棋，从而导致特级大师们的重要性被削弱；而且，坦率来说，这其中还存在着一个"次精英水平"的因素。也就是说，在创新者之下一直存在着一类"模仿者"群体。但在顶层水平，除了若干明显的例外之外，这种影响已经颠倒过来了。

因为使用对弈引擎进行训练存在一个安全网，很多特级大师更愿意在国际象棋联赛中走一些不同寻常的变式。准备一个致命一击打败对手的诱惑力比进行反击更大。人的记忆不是完美的，你的对手也可能做好了充足的准备，或者想出了你在家没想到的招式。无论哪种方式，依然存在着很多让人兴奋的变式和对弈正在上演。

其中一个例外就是在人类精英国际象棋中被称作"反电脑"的运动。这涉及极具位置性和战略性的开局变式，因而不像你的对手很容易就能发现电脑布下的陷阱那般脆弱不堪。一个典型代表就是鲁伊·洛佩斯的"柏林防卫"。在2000年的世界冠军赛中，克拉姆尼克就是使用这一招在与我的对弈中发挥奇效的。在"柏林防卫"中，后很早就出局了，尽管白方通常有微弱的优势，这种棋局需要非常微妙的下法，即便是现在强大的对弈引擎，也经常会觉得迷惑不解。在与对弈引擎的开局中，一些棋手被推向了比较新颖的局势，而另外一些往往被推向了更为保守的局势。不幸的是，对于我个人的喜好，"柏林防卫"是目前最主要的一类。在这里，我用"不幸"不仅仅是因为我个人认为这些局势很单调，这也是克拉姆尼克很机智地选中它们的原因。这些微妙的棋局很容易导致平局或和局，对喜欢观看棋手之间进行博弈、喜欢胜负多于平局的国际象棋爱好者来说，这无疑会削弱他们对国际象棋的热爱。[6]

只需指尖搜寻数据库即可轻而易举获得上百万棋局，这也使得国际象棋高手越来越年轻化。这就是说，棋手能够比以前更早地成为精英。博比·菲舍尔在赢得美国冠军后，创纪录地以 14 岁的年龄加入了精英俱乐部。尽管他早就具备了特级大师的水准，但直到第二年——也就是 1958 年，他才正式成为国际象棋特级大师。这个纪录保持了 33 年。直到 1991 年，匈牙利棋手胡迪特·波尔加尔以几个月的优势将它打破。然而她的纪录并没保持太久，仅到 1994 年，她的纪录就被打破，之后不断有更多的年轻特级大师出现。菲舍尔的记录现在已被 30 多位棋手超过。

2002 年以来的纪录保持者是乌克兰出生的谢尔盖·卡加金（Sergey Karjakin），他目前效力于俄罗斯国家队。创造纪录时只有 12 岁 7 个月。他绝不是菲舍尔，但"天才往往是天生的"这个道理一直会被印证——在 2016 年 11 月，他打进了世界冠军决赛，却输给了同样 1990 年出生的现任冠军马格努斯·卡尔森。（马格努斯·卡尔森以"13 岁 4 个月"的纪录位列于"史上最年轻的国际象棋特级大师"第三位。

只需看一看破纪录的时间点，就可以找到它们之间极大的相关性。1958 年、1991 年、1994 年，随后年轻特级大师涌现，1997 年、1999 年、2000 年，之后的 10 年中有 20 多位棋手打破纪录，他们成为国际象棋特级大师时都比菲舍尔年轻。年青一代才俊辈出的繁荣景象的开始，正好与专业训练软件的普及和网上对弈的推广时间相吻合。

这种年轻特级大师涌现的惊人过程中也有一些周边因素，包括尽早赢得特级大师头衔成为一种风尚；再者，如果说成为特级大师远非小事，那么这些年来国际象棋等级分中存在的通胀现象也使棋手获得 2 500 分的目标相对来说更容易达成。过去，成为一个少年特级大师能够彰显你是一代英才，而现在，这已经司空见惯了。菲舍尔 15 岁时不仅拿到了特级大师头衔，还成为国际象棋世界锦标赛的冠军候选人，跻身于世界最优秀的八名棋手之列。今天，对于想成为特级大师的年轻人来说，他们不仅有更多的机会去获得这个头衔，而且这一过程会比从前快得多。尽管我 15 岁时已经拿到了苏联赛的冠军——苏联赛是当时世界上最强劲的赛事之一，却直到 17 岁时才得到特级大师的正式称号。我是在 1980 年 12 月于马耳他举行的世界国际象棋联合会（FIDA）大会上被授予这个头衔的，在 1981 年 1 月的排行榜上我位列世界第六。我曾听亚西尔·塞拉万讲过一个让人忍俊不禁的故事，说的是过去要获得特级大师头衔是很难的事。2015 年去世的沃尔特·布朗尼曾在 20 世纪 90 年代就时常抱怨特级大师称号泛滥，每年的世界国际象棋联合会大会都会授予几十个。他说："我 1970 年得到特级大师称号时，世界上只有我和卡尔波夫两个人拥有这一头衔，而且委员会还不太认可他！"

　　在过去，我们需要很多年来掌握这些成为特级大师所必需的基本棋局和开局技巧。正如我之前提到的格拉德威尔所谓的"一万小时"定律，这是一个缓慢的过程。已经有实践表明，科技能帮助我们大大提高训练效率，从而极大地缩短成为特级大师所需的时间。今天的青少年，甚至包括越来越多的儿童，都通过接入国际象棋数据库的"数字消防水带"来加速他们的学习过程，并充分利用年轻的优势来掌握这一切。要成为一名特级大师，与其说是需要花"一万个小时"，更准确些还不如说是需要掌握一万或者五万种棋局。

　　2009 年，卡尔森声名鹊起，正通往国际象棋奥林匹斯山的人生道路上。我与他一起工作了一年。相比于同龄人，他无疑是个天才，年仅 18 岁就已经世界排名第四了。我注意到他在使用对弈引擎时非常审慎。他并没有像我的很多年轻学徒们那样被电脑看似完美的分析所迷住。卡尔森能灵活运用自身的优势，恰到好处地将电脑作为辅助工具，而不是奉为神谕。这让他在训练中受益颇多，因为他能够建立和增强解决问题的关键能力，而不是简单地使用电脑告诉他的下法来下棋。在实际对弈中，这也对他帮助很大，因为当他面对一个棘手的问题时，他在心理上并不依赖电脑。

　　试想一下当你忘记了什么事情而下意识伸手去拿你的手机时的情景。你会不会至少迟疑一下，尝试能否自己想起来这件事情呢？你可能不是正在训练的世界冠军，你也可能仅仅只是在回想一些电影细节或某个朋友的电子邮箱地址，但我们依然有必要偶尔锻炼一下我们的"认知肌肉"。如果我们能够创造性地以大脑被设计的方式来使用我们的大脑，那么获取和记忆知识就是有价值的。即便我们自己经常都没有意识到，我们的大脑依然会将所有这些琐碎的细节融合到一起，并将其转变成洞察和思想。我们可能不会经常徜徉于书店，但是我们必须经常让我们的思想四处游荡以寻求灵感。

　　这些天才般的国际象棋青少年们所来自不同地域的多样性也是非常值得注意的。这其中包括了所有的前苏联地区的强国，以及印度、挪威、中国、秘鲁和越南。如果以州为单位，你在美国也会发现同样的效果。美国国际象棋界过去几乎完全以纽约市为中心，而卡斯帕罗夫国际象棋基金会所聚集的年轻新星们来自加利福尼亚州、威斯康星州、犹他州、佛罗里达州、亚拉巴马州和得克萨斯州。在过去 20 年，尤其是伴随着互联网和手机的蓬勃发展，一个重要的话题就是技术如何使世界各地的人们成为企业家、科学家，或者任何他们想成为的人，而不管他们身处何处。在这里，我们的小国际象棋"果蝇"项目再一次印证了这一点：聪明才智到处都有，人们只是需要一个工具来展现它们。

国际象棋被伪装成一种无害的消遣，通过文化、地理、技术和经济壁垒之间的裂缝进行渗透。作为一类从人工智能到网络游戏、再到问题解决以及教育游戏化的模式，它一次又一次地服务于各个领域。年轻特级大师们的涌现，以及他们新的思维方式，应该成为传统教育的典范，当然我们也要慎重行事。孩子们能够比在传统教育方式下学得更多也更快。他们已经开始独立地做这些事情。相比于他们的父辈们的成长环境，他们生活和娱乐的环境要复杂得多。

我有时会想，我夺得国际象棋比赛冠军是否让我的家庭和邻里在 20 世纪 60 年代的巴库拥有了今天的孩子们所拥有的数不尽的消遣呢？就像每一代孩子的家长那样，我痛恨所有转移我年幼孩子们注意力的消遣。但这是属于他们的世界，我们需要为之做好准备，而不是毫无意义地去保护他们。孩子们成长于联系和创造，他们可以利用今天的技术通过无数的渠道去交流、去创造。那些最能接受这种技术力量的孩子们更可能在学校里脱颖而出。

我们的课堂仍跟一百多年前差不多。这并不少见，但很荒谬。对于那些利用便携设备就可以在数秒内获取人类全部知识的孩子来说，一位老师甚至是一摞书怎么能作为他们的唯一信息来源呢？而且，他们利用电子设备获取知识的速度比他们的老师和家长要快得多。这世界变化太快，以至于来不及教会孩子所有的必备知识，他们必须具备自学的方法和渠道。这意味着他们需要拥有创造性的问题解决能力、线上线下的协作能力、实时研究能力、修改和制作适合自己的电子工具的能力。

尽管美国、西欧和亚洲的一些传统经济领导者们都拥有丰富和高超的技术能力，教育领域的巨大变革却可能出现在发展中国家。对于他们来说，模仿逐渐过时的教育模式来追赶上发达国家是毫无道理可言的。就像很多贫困国家直接跳过个人电脑和传统银行业务而开始使用智能手机和虚拟货币那样，它们也能很快采用新的、动态的教育模式。因为在这种情况下，它们就没有那么多旧有的模式可供取代。

这些国家受益于我们高新技术不断普及的程度。一屋子的孩子能通过在平板电脑上几分钟的拖放来收集他们的数字课本和学习大纲，并在早期就开始合作学习。我知道这是可行的，因为我已经看到过如此实现的国际象棋课程了。孩子们能在需要的时候获得新的学习资料，他们的老师也可能在世界的任一角落里 24 小时待命，而不只是在学校的上课时间。

富裕国家经营教育就像富有的贵族家庭对待投资一样。既然现状已持续很久，为什么还要颠覆它呢？过去几年间，从巴黎到耶路撒冷、再到纽约，我已经在很多教育会议上多次发言，我从没在其他领域见过这么保守的心态。不仅仅是管理者和官员，这种保守态度也体现在教师和家长身上。除了孩子，几乎所有人都持有这种保守心态。这其中普遍的看法是，教育太重要了，不能冒险。而我的回答是，教育太重要了，以至于不得不冒险。我们需要去发掘什么是切实可行的，唯一的办法就是试验。孩子们可以胜任，他们自己已经在积极探索了。而我们成年人仍在跨踌不前。

1995 年，我在纽约与来自印度的维斯瓦纳坦·阿南德的比赛是人类历史上第一场使用计算机引擎进行冠军准备的比赛，我和我的读秒团队决定，如果只把弗里茨 4 作为一个校准计算器，我们可以将其纳入我们的准备程序中。我们并不在战略上依赖它，但它可以被用来对极端的战术局面进行计算以避免愚蠢的疏忽，进而实实在在地节约时间。

在连续热身对弈了 8 局之后，我和阿南德开始了比赛。一开始的时候，我一直试图维护我卫冕的头衔。但是随着我们一连串竭尽全力的保守防御持续下去，专家们开始担心我会输掉。而且，老实说，我自己也有点担心了。阿南德已经做好了充足的准备，而我并没有太多信心。一连串糟糕的下法会让你开始怀疑自己的决定，进而导致更糟糕的下法。我发现我在曼哈顿下城的团队公寓里很有灵感，在棋盘上却没有多少了。我想到一个惊人的弃子下法来应对阿南德的王兵防御——鲁伊·洛佩斯开局。整个周末，我和我的团队都在推敲弃子之后无比复杂的战术。在这个过程中，即便是在当时相对较弱的计算机引擎，都显得非常有用。

可当时的问题在于，下一局比赛中我并不持白棋。我过于急切地想尝试这一妙招，从而导致我们没能集中精力研究下一局比赛。但是，我在下一局比赛中持的是黑棋，而不是白棋。这让我感到非常烦恼，因为在我能对阿南德使用这个非常酷炫的新招数之前，我不得不先下一局持黑棋的比赛。这一局我一败涂地，用谚语"害人反害己"来形容我的表现最合适不过了。我并不是想揶揄阿南德，他下得非常强硬，胜利也实至名归。我实在责怪我自己太过分心，我也知道要想在第二天将我的新招数正常发挥出来，我必须保持专注。比赛才进行一半，我就已经处于下风了。

这一天终于到来了，我感觉自己蓄势待发，希望阿南德不会从我的表情中读出我的想法。从第六局开始，如果他改变策略，不使用鲁伊·洛佩斯开局，我的招数就会被破解。当裁判突然"砰"地一下把计时器放到棋盘上时，我无比兴奋，跳起身来，捂住脸好一会儿。

庆幸的是，阿南德依然如我所愿地使用了同样的开局，我们一直下到第16步。从某种角度来说，阿南德重复之前的开局是有道理的，这一招对他非常有效。因此，为什么不继续用呢？这样他可以尽情将绞尽脑汁来想应对策略的苦差丢给我。但从另一方面来说，他有没有考虑过如果我没有找到很好的应对策略，我还会重复之前的下法吗？很显然他对自己在上半场比赛中用得得心应手的开场准备信心满满，没人能准确预测接下来会发生什么。

在第六局比赛中，我从第14步走"象"开始改变了策略。其他很多棋手之前分析过这一招，但并不完整。世界冠军米哈伊尔·塔尔因其惊人的战术眼光而被誉为"里加的魔术师"，他在多年前就曾提出过这一弃子招数。但由于他给出的后续招数对白棋并不充分，所以被后人抛弃了。很多其他的分析师也认为这是一个壮观的"无用招数"。而我发现了一个意料之外的方法，至少可以让局势在关键一步完全翻转。我将马走到边场，而不是像塔尔建议的那样走到中场（这也是最符合逻辑的下法）。在边场，我的马可以保护我的车，并攻击对手的黑马，还不会阻碍我的其他棋子对对方王的攻击。

在我终于走出过去三天来一直盘桓在我脑海中的那一步后，我再也抑制不住紧张的情绪，跳起来舒缓了一下。我让对战区域的门在我身后砰地关上，被某些人认为是心理战上鲁莽的行为。然而只是紧张，但在这种情况下我更愿意让我的棋招替我说话。这一新招牺牲了车来换取一次对阿南德的王的犀利攻击。在我们的准备中找不到应对的招式，而阿南德也花了足足45分钟来寻找答案。（这对于他来说特别不寻常，他是国际象棋史上下棋最快的选手。）

在阿南德寻找突破口时，我仍然在认真准备。他在若干关键节点处发现了最佳的防御招式，我仍要下得精确无误来保证我的第一局胜利，并扳平总比分。我还有 10 局比赛要比，但现在主动权很大程度上已把握在我手里。我在下一局比赛中继续制造惊喜，下出了我人生中的第一个西西里防御中的龙式开局。我赢得了比赛，在接下来的 3 局中也赢了 2 局，总比分中遥遥领先，再也没交出领头羊的位置。

再去回顾这些比赛也是很有趣的。所有记录了这场比赛的文章和书籍都将其和我之前跟深蓝的比赛作比较。这些报道都聚焦于心理层面，分别出自我和阿南德（Anand）的团队，也有部分是出自记者和分析师。其中有一篇报道出自美国特级大师帕特里克·沃尔夫（Patrick Wolff）。在第十局比赛结束后，他这样写道："在第九局比赛之后，我们阿南德团队里的每个人都得意扬扬。而第十局比赛之后，我们都感到沮丧。巨大的热情在比赛中相当重要。一场比赛考验的不仅仅是一个人下棋的绝对能力，还有选手在特定比赛中的表现。因此，监测调控个人情绪的能力在决定比赛的因素中极其重要。"[7]

在 8 局平局后收获了一局胜利，阿南德又在接下来的 5 局比赛中输掉了 4 局。在还剩 6 局比赛的情况下，这意味着他的本次征程基本结束了。阿南德不是在第十局比赛后突然变成一名糟糕的选手的，我也不是因为这场比赛而成为更强的选手。我和我的团队想把更多的功劳归因于我们新颖的开局，但那并不是让阿南德发挥远低于正常水平的原因。他在一局比赛中输给了我的奇招，在接下来的一局比赛中又遇到了新颖的开局而下了昏招，从此就再也回不到之前惯有的沉着。从某种程度上来说，我很幸运自己在比赛前的准备中没有碰到任何奇招。他是在第十局决定命运的比赛中而不是在第二局变得沮丧的，因此也就没有时间去调整和恢复情绪了。

这并不是针对阿南德，而是对人性的批判。当我 18 个月后开始和深蓝对战的时候，这类似的症状也开始困扰我，我意识到对抗它的影响是徒劳无功的。在很多情况下，我们的情感可以凌驾于认知之上，而且大多无法解释。有些选手在高压下能够表现更好。他们在棋盘上虎虎生辉，攻城略地，把它当作一个挑战自己的机会。维克托·科尔奇诺就是这样的选手，他乐于去抓一个兵，即使这是一招蛮不讲理的攻击。一个在列宁格勒保卫战中幸存下来的小男孩才不会在棋盘上退缩。这种坚强的精神即使在国际象棋特级大师中也是罕见的。犯错的背后总有很多原因。

各行各业都是如此。许多研究表明，沮丧或者单纯缺乏自信，都可能让我们的决策变得迟钝、保守和低效。[8]悲观情绪导致心理学家们所谓的决策中"对预期结果的潜在失望情绪"。[9]这会让人们犹豫不决，进而希望能避免或推迟做决定。如果受这种情绪困扰的人们能够采用规范的决策技巧，他们的决策结果就可以完全不受影响。我们的心理崩溃发生得越早，沮丧就会越早地影响我们的基本决策习惯，进而妨碍我们作出理性的决策。

直觉是经验和自信的产物。这里，"产物"（product）的意思是数学意义上的，可以表示成"直觉＝经验×自信"。这是一种针对已被深度掌握和理解的知识作出下意识反应的能力。自信是将这种能力转化成行动的必要因素，而沮丧通过抑制自信来降低直觉。[10]

情感上的影响只是人类采取不理性和反常行动的诸多途径之一。经济理论的前提是"理性人"假设，也就是说我们的决策是为了获得利益最大化。这可能是经济学经常被称为"沮丧的科学"，以及人们常说的经济学家对经济的影响就如同天气预报员对天气的影响一样的原因所在。人类往往一点都不理性，个人如此，群体亦如此。

为了说明我们多么容易产生错误的直觉，一个最简单形象的例子就是"蒙特·卡洛谬论"，也称作"赌徒谬误"：假设随机抛一枚无偏的硬币，如果我们连续观察到20次正面朝上，下一次我们还是看到正面朝上的概率会是多少？连续21次正面朝上当然是小概率事件，假设统计回归最终会发生，我们的直觉很可能就是"反面朝上"。显然这是完全不对的，但人们仍相信这一直觉是正确的。这也正是拉斯维加斯和中国澳门的赌场完全不用担心支付巨额电费账单的原因。无论出现了多少次连续正面朝上或其他什么样的顺序，每次抛硬币正反面朝上的概率都是50∶50。所以，21次连续正面向上并不会比其他序列出现的可能性更高或者更低。

即便你从来都没听说过这个谬论，但在某种程度上你应该知道这是对的。你知道每次抛硬币的概率是50∶50，不受之前出现序列的影响。但是……我们认为这个概率会多多少少随之前的事件发生改变的本能是非常强烈的。这个谬论据说是因一个在蒙特·卡洛赌场中口口相传的故事而得名的，在一个轮盘赌局中，黑球连续掉下来26次。是的，这非常罕见，但如果你好好考虑，你会注意到这不比转26次轮盘之后可能出现的67、108、863个序列之外的其他任何一个序列可能性更小。只不过对模式着迷而迷失的人们显得更值得注意而已。所以，正如故事里所发生的那样，成千上万的法郎被下注来赌下一次红球的出现，然后他们全输掉了。

你可以看到，在那些存在侥幸的卡片或骰子序列的游戏中，我们大脑的决策会受这些序列的影响，而电脑则更占优势。机器不会从随机事件中寻找模式。即便这么做了，它们也不会按照我们大脑运作的方式去总结。

像丹尼尔·卡尼曼（Daniel Kahneman）、阿莫斯·特沃斯基（Amos Tversky）和丹·艾瑞里（Dan Ariely）等人所做的一项有趣的研究工作表明：人类的逻辑思考能力是多么的糟糕。我们强大的大脑是很容易被愚弄的。我坚信人类直觉的力量，相信我们可以依赖这种直觉并对其加以充分地利用。但我也不否认，在读了卡尼曼的《思考，快与慢》（*Thinking，Fast and Slow*）和艾瑞里的《怪诞行为学》（*Predictably Irrational*）之后，我的这一信仰已经开始动摇了。相信你读完这些著作后，可能也会想知道我们到底是如何生存下来的。

就像国际象棋特级大师下棋那样，我们在生活中也使用假设和启示来理解我们身边复杂的事物。我们并不用暴力算法算尽每一个决定，检索所有可能的结果。这样做很低效也没有必要，因为总体上来说，我们和这些假设相处得很好。但是当这些假设被研究者剖析，被广告人、政治家、诈骗大师所利用的时候，你会发现我们就不那么客观了，而这正是机器能够帮助我们的地方。不仅仅是为我们提供正确的答案，机器更能够告诉我们人类的思想有多么特殊和易受影响。认识到这些谬论和认知盲区并不能完全防止被骗，但能帮助我们在打击诈骗的道路上迈进一大步。

2015 年在对牛津进行年度访问的时候，我给萨德商业学院的学生上了一节有关决策的课。其中有一环节，我展示了一个丹尼尔·卡尼曼描述为决策中的锚定效应的实验。对于一群 MBA 的学生，即使他们已经知道了我要欺骗他们，我的实验能奏效吗？

我把他们分成 7 组，每组 5～6 人。每一组都会得到一份略有不同的材料，里面有 6 个问题。前 3 个问题都是是非题，且是以下问题的变种：

甘地去世的时候是否大于 25 岁？

世界上最高的树是否高于 60 英尺（18 米）？

大马士革的年平均温度是否高于 3 摄氏度（37 华氏度）？

接下来的三个问题，对于这 7 个组都是一样的：

甘地死的时候是多少岁？

世界上最高的树有多高？

大马士革的年平均温度是多少？

这些材料中的前 3 个问题，只是数字略有不同。每组的数据只有大概 25% 的差异。也就是说，第二组关于甘地的问题就变成了"是否大于 30 岁"，树就变成了"是否高于 100 英尺（31 米）"，大马士革的年平均温度就变成了"是否高于 8 摄氏度（46 华氏度）"，以此类推。当发到第七组时，数字已经变成了 125 岁，1 300 英尺（400 米）和 48 摄氏度（118 华氏度）。

我试图去选择那些人们可能不太确切地知道，但又可能有强烈直觉的数据。大家都知道甘地不能低于 25 岁或高于 125 岁去世，而世界上最高的树肯定比 60 英尺高。然而，实验目的并不在于前 3 个问题。它们只是被用来影响学生们对问题 4 ~ 6 的答案，而事实证明这些也确实影响到了他们的回答。请注意：其实材料里并没有提供确切的信息，而只有问题。他们也被告知要客观地思考，因为我已经告诉他们我要欺骗他们了。

第一组中，大多数学生给出的答案是 72 岁、30 米和 11.4 摄氏度。第五组中，大多数学生给出的答案是 78 岁、112 米和 24 摄氏度。第七组中，答案为 79 岁、136 米和 31.2 摄氏度。值得注意的是，除了两组例外，每组学生给出的答案都越来越高。（有一个组的 3 个学生来自印度，他们知道甘地于 78 岁逝世，其他两个问题的答案分别为 79.7 英尺（115.7 米）和 11.2 摄氏度（52.1 华氏度））。对于第 3 个平均气温的问题，这几组学生给出的答案分别是 11.4、18.1、21.1、21.8、24、30.7、31.2。在学生不知道答案以及没有明显夸大成分的情况下，第一组问题的答案直接影响了第二组问题的答案。

卡尼曼称这种现象为弱化影响的锚定效应。比如让学生在回答一些关于数值的问题之前，旋转一个上面写有随机数字的圆盘。可以猜测，圆盘上的数字越大，学生关于那些数值问题给出的平均答案也越大。我甚至告诉他们去忽略转盘，但不管用。我们的大脑非常善于欺骗自己。

在下棋的时候，我们也会遭遇相似的非理性和认知错觉。在缜密的分析与全盘计划发生冲突时，我们往往会走出冲动的步法。一旦作出计划，我们就变得十分固执，而不会去利用新的证据来反驳它。我们通过证实性偏差来让自己相信，我们所信奉的东西是正确的，而不管数据与事实如何说话。我们哄骗自己从随机性中总结规律，从虚无中归纳关联关系。

在棋局分析中，如果你有一个下棋引擎，那是很有帮助的。但是如果你一直用它，它就会控制你、威胁你。除非你的口袋里面有便携版的弗里茨计算机，否则在比赛的时候，你是无法得到帮助的。在现实生活中，使用手机当然不算作弊，但是过度依赖电子产品可能会导致认知鲁钝。我们不能过分依赖电子产品，我们的目标是使用这些客观而强有力的工具进行分析与决策，进而让我们成为一个更好的决策者。

在我的职业生涯中，棋局上走的每一步都代表着一个决定。受棋局的限制，我所作出的每一个决定都是经过深思熟虑的。但我们的生活可不像下棋一样简单，我们每一天作出的抉择也无须像下棋一样进行客观的分析。但是这些正在发生改变，我们的机器正在根据我们生活中的数据来帮助我们做出决策。你的个人理财可以由银行和经纪人来管理，现在同样也可以由专业的网站或者应用程序来跟踪管理。教育的好坏与成绩也可以通过机器来进行监测和绩效跟踪。人们也可以通过手环之类的设备来监测身体健康情况，由相应的应用程序来记录消耗掉的卡路里和仰卧起坐的个数。研究表明，我们一贯高估自己的运动量，而低估了自己吃进嘴里的东西。为什么呢？机器可以帮助我们反思自己。有了机器的协助，人们可以看清自己。当然，前提是机器能够看到你。

我们可以用这些工具来检验假设和决策，这是我之前提到的建立心智肌肉记忆的一部分。你觉得你完成一个工程或完成特定目标需要多久？之后回过头来看看这一估计有多准确。如果差距很大，那么是哪里出错了呢？在策略选取和系统思维中，清单和目标设定至关重要。我们经常只在严格的工作环境下才做这些事情，但列清单和设定目标是非常有用的。借助于现今的数字工具，我们很容易做到。

我经常被人认为是一个非常容易冲动的人。我并不反对，而且这看起来也像是一名国际象棋冠军的特点。我经常被问及如何处理"先下再问"的态度和下国际象棋所需要的极度冷静客观两者之间的关系。我总是回答说，首先，我并没有通用的小技巧来变成一名训练有素的思考者。每个人的情况都不同，对我来说有用的办法可能对其他人就没用。我很幸运有一位用心的妈妈和一位很棒的老师，他们从我年幼时就注重纪律而不是纵容我易冲动的性格。克拉拉和米哈伊尔·博特温尼克都知道我的天赋不会因为他们的限制而受到冲击或消失。

其次，你必须在最重要的时刻仍保持绝对的诚实。我试着去和机器一样尽可能地保持客观。如果我不总是那么成功，我会跟自己说已经足够成功了。如果你忠实且勤于收集数据，然后作出评估，你会发现你将越来越擅长作出正确的决策。

就像我的学生通过使用电脑来进行训练，使他们自己变得越来越客观、越来越善于作出正确决策那样，你也可以不断地借助使用电脑来成为更好的决策者。你不再是对这些决策冷眼旁观，而是开始观察和分析那些更客观的决定。如果你不分析它，世界上所有的数据并不会帮助你消除偏见。不要找理由，不要合理化，那些不过是你的大脑想要让你好受些的策略。让这些数据自己告诉你道理太难了，毕竟我们不是机器。

如果你还记得莫拉维克的悖论，你就知道：机器所擅长的恰是人类最薄弱的环节，反过来亦是如此。这在国际象棋中得到了很好的例证，并且也启发了我。如果我们成为搭档而不是对手呢？我的这一设想诞生于 1998 年在西班牙莱昂举行的那场比赛——我们称其为高级国际象棋比赛。在这场比赛中，每一个棋手都拥有一台装有国际象棋软件的电脑来帮助他们。这场比赛通过人和机器的结合达到了国际象棋的最高水平。

我那时候还没意识到人机协作，但伟大的英国人工智能和游戏理论先驱唐纳德·米基早在 1972 年发表于《新科学家》（New Scientist）杂志上的一篇有关机器国际象棋的文章中就提出了这一概念。他称之为"咨询式国际象棋"，他认为，看到一个棋手能在比赛中使用"暴力运算"的机器来提高水平是一件很有趣的事情。可惜电脑在当时还没多大用处，所以尽管在那些年间有米基提出的若干倡议，但这些想法还从未被实践过。

尽管我已经对这种不寻常的对弈方式有所准备了，但是在莱昂我和世界顶尖棋手——保加利亚的韦塞林·托帕洛夫的比赛中还是充满了奇怪的感觉。在比赛中有机器帮助，让人兴奋的同时也有不安。在比赛中能有装有几百万棋局的电脑帮助，意味着我们不用在刚开局时就绞尽脑汁。但由于我们都能查阅相同的数据库，我们在某个节点创造新的下法依然受到了一些限制。

有一台电脑作为伙伴，意味着再也不用担心会发生战术性的错误。电脑可以计算我们所考虑到的任何一步的后果，也可以指出我们没有考虑到的后果及其应对措施。有了电脑的保护，我们可以集中精力安排战术，而不是把时间用在大量的计算上。在这种情况下，人类的创造力才是最重要的因素，而非其次。

事实上，我与托帕洛夫的比赛还远非完美。我们下的是快棋，并没有足够的时间让电脑充当决策顾问的角色，即使这样，结果仍值得怀念。一个月前，我以快棋 4 - 0 的成绩横扫这位保加利亚选手。但是在高级国际象棋比赛中，我们达成了 3 - 3 平局。我在计算能力上的优势，完全被电脑所抵消。

莱昂举办了高级国际象棋赛事很多年，在很多事情上都表现出了一定的洞察力。有一件事我很喜欢，就是他们让选手的电脑屏幕可以展现在观众面前。这就仿佛在国际象棋特极大师的脑海中装上了一台隐形摄像机，可以观察到他们思考不同局势变化的过程。即使没有电脑的帮助，这种选手思考过程的实时显示也非常有趣。每一位选手在比赛中的所有分析过程都会被保存下来，还会与其他对手比较，看他们在关键时刻的应对方法有何不同。

更加值得注意的是高级国际象棋实验是怎样继续的。在 2005 年的线上国际象棋"自由式"锦标赛中，每一个人都组队挑战其他对手或电脑。一般来说，这种比赛都会采取反作弊算法，让选手不能在电脑帮助下作弊。（我对反作弊算法比较好奇，这种通过分析棋路计算概率的检测算法，不是比它们所监测的下棋程序拥有更高的智能吗？）

在丰厚的奖金诱惑下，一些由国际象棋特级大师和电脑合作组成的团队进入角逐。最初，结果还在意料之中。人类与电脑结合的队伍远胜于最强的电脑选手。就算阿拉伯联合酋长国带来的一台与深蓝类似的、为国际象棋设计的超级计算机许德拉（Hydra），也比不上一个使用笔记本电脑作辅助的较强的人类选手。人类战略指导与电脑的战术准确度两相结合，取得了压倒性的优势。

然而比赛的结果出人意料。胜者并非特级大师选手与最先进电脑的结合，而是两位美国业余选手斯蒂芬·克莱姆顿（Steven Cramton）和扎卡瑞·斯蒂芬（Zackary

Stephen），他们同时用了 3 台电脑。他们的策略是训练他们的电脑，使电脑可以快速地深度观察国际象棋特级大师所走的前一步，计算出对抗方法，并且用到了其他参赛者的计算能力。这场胜利是处理流程的胜利，展现了充满智慧的流程设计能够弥补知识和技术劣势。这场胜利也并非意味着知识和技术的淘汰出局，它更多的是展现了效率与协调所产生的力量能够显著提高效能。我的结论是：国际象棋水平低的选手＋电脑＋优秀的算法，这种模式比单独的电脑要强大。特别要指出的是，这种模式也比国际象棋大师＋电脑＋劣质的算法模式强很多。

我在《生命如何模仿国际象棋》（*How Life Imitates Chess*）中写下了自由式国际象棋比赛结果和所得到的结论，并在 2010 年的《纽约书籍评论》（*New York Review of Books*）中对这些观点进行了展开论述。收到的相关回应令我吃惊，围绕我的小公式进行讨论的电子邮件和电话来自全球各地。谷歌公司邀请我去作一场关于人类与机器合作的重要演讲，硅谷的其他公司以及一些投资公司和商业软件公司告诉我，他们多年来一直在利用我提出的这个公式去挖掘潜在客户。马萨诸塞州坎布里奇市的佩格系统（Pegasystems）的 CEO 艾伦·特雷夫莱（Alan Trefler），年少时曾是一个国际象棋迷，写过关于国际象棋的游戏。佩格系统公司从事商业流程管理软件开发业务，特雷夫莱对我的文章很感兴趣："这其实就是我们正在实施的，但是我从来没有解释得这么好！"

现在看到各种版本的卡斯帕罗夫定律依然让人莞尔，尽管我有时候会告慰自己这并不是我们所能决定的。这篇文章的成功恰逢其时。由于机器学习和其他技术的发展，机器智能已经取得了很大的进步。但很多时候，它们还是会有数据库智能的局限性。让机器学习几十亿棋局和学习几千棋局有很大区别。但是让机器学习几千亿棋局和学习几十亿棋局其实并无飞跃。事实上，在试图用算法取代人类智能的几十年后，现在很多公司和研究者的目标都是通过海量数据的分析与决策，创造与人脑相当的智能，这无疑是可笑的。从国际象棋程序发展来看，从知识推理到暴力计算，再回到知识推理，因为暴力计算已逐步衰微。这其中，最关键性的一步仍然是流程组织，而这项工作依然只有人脑可以胜任。

人机交互界面仍是提升合作效率的主要障碍。人类在很多事情上可以比机器做得好，比如视觉识别和意义阐述。但是如何能够做到让人和机器合作并发挥出各自的长处，而不是把机器作为一种孤立的工具？IBM 是众多聚焦于"智能增强"（Intelligence augmented，IA）的公司之一。IA，或者可称为智能增强器，是将信息技术作为一种增强人类决策的工具，而不是利用自动化的人工智能系统来取代人类决策。[11] 在这方面，我们的孩子将再次领先我们。他们喜欢照片胜于符号，符号胜于短信，短信胜于邮件，邮件胜于语音信箱。这全关乎速度。他们正在采用一种能够更快与人进行交流和使用机器的方式。

一行代码、一个鼠标、一根手指、一段语音指令，和我们今天使用的机器相比，这些都是最原始的模拟工具。我们需要新一代的智能工具来充当人与机器之间的翻译。一群人在会议上各抒己见是没有问题的，因为大家都在人类能处理的语言速度内对话，但如果机器进入到决策领域，我们应该怎样同它们交流呢？在机器自动化的时代，很多工作都会被取代，但如果你在寻找一种持续繁荣的领域，你可以进入人机合作或流程设计与构建领域工作。这并不仅仅是"用户体验"（user experience，UX），而是一个全新的领域。我们将从此进入人机合作的缤纷世界，也将由此创造出更多符合我们需求的新工具。

我们的算法会变得越来越聪明，硬件速度也会越来越快。很快，就算是世界上最优秀的棋手也将比不上最好的国际象棋机器。这是一种趋势。如果我们足够幸运，能够享受技术带来的进步，这种趋势也会持续下去。我觉得我们应当享受这种进步，这是一件好事。不然的话，经济的不景气和生活水平的下降就会随之而来。我们要领先于机器，不应该让它们变慢，因为这也会延缓我们的步伐。我们要给它们提速，要给它们和我们自己留出足够的成长空间。我们必须向前，必须突破自我、奋勇向前。

结语　奋勇向前！

　　1958 年，美国科幻小说传奇人物——伊萨克·阿西莫夫（Issac Asimov）撰写了一篇名为《权力之感》（*The Feeling of Power*）的短篇小说。故事中，一个名叫作迈伦·奥布（Myron Aub）的卑微而不起眼的技术人员发现他能够通过将两个数字相乘来在一张纸上复制他的计算机的工作。太惊人了！这个神奇的发现在行政管理系统中被层层上奏，将军和政客们被奥布的黑魔法惊得目瞪口呆。上将对此很感兴趣，人类的计算或许可以给那些与丹尼布（Deneb）星球对抗的地球军队一个至关重要的帮助，而之前两方势力长期相持于被计算机控制策略的僵局中。

　　奥布在纸上甚至在头脑中做数学运算的这种非凡能力，绰号"石墨法"（graphit-ics），被层层上报到了总统那里。总统对这一技术的潜力感到十分兴奋，一名国会议员在推荐时发表了如下言论："我们将把人类思维与计算力学相结合；我们将拥有数十亿相当于智能电脑的物品。我无法预测未来具体是什么样的，但它们将无法估量……理论上讲，没有什么是计算机可以做到而人类大脑无法做到的。计算机也仅仅需要对有限数量的数据执行有限数量的操作。人类的大脑是可以复制这一过程的。"

　　总统因此被说服启动项目计划，以探索其军事可能性。故事的结局是典型的阿西莫夫式讽刺。将军告诉团队，包括新提拔的奥布，他的愿景是使用"石墨法"来代替飞船和导弹上昂贵的计算机。他总结说："战争的紧迫迫使我们记住一件事，人比起计算机更可有可无。"[1]这对于可怜的奥布来说太难以承受了，他回到房间自杀了，留下一张纸条说他无法承担发明了"石墨法"的责任，他曾希望它们的使用能为人类作出有益的贡献。

　　阿西莫夫对人机关系如何发展着迷，他更著名的机器人小说就是最好的证明。根据《权力之感》的出版日期，我们可以确定的是阿西莫夫对于人类的麻木和被机器取代这种话题并不是拙劣的模仿。美国和苏联当时都对氢弹进行了测试，而且核聚变发电的承诺与世界毁灭性灾难的可能性正处于争论之中。我们巨大的新力量对人类有益还是会造成毁灭？

　　对于人类历史的绝大部分，答案是两者皆有，尽管我们在过去的几十年里取得了很大的进步，总的来说利大于弊。不论你在看过一小时有线新闻后会思考些什么，我们今天过着比人类历史的任何时期都更健康、更长久、更安全的生活。我在上一本书《凛冬将至》（Winter Is Coming）中警告说，这是一种地缘政治下的短暂趋势；并且，如果我们不采取保护行动的话，它将可能倒退回去。我们的技术无关善恶。它是不可知的。同样是将世界各个角落的人们联系在一起的智能手机，一方面可以用于与家人联络，另一方面也可用于计划恐怖袭击。这其中的伦理在于我们人类如何使用技术，而不是我们是否应该拥有技术。

　　在这个讨论中有许多令人高兴的矛盾线索，其中很多都包含在这本书中。我不愿假装拥有所有的答案。关注我们的技术将带领我们去向何方是有益的，也是必要的。大多数时候我都很乐观，唯一的担心是害怕我们可能没有远见、想象力和决心去做我们必须做的事。

　　在探讨人工智能时，如果我们不考虑科学技术、生物学、心理学和哲学各学科间的交叉，我们很难与任何人继续交流下去。当然你也可以在其中添上神学和物理学，那么再加上经济学和政治学又何尝不可呢？既然智能自动化已经成为商业模式的关键，这一技术带来的后果对普罗大众当然也同样重要。

依我之见，这种讨论如此迅速地扩展到不同的专业领域去的趋势尤其会让技术人员感到沮丧。对于技术人员做什么、如何做，以及这么做意味着或并不意味着什么，几乎每个人都持有自己的看法。计算机从业者厌倦了常常被问到像"心灵"这样的形而上学的问题，更不用说"人类灵魂"了。同时，程序员和电子工程师很少会主动缠着哲学家或敲开教堂大门，去讨论人类意识的本质，抑或是打电话给政界人士讨论超级智能机器人会对全球安全造成怎样的影响。好消息是，当哲学家和政客们给他们打电话时，至少还是会有几个人接电话的。

许多人工智能研究人员会定期与神经科学家们交流，偶尔也会与心理学家聊聊天，但是大多数情况下，他们希望独自一人安静地处理机器和算法。正如费鲁奇和诺尔维格等人所说的，他们想解决当前可以解决的问题，而不是花几十年的时间来研究那些即使有进展、结果却没有什么实际影响的东西。生命短暂，他们想要与众不同。在人工智能的哲学方面，像"人何以为人"和"什么是智慧"这样的问题，有利于激发公众的兴趣和吸引媒体，但当人们开始认真工作时，这些问题只会让人短暂地分心走神。

无论多么有争议，究竟什么是或者不是"智能"真的非常重要吗？我承认，我越了解它我就越不在乎。国际象棋是拉里·特斯勒（Larry Tesler）提出的"人工智能效应"的完美例子，其中提到"智能就是机器还没有做到的事"。一旦我们找到了一种方法，让计算机做到一些智能的事情，比如挑战世界国际象棋锦标赛，我们又认为那不是真正的智能。还有人指出，每当事情变得实际和普遍，它就不再被称作人工智能了。这是另一个例证，这些叙述只在一个短暂的时间点显得重要。

那些想要通过深入研究人类认知秘密来解决机器认知潜力的人是例外，他们往往很难在越来越重视实际成果的商界和学术界受到欢迎。大学仍然是一个例外，即使在常春藤和象牙塔，也总是存在发表论文、申请专利、获得收益的压力。像贝利这样的大型跨国公司和像美国国防部高级研究计划署这样的政府项目将资金投入基础研究和实验项目的时代已经结束了。研发预算多年来一直被削减，投资者对任何不能盈利的项目都保持怀疑态度。政府支持的研究往往倾向于特定的小工具，以适应现有的需求，而不是具有野心的、开放式的任务来回答诸如伦纳德·克兰罗克的"我们如何让世界上的每台计算机相互交流"的问题。

　　牛津大学马丁学院汇集了不少独特的人才，并且在这个专业化、基准化和"90页拨款申请"的时代中，鼓励已不太流行的跨学科联合和自由联想。我作为高级访问学者，自 2013 年以来，有幸结识了许多才华横溢的人士，其中包括《超级智能》（*Superinte lligence*）的作者尼克·博斯特罗姆，以及牛津大学人类未来研究所的其他教授和研究人员。牛津大学马丁学院创办人兼院长伊恩·戈尔丁认为，对于我和他的同事们来说，我们可以在非正式研讨会上谈论关乎大局的事情，而不限于每天在实验室和研究中谈论在他们看来恰当的事情，这样做双方都会感兴趣。[2]

　　商场上有种说法：如果你是这个房间里最聪明的人，那么你待错了地方。没错，每年一次的牛津之行后，我想说感到自己是房间里最不聪明的人，这并不好受。我能很快地吸取知识，并且擅长在复杂话题上取得进展，我很为自己骄傲。我博览群书，在不同的领域有很多厉害的朋友，他们让我保持敏锐的思维。在牛津大学的讨论的确是在另一个层面上，而且我总是感觉意犹未尽。

　　我的目标是，除了让我看起来不像是房间里唯一一个没有 6 个高级学位的人——尽管事实如此——之外，还是想把这个专业的罐子稍微搅动一下。我让他们走出自己的舒适区，谈谈他们在自己领域里最大的失望，以及他们认为公众应该更加关注的问题。我们讨论了过去五年最大的错误预测是什么，然后让他们为未来五年作出新的预测。我邀请他们讨论政治和官僚主义的瓶颈，这些瓶颈阻碍了重要的研究，以及经常出现的获得拨款和其他基金的不正当制度。

　　答案总是令人着迷，我很高兴看到这些杰出的头脑时常会惊奇地发现，他们坐在邻近办公室的同事正在做类似的工作，或者他们的同事也有着相似的抱怨或疑虑。回顾过去两年来我的笔记，我也遇到了他们之中多数人都有的一个困境：是去处理当下能帮到许多人的问题，还是去解决不久的将来直至遥远的未来对每个人都有益的事情。资源是有限的，因此，正如一位医学研究人员所说，你是去制作更好的蚊帐还是研究治疗疟疾的方法？当然，我们可以也应该尝试两者兼顾，但这是一个现实的难题，即使最重要的研究也要面对。

　　从长远来看，在我同计算机的较量中究竟什么才是更重要的呢？到那时候，我可能再做几年准备也摆脱不了失败的命运；抑或是计算机达到了数十年研究和技术进步的顶点？我相信你会理解我个人对这个问题的回答有所偏见，但是我不会长时间地固执己见。1996—2006 年，人机国际象棋大战真正充满竞争的这段时间对我来说特别漫长，因为我就身处前线。从宏观来说这是个很好的例证，说明了"同加速技术进步相比，人类的时间尺度和能力大小就显得不是那么重要了"。

如果你把这一转变画成图表以便更好地理解，那么可以很容易地看出为什么人工智能和自动化的传播会是令人担忧的。几个世纪以来，无论是在下国际象棋上还是在其他任何需要认知的事情上，人类都优于机器。我们在各个知识领域都享有数千年的无争议统治。19 世纪，机械计算器取得了初步进展，但是真正的竞争只有在数字时代才开始，我们认为是 1950 年。从那时起，机器又花了四十年的时间，才有了深思，并对人类的顶级棋手构成严重威胁。八年后，我败给了价值不菲、定制设计的深蓝。六年后，即便有了更好的准备和更公平的规则，我也只能和领先的引擎——小深和深弗里茨（Deep Fritz）——战平两场。尽管它们在标准服务器上运行只需要几千美元，但至少和深蓝一样强大。2006 年，弗拉基米尔·克拉姆尼克作为国际象棋世界冠军的继任者，在更有利的规则下以 4-2 的比分败给了最新一代的弗里茨，结束了用标准的人类规则进行人机国际象棋比赛的时代。而后来的任何比赛都需要一些方法来对机器进行限制。

我们可以画出时间轴来：从国际象棋数千年的人类统治现状，到几十年的人机弱势竞争，再到几年的机器争霸至上。然后，游戏结束。对于人类历史接下来的部分，随着时间推移至无穷无尽，机器将会比人类更精于下棋。竞争时期仅仅只是历史时间轴上的一小点。正如从轧棉机到制造机器人再到智能代理，这是各种技术进步无可避免的单行道。

竞争时期的那个点吸引了所有人的注意力。因为当这种竞争发生在有生之年时，我们的感受会非常强烈。竞争阶段往往对我们的生活有直接的影响并实时反映其中，所以我们在宏观上夸大了它们的相关性。当然，这并不是说它们毫不相干。"既然从长远来看人们经历的痛苦并不重要，那么人们遭受的技术破坏影响都是无关紧要的，只需克服、适应就可以了"，说这样的话未免太过麻木无情。关键是寻求减轻痛苦的解决方案时，倒退并不能作为一种选择。我们会开始寻找替代方案，会思考如何推进这种转变并为人所用，而不是试图负隅顽抗、垂死挣扎——这是必然的结果同时也是最好的选择。

　　我们并没有在竞争点附近得到最重要的结论，而是在它之后漫长的永恒中。我们再也不会回到从前的样子了。不管有多少人担心工作、社会结构或机器杀手，我们都无法回头——这样是反对人类进步、反对人性的。一旦任务可以通过机器做得更好（更便宜、更快、更安全），那么人们就会把它交给机器去做，除非是为了娱乐或是因为停电。一旦技术能够帮我们做某些事情，我们就绝不会放弃它们。

　　流行文化并非总是一成不变的，然而我发现超自然故事和中世纪奇幻故事占据了过去科幻小说市场的大部分。大致浏览一下亚马逊"科幻"畅销书榜单，我们就可以看出，所有的 20 本畅销书都涉及吸血鬼、龙、巫师，或者三者兼而有之。有很多才华横溢的作家创作出了精彩的奇幻故事，而我对托尔金（Tolkien）和哈利·波特的喜爱不亚于任何人。但当我们将流行文化看作路标并展望未来时，就会很失望地看到，其中艰巨且有价值的工作是在"巫师魔杖"浪潮之下完成的。

　　另一方面，在看过詹姆斯·卡梅隆（James Cameron）执导的《终结者》（1984）和沃卓斯基（Wachowskis）执导的《黑客帝国》（1999）之后，我们难免会对技术产生悲观的看法。两个故事都是以人类技术转而反噬人类自己为主旋律的。这是一个经典的主题，但让这个屡见不鲜的假定更贴近现实的是，自 1980 年以来，我们一直被计算机包围，人工智能是我们研究和讨论的一个热点问题。2009 年，当国际人工智能协会（AAAI）在加利福尼亚州的蒙特雷召开会议时，其成员讨论的话题之一——但大多被忽略——是人类对超级智能计算机失去控制的可能性。

　　超级智能机器将超越并可能攻击它们的创造者这种思路，具有悠久的历史传统。在 1951 年的一场演讲中，艾伦·图灵提出，机器将"超越我们太过卑微的力量"，最终"控制"人类。计算机科学家、科幻小说作家弗诺·文奇（Vernor Vinge）推广了这个概念，并在 1983 年的一篇文章中为这个引爆点创造了一个现代术语，叫作"奇点"（Singularity）。"我们很快就会创造出比我们自己更强大的智能。当这一切发生时，人类的历史将会达到一种奇点，一种像黑洞中心的时空结构一样令人费解的智慧转型，而这个世界将远远超出我们的理解。"[3] 十年之后，他又补充了一些至今已广为人知的、更为具体而又具有威胁性的话语："在 30 年内，我们将拥有创造超人类智能的技术手段。不久之后，人类时代将会结束。"[4]

博斯特罗姆深受这番话的启发。他把自己丰富的知识和抓住广泛受众眼球的诀窍结合在一起，成为超级智能机器威胁论的"传教士"。他所著的书《超级智能》已不仅是通常的危言耸听了，还（偶尔会令人恐惧地）详细解释了我们如何以及为什么可以制造出比我们聪明得多的机器，以及为什么它们可能不想让人类继续存在下去。

多产发明家和未来学家雷·库兹韦尔（Ray Kurzweil）与超级智能机器的概念背道而驰。他在 2005 年出版的《奇点临近》（*The Singularity Is Near*）成为畅销书，尽管他作出了许多预测，但"临近"总是足够靠近，这让人觉其不祥，却从未近到成为焦点。库兹韦尔描述了一个近乎乌托邦式的未来，由于人类的认知和身体达到了极其先进的水平，科技奇点把遗传学和纳米技术相结合来增强人类的心智和身体。

诺埃尔·夏基为自动化机器，特别是那些被他直率地描述为"杀手机器人"的机器，建立道德规范的工作中采取了一种实用方法。我们已经非常接近那些已经拥有无所不能的无人机的人，除了亲自扣动扳机，我们已经可以做任何事情了，而远程杀戮的道德与政治因素是我们现在就应该注意的。夏基创办的"机器人技术责任基金会"也希望我们考虑到自动化的社会效应以及它对人性本身的影响。他说："现在是时候退后一步了，在危险悄悄靠近而后降临到我们身上前，我们应该认真思考技术的未来。"像夏基这样的杰出技术专家站出来说话是很重要的，这样就可以避免"任何提出暂停自动化的人都是散布恐怖情绪的'鲁德分子'"的指控。

正如 2016 年 9 月夏基同我在牛津大学见面时解释的那样，我们的工作场所正处在机器革命的风口浪尖——医疗、教育、性、交通、服务行业以及警察和军队。然而，在这个问题上，政府或国际组织明显缺乏协调一致的想法。"它们采取的方法似乎就只是稀里糊涂的应对，就像我们当初对待互联网那样。"夏基总结说，"一些大人物对外大肆宣称人工智能会接管世界、消灭人类。我并不认为这种情况会很快发生。与此同时，这些论调会迷惑大家，使人们从应该关注的不久将来的紧迫问题上分心。人工智能虽然被宣传得天花乱坠，但相当的愚蠢和狭隘，尽管我们已经让它朝着更多地控制我们生活的方向前进了。"

夏基的基金会倡导的一项有关人类技术权利的国际法案将定义和约束机器可对人类进行决策的类型，以及人类与机器人之间的互动。这立即使人想起阿西莫夫著名的"机器人三定律"，但在现实生活中，情况要复杂得多。[5]

麻省理工学院的安德鲁·麦卡菲是《第二次机器革命》（*The Second Machine Age*）及《与机器赛跑》（*Race Against the Machine*）的合著者。当他被问及当今人们对人工智能最大的误解是什么时，他简洁地回答说："最大的误解就是希望奇点——或者担心超级智能——近在咫尺。"麦卡菲就科技对社会影响的常识和人文研究与我的看法最为接近。他的实用主义在很大程度上与机器学习专家吴恩达（Andrew Ng，之前在谷歌工作，现在在中国的百度公司工作）相一致。吴恩达曾经说过，现在担心超级智能和人工智能的威胁就像担心"火星上过度拥挤的问题"一样。

这并不是说我不希望有像博斯特罗姆这样的人担心这些事情。我只是想让他们来替我担心这些事情，因为在此期间有很多迫在眉睫的问题要处理。我更倾向于看到那些明显有害的副作用，就像那些正在生长但总有一天会产生远超过它在技术发展早期所展现出来的可能性后果。新事物并不总意味着更好，但认为新事物总是更糟便是错误的观念，而悲观的论调对我们文明的发展更有害。

我们无法确定我们的新技术会带来什么变化，但我更相信那些正和技术一同成长的年轻人。我相信他们会发现一些令人惊讶的新方法来使用技术，就像我们这代人使用计算机和卫星一样，每一代人都会利用技术来实现人类的抱负。

"结语"通常是作为文章结束的部分，但我更喜欢用来抛砖引玉。我希望你把这部分作为一份阅读清单，作为一个邀请，让你积极参与创造你想要看到的未来之中。这场辩论是独特的，因为它不是学术性的。这并非事后调查。人们越相信科技带来的积极未来，就越有机会拥有它。未来如何将取决于我们自己的信念和行动。我不相信命运，任何事都不是注定的。我们都不是旁观者。这场比赛正在激烈进行之中，而我们都在棋盘上。唯一的制胜法宝就是大胆假设、深入思考。

这不是在乌托邦或反乌托邦之间进行选择，也不是我们和其他任何事物之间的对抗。我们需要雄心壮志来保持技术上的领先。我们非常擅长教会我们的机器如何完成我们的任务，而且我们只会更加擅长于此。我们唯一的办法是不断创造新的工作、新的任务、新的产业——即使我们自己都不知道该如何去做。我们需要前沿领域和探索它们的意愿。我们的技术能够消除我们生活中的困难和不确定性，因此我们必须寻找更加困难、更具不确定性的挑战。

我一直认为，我们的技术可以让我们释放更多的创造力，但人之为人，创造力并不是全部。我们拥有机器无法比拟的其他品质。它们有指令，而我们有目标。机器即使是在睡眠模式也不能做梦，但人类可以，而且我们需要智能机器来把我们最伟大的梦想变成现实。如果我们不再心怀伟大梦想，如果我们不再寻找更大的目标，那么我们自己和机器也就没有什么差别了。

注

导　言

［1］ Hans Moravec，*Mind Children*，Cambridge，MA：Harvard University Press，1988.

［2］ 2003 年关于这次对战的纪录片《游戏结束：卡斯帕罗夫和机器》（*Game O-ver：Kasparov and the Machine*）则是一个值得注意的例外。这部影片尽管明确地传达出了我的观点，但更倾向于留下许多猜测。这能成就一部好的戏剧或电影，"严谨性"和"深度性"却稍显欠缺。而最终在这本书中，我将充分地展现出这两点。

［3］ 美国联合通讯社，1945 年 9 月 24 日。可通过《塔斯卡卢萨新闻》（*Tuscaloosa News*）在线访问：https：//news. google. com/newspapers？nid=1817&dat=19450924&id=I-4-AAAAIBAJ&sjid=HE0MAAAAIBAJ&pg=4761，2420304&hl=en. 在一份相关的报告中，技术对劳动力和资本之间的长期斗争的影响对于任何关于经济不平等的讨论都是至关重要的。

第 1 章　智力游戏

［1］国际象棋不仅在西方传播广泛，在东方同样受欢迎，并且其形式也带有独特的文化色彩。许多东亚国家都有自己的国际象棋变体——可能也起源于古印度的恰图兰加，在这些地方改良后的国际象棋比现代的"欧洲"象棋更受欢迎。日本有将棋，中国有中国象棋，这些地区中的很大一部分同样也热衷于围棋——与象棋无关，甚至更古老。

［2］在歌德 1773 年的戏剧《格茨·冯·贝利欣根》（*Götz von Berlichingen*）中，角色阿德尔海特（Adelheid）称国际象棋是"智力的试金石"。

［3］《明镜周刊》标题为《天才和停电》（Genius and Blackouts）的文章发表于 1987 年第 52 期，德语原文链接如下：http://www.spiegel.de/spiegel/print/d-13526693.html.

［4］出自《世界报》1782 年 5 月 28 日的一篇文章，在 H. J. R. 坎贝尔（H. J. R. Murray）的《国际象棋史》（*A History of Chess*）一书中引用。

［5］马克·朗（Marc Lang）是一名德国的国际棋联大师，等级分为 2 300 左右。2011 年他同时下了 46 盘蒙眼棋。旧纪录往往存在争议是由于过去的条件标准不规范。例如，一些棋手可以查看棋局的记录纸。更多关于马克·朗创造这一纪录的信息，请参考：https://www.theguardian.com/sport/2011/dec/30/chess-marc.

［6］I. Z. Romanov, *Petr Romanovskii*, Moscow：Fizkultura i sport, 1984, 27.

［7］1972 年，匈牙利夺金将苏联降格为银牌，这被苏联认为是巨大的耻辱。我 17 岁的时候，曾是 1980 年赢得金牌的"复出队"的一员。

［8］我坚持更换旗帜以此反击苏联体育官员们以及我的对手卡尔波夫的抗议。完整的故事请查阅我 2015 出版的《凛冬将至》（*Winter Is Coming*）。

第 2 章　弈棋机的崛起

［1］Claude Shannon, "Programming a Computer for Playing Chess," *Philosophical Magazine* 41, ser. 7, no. 314, March 1950。而这个问题的首次提出是 1949 年 3 月 9 日在纽约举行的国家无线电工程师协会会议上。

［2］Norbert Wiener, *Cybernetics or Control and Communication in Animal and Ma-*

chine, New York: Technology Press, 1948, 193.

［3］Mikhail Tal, *The Life and Games of Mikhail Tal*, London: RHM, 1976, 64.

［4］这确实是一个非常乐观的数字，而且直到20世纪90年代，国际象棋计算机才能达到每秒百万步的分析速度。但在此之前，高效的算法已经使纯"A型"程序过时了。

［5］"摩尔定律"，通俗地说，就是计算能力每两年翻一番，几十年来一直是科技行业的黄金法则。和许多流行的定律一样，戈登·摩尔最初的描述更加具体，后来被他修正了。1965年，作为英特尔的联合创始人的摩尔提出，自发明以来，集成电路上的晶体管密度"每年翻一番"。1975年，他修正为"每两年翻一番"。

［6］关于摩尔定律的实际意义以及计算机芯片如何快速发展为更快更小的另一个视角：1985年研制成功的Cray-2，是当时世界上速度最快的计算机，重达数千磅，峰值速度为每秒19亿次浮点运算，而2016年推出的iPhone 7重5盎司，达到每秒运算1 720亿次。

第3章　人机大战

［1］传奇的美国金牌得主杰西·欧文斯，1936年柏林奥运会的英雄，胜利归来后在40年代，实际上是靠与马、狗、汽车和摩托车进行特技赛跑为生。

［2］1988年出现的一款名为"战斗国际象棋"的计算机游戏的口号是："人们用了2 000年的时间才使国际象棋变得更好！"然而我不这么认为。

［3］早在博比·菲舍尔提出了一种现在相当受欢迎的版本之前，布洛斯坦恩就建议每场比赛都进行洗牌。同样在菲舍尔之前，布洛斯坦恩提议每走一步都有一个时间延迟，以确保棋手们至少有几秒钟时间移动棋子。时间延迟或增量是目前专业赛事中的规范标准。

［4］一直以来都有指控称，布洛斯坦恩"不得"击败博特温尼克——一名忠诚的苏联人，这是我与卡尔波夫对抗几十年后的回声。

［5］不同的棋手，如同不同的计算机程序，对每个值的理解都有些许不同。最激进的可能是博比·菲舍尔，他认为象等于3.25个兵。

［6］Leo D. Bores, "AGAT: A Soviet Apple II Computer," *BYTE 9*, no. 12（November1984）.

［7］这个故事最早被我写进了《棋与人生》一书中。从我写下那本书以来的十年里，我越发清楚地认识到，技术就像语言，最好是通过早期的浸入式教学习得。

［8］如果我没记错的话，那个叫斯捷潘·帕基科夫（Stepan Pachikov）的计算机科学家，曾经和我分享了他对计算机俱乐部的发展方向的看法。苹果牛顿（Apple Newton）用到了他在苏联公司 ParaGraph 任职时创造的手写识别软件的成果。后来他搬到了硅谷，创立了印象笔记（Evernote），这是一个生活中无处不在的笔记应用程序。

［9］如果你想知道阿尔塔·维斯特发生了什么，你可以在网上搜索一下！

［10］Bill Gates, *The Road Ahead*, New York：Viking Penguin, 1995.

第 4 章　机器的要害

［1］Douglas Adams, *The Hitchhiker's Guide to the Galaxy*, New York：Del Rey, 1995. Kindle edition, locations 2606−2614.

［2］在威廉·法菲尔德（William Fifield）对毕加索的原始采访中，引用了不同的版本："A Composite Interview," published in the *Paris Review 32*, Summer-Fall 1964, and in Fifield's, *In Search of Genius*, New York：William Morrow, 1982.

［3］Steve Lohr, "David Ferrucci：Life After Watson," *New York Times*, May 6, 2013.

［4］Mikhail Donskoy and Jonathan Schaeffer, "Perspectives on Falling from Grace," *Journal of the International Computer Chess Association 12*, no. 3, 155−163.

［5］比奈关于国际象棋棋手的结论来自他 1893 年的几篇论文，并且总结在 Ann Robinson and Jennifer Jolly, *A Century of Contributions to Gifted Education：Illuminating Lives*, New York and London：Rout-ledge, 2013 中。

［6］麦卡锡后来将关于果蝇的这句话归功于他的苏联同僚亚历山大·克龙罗德（Alexander Kronrod）。

第 5 章　什么造就了心智

［1］毫无疑问，假如证明心智比赛能带来足够丰厚的回报，国际奥委会将很快

就会改写体力消耗的定义。但是，这里的桥牌比国际象棋受欢迎，而视频游戏（电子竞技）较它俩都更有优势。

〔2〕马尔科姆·格拉德威尔在红迪网的发文，https：//www. reddit. com/r/IAmA /comments/2740ct/hi_im_malcolm_gladwell_author_of_the_tipping/chx6dpv/.

〔3〕为了提升人机将棋比赛水平，我于2014年访问了东京。当时我们在日本开玩笑说我是"西方国际象棋界的响尾蛇"。这是非常高的评价！

〔4〕最近一些研究表明，实践经验实际上是可以在很大程度上被继承的。这并不是我在2007年最开始写"勤奋工作是一种天赋"时真正想要表达的意思，然而总能看到科学研究很好地证明了你的假设。见 https：//www. ncbi. nlm. nih. gov/pubmed/24957535 和 http：//pss. sagepub. com/content/25/9/1795 采用上千对双胞胎去测量职业道德可遗传性的研究。

〔5〕Donald Michie，"Brute Force in Chess and Science," collected in *Computers*，*Chess*，*and Cognition*，Berlin：Springer-Verlag，1990.

〔6〕我是在阿根廷的（首都）布宜诺斯艾利斯听说这个故事的，当然我没法了解它的真实性。但这确实听起来像是菲舍尔可能说过的话。而极具洞察力的是，倘若没有专家的评论，很少有粉丝知道世界冠军比赛的水平。今天就很不同了，每个人都有一台具备处理和感觉的超强引擎去嘲笑世界冠军的失误，就好像他们自己发现的一样。

第6章　进入竞技场

〔1〕Remarks by Bill Gates，International Joint Conference on Artificial Intelligence，Seattle，Washington，August 7，2001. https：//web. archive. org/ web/20070515093349/http：//www. microsoft. com/presspass/exec/billg/ speeches/2001/08－07aiconference. aspx.

〔2〕包括一个开发"深度夺旗"的提议。见 https：//cgc. darpa. mil/Competitor_Day_CGC_Presentation_distar_21978. pdf.

〔3〕Josh Estelle，quoted in the *Atlantic*，November 2013，"The Man Who Would Teach Machines to Think，" by James Somers.

［4］源自著名微型计算机项目萨根的发起人凯思琳·斯普拉克伦（Kathleen Spracklen）和她丈夫丹（Dan）的叙述，"Oral History of Kathleen and Dan Spracklen," interview by Gardner Hendrie, March 2, 2005. http://archive. computerhistory. org/projects/chess/related_mate rials/oral-history/spacklen. oral_history. 2005. 102630821/spracklen. oral_ history_transcript. 2005. 102630821. pdf.

［5］那晚是沃森的首秀。你可以到网上去看"腿"的那段视频，而且同样令人惊讶的是可以看见那些对机器败了高兴不已的人类（假想的人）在 YouTube 上的评论。Don't make them angry! *Jeopardy*, aired February 14, 2011, https://www. youtube. com/watch?v = fJFtNp2FzdQ.

［6］因为只是处于弱势而不是精疲力竭，所以是在休息区。假如你懂得：（1）玉米饼"burrito"是墨西哥的一种食物，（2）驴子"burro"在墨西哥的俚语中暗指愚蠢，（3）前缀"-ito"在西班牙语中是戏称"小"的意思，那么就完全理解这里的含义。Burritos（"驴"米饼）= little burros（小蠢驴）= little stupids（小蠢蛋）。

［7］James Somers, "The Man Who Would Teach Machines to Think," *Atlantic*, November 2013.

［8］F-h. Hsu, T. S. Anantharaman, M. S. Campbell, and A. Nowatzyk, "Deep Thought," in *Computers*, *Chess*, *and Cognition*, Schaeffer and Marsland, eds. New York：Springer-Verlag, 1990.

［9］Danny Kopec, "Advances in Man-Machine Play," in *Computers*, *Chess*, *and Cognition*, Schaeffer and Marsland, eds. New York：Springer-Verlag, 1990.

［10］我不想掩饰一个事实，那就是我曾经遗憾地对此次国际象棋赛中女性选手的表现有过歧视性的言论。在 1989 年《花花公子》的那次专访中，我说男性更擅长国际象棋，因为"女性是弱势对手"而且"这个结论可能根植于基因之中"。抛开大脑存在性别差异的可能性，我发现很难相信自己在说这个的时候，想到了我母亲是我心中最坚强的斗士。

［11］你应该对"43. Qb1"的高招感兴趣，反正我从来没看到在哪本书上或者文章中提到过有像这场比赛中的走法。尽管黑棋占优，但它却会为了绝杀而大费周章。我最多也就保持40.. f5 的压倒性优势。我笔记本电脑上免费的象棋引擎在半秒之内

就能走出"43. Qb1",可想而知这差别有多大。

〔12〕 Andrea Privitere,"Red Chess King Quick Fries Deep Thought's Chips," *New York Post*, October 23, 1989.

第 7 章 深 端

〔1〕 Raymond Keene, *How to Beat Gary Kasparov at Chess*, New York：Macmillan, 1990,该书出版决定我名字的英文拼写时还曾犹豫究竟用 Gary、Garry 还是 Garri,不过我更喜欢叫我 Garry。

〔2〕 了解社会将如何面对后隐私的世界,我推荐戴维·布林(David Brin)1997 年出版的《透明社会》(*The Transparent Society*)一书以及在他网站上有关该书的更新和讨论。

〔3〕 Hsu et al., *Deep Thought*, in *Computers*, *Chess*, *and Cognition*.

〔4〕 下一个回合中,天才击败了特级大师普雷德拉格·尼科利茨(Predrag Nikolic),但随后在半决赛中被维斯瓦纳坦·阿南德打败。

〔5〕 Feng-hsiung Hsu, *Behind Deep Blue*, Princeton, NJ：Princeton University Press, 2002.

〔6〕 "重启诱发"的错误发生在 13. 0－0 而非比它强点的 13. g3,这一步正如一位观察者所说的：深蓝计划在掉线前走。而后深蓝在 14. Kh1 失算,进而只能在弗里茨错过了可以当即取胜的 14.. Bg4 时得以残喘。两步之后,16. c4 的败笔失策立刻被 16.. Qh4 反扑,结果此后白棋再无回天之力。显而易见,赛后几天里许峰雄在一个在线国际象棋讨论组中对 16. c4 的失误作了浓墨重彩的发言,却在他自己的书中只字不提。

〔7〕 从技术的角度看,我在 1989 年面对的机器是"深思"而不是"深蓝",实际上它们是完全不同的机器。但如果只是为了方便,我总会视 1989 年、1996 年和 1997 年的比赛对战的是同一对手的不同迭代。

〔8〕 我在《棋与人生》中举了一个具体的历史例子,1894 年拉斯克和斯泰尼茨之间的一场世锦赛已经被扭曲了超过近一个世纪。

〔9〕 Brad Leithauser,"Kasparov Beats Deep Thought," *New York Times*, January

14，1990.

[10] 通过快速走出 27..f4 而不是错误的 27..d4，黑棋的 27..Rd8 也是不错的。

[11] Charles Krauthammer, "Deep Blue Funk," *TIME*, June 24, 2001.

[12] Garry Kasparov, "The Day I Sensed a New Kind of Intelligence," *TIME*, March 25, 1996.

[13] 当然，没办法证明这场比赛要对此负责，但是正如纽伯恩所指出的，即使只因比赛上涨 10%，那就是超过 30 亿美元的价值。这对进行 6 局机器国际象棋赛并非坏事。

第 8 章　高级深蓝

[1] 或者，如许峰雄在他的《"深蓝"揭秘》一书中所说，"这事只会不可收拾，想让 IBM 复赛那是绝不可能的事情"。

[2] 塔尔的状态一点都不好，在部分回敬赛中非常差。但这也明显看得出，博特温尼克是有备而来。

[3] Mikhail Botvinnik, *Achieving the Aim*, Oxford, UK：Pergamon Press, 1981, 149. 引自该书的英译本，于 1978 年在苏联首次出版。

[4] Monty Newborn, *Deep Blue：An Artificial Intelligence Milestone*, New York：Springer-Verlag, 2003, 103.

[5] Michael Khodarkovsky and Leonid Shamkovich, *A New Era*, New York：Ballantine, 1997.

[6] Bruce Weber, "Chess Computer Seeking Revenge Against Kasparov," *New York Times*, August 20, 1996.

[7] 卡斯帕罗夫俱乐部网站确实刚在赛前推出了一个 Beta 版，但插头很快就被拔掉了，几乎就像在深蓝自己身上那么快。在俄罗斯我个人是支持它的，而且在 1999 年的时候，它通过新的风投以"卡斯帕罗夫国际象棋在线"再次发布。

第 9 章　战火不熄!

[1] Dirk Jan ten Geuzendam, "I Like to Play with the Hands," *New In Chess*, July

1988, 36-42.

　[2] Klint Finley, "Did a Computer Bug Help Deep Blue Beat Kasparov?" *Wired*, September 28, 2012, 值得被单独挑出来，因为这篇文章把各种信息混杂在一起，甚至有人怀疑是机器代写的，它错解了第一局比赛中深蓝关于车的错误移动和第二局比赛中象的移动。而这样做，就使计算机漏洞一说变得名正言顺，而不再是深蓝最惊艳的棋招了。

　[3] Robert Byrne, "In Late Flourish, a Human Outcalculates a Calculator," *New York Times*, May 4, 1997.

　[4] Dirk Jan ten Geuzendam, "Interview with Miguel Illescas," *New In Chess*, May 2009.

　[5] 在淘汰英格兰之后的比赛中马拉多纳进了轰动性的"世纪之球"会让除了英格兰之外的人们忘记那个上帝之手般的进球。

第10章　圣　杯

　[1] Bruce Weber, "Deep Blue Escapes with Draw to Force Decisive Last Game," *New York Times*, May 11, 1997.

　[2] 我能赢得比赛最好的机会可能是在35..Rff2。难以置信的是，当我下完35..Rxg4 后，对于黑棋而言再无明显优势。

　[3] Murray Campbell, A. Joseph Hoane Jr., and Feng-hsiung Hsu, "Deep Blue," *Artificial intelligence* 134, 2002, 57-83.

　[4] 在第五局比赛中，44. Rd7 是胜机，而不是我下的44. Nf4。当43..Rg2 达成和局时，深蓝下43..Nd2 时却犯了错误。

　[5] Thomas Pynchon, *Gravity's Rainbow*. New York：Viking, 1973, 251. 这儿有5条给偏执狂的箴言，其中有几条用在这里特别合适，尽管我不会说是哪几条："1. 你也许永远也接触不到造物主，但你可以与它的造物不期而遇。2. 造物的清白与造物主的永生成反比。3. 如果他们能让你问错误的问题，也就不必担心问题的答案了。4. 你越躲藏，他们越容易找到你。5. 偏执狂之所以是偏执狂，不是因为偏执，愚蠢的人类，而是他们不停地推动自己，把自己逼入近乎偏执的境地。"

第 11 章　人机合作

〔1〕认知科学家史蒂文·平克（Steven Pinker）和他同事的研究让我相信，人类语言的起源依然未知，也可能是不可知的，就像平克在那篇标题为《科学中最难的问题》文章里写的那样，我之前没能在奥斯陆自由论坛上与他短暂见面，就语言进化一事进行讨论，不然这本书可能会更长些。我也会继续跟进那些可以被考古学家证实的确凿证据。超越基本的声音用语言交流的能力并不会使得穴居人免受冰冻和饥饿，而动物羽毛、火和矛可以拯救他们。Morten H. Christiansen and Simon Kirby, eds. *Language Evolution*：*The Hardest Problem in Science*? New York：Oxford University Press，2003.

〔2〕Cory Doctorow，My Blog，"My Outboard Brain，" May 31，2002，http：//archive. oreilly. com/pub/a/javascript/2002/01/01/cory. html.

〔3〕Clive Thompson，"Your Outboard Brain Knows All，" *Wired*，September 25，2007.

〔4〕David Brooks，"The Outsourced Brain，" *New York Times*，October 26，2007. 他的语调是嘲讽的，或者至少是反对的，尽管他过去是一个严苛的美国文化缺失的编年史从业者，他出的书《天堂的波波族》（*Bobos in Paradise*）就描述了对于虚假真实性的探寻，和一种对于技术的态度：我们需要新技术来代替过去老式的模拟方式。

〔5〕Thompson，"Your Outboard Brain Knows All".

〔6〕自从克拉姆尼克在 2000 年世锦赛中首次使用"柏林防卫"，63% 的顶尖比赛中出现了此类下法，而我以前的最爱——西西里防御，在同一段时间内只出现在了49% 的比赛中。

〔7〕Patrick Wolff，*Kasparov versus Anand*，Cambridge：H3 Publications，1996.

〔8〕Yan Leykin，Carolyn Sewell Roberts，and Robert J. DeRubeis，"Decision-Making and Depressive Symptom-atology，" https：//www. ncbi. nlm. nih. gov/pmc/articles/PMC3132433/.

〔9〕Patrick Wolff，*Kasparov versus Anand*，Cambridge：H3 Publications，1996.

〔10〕这个话题也有很多研究。一个在英国皇家心理学会网站上的有趣研究表明："当我们沮丧时，我们就丧失了跟着直觉走的能力。" https：//digest. bps. org. uk/2014/11/07/when-we-get-depressed-we-lose-our-ability-to-go-with-our-gut-instincts/.

［11］来自深蓝团队的默里·坎贝尔是 IBM 人工智能项目的负责人。这是否意味着他跟我的想法相同？！

结语　奋勇向前！

［1］ Isaac Asimov，"The Feeling of Power ," *If*，February 1958.

［2］伊恩·戈尔丁写了一本重要的书，叫《发现的纪元，探索新文艺复兴时期的风险与回报》（*Age of Discovery*：*Navigating the Risks and Rewards of Our New Renaissance*），他之后在 2016 年年中离开了牛津大学马丁学院，新的主任是可希姆·斯坦纳（Achim Steiner）。

［3］ Vernor Vinge，*Omni* magazine，January 1983.

［4］ Vernor Vinge，"The Coming Technological Singularity：How to Survive in the Post-Human Era," originally in *Vision-21*：*Interdisciplinary Science and Engineering in the Era of Cyberspace*，G. A. Landis，ed. ，NASA Publication CP-10129，11-22，1993.

［5］阿西莫夫的机器人三定律："机器人不应该伤害人类或因不作为任由人类受伤害。除非违背第一定律，机器人必须遵循人类的命令。除非违背第一及第二定律，机器人必须保护自己。" Isaac Asimov，*I, Robot*，New York：Gnome Press，1950.

译后记

    2017 年 2 月中旬，集智俱乐部翻译群接到了一个"大单子"。称其为"大单子"，主要有三点：首先，翻译群之前的翻译任务是以文摘（章）翻译和字幕听译为主，而以集智俱乐部的名义翻译书籍并出版尚属首例；其次，在人工智能成为流量 IP 的今天，本书作者作为人类极限对战机器智能的代表，无疑是最有资格谈人工智能的大咖之一。为此，集智翻译群专门成立了《深度思考》书翻筹备小组、书翻项目管理团队，而后集众之智又组建了书翻团队，分别负责总体策划与协调和书翻项目推进过程中的沟通、支持、协调等管理工作以及全书的具体翻译工作。无论是从书籍翻译项目的策划、组织和实施，还是从参与人数、翻译周期和翻译量来看，这都无疑是集智翻译群当之无愧的"大单子"。

    如此"重大"的一个项目，我们能完成吗？所有人在真正面临这个"大单子"的时候都犹豫了。"没有问题"，这个时候平时一向低调的集智俱乐部创办人张江老师却一反常态爽快地替我们接了下来。他认为，一方面，小伙伴们通过对书籍翻译的参与，可以建立起大家"爱科学、爱学术、爱知识"的小生境，真正践行集智俱乐部"没有围墙的研究所"的理想；另一方面，集智俱乐部是一个藏龙卧虎的地方，我们完全可以通过"搞事情"把这些长期潜水的大咖们激活。

我们都知道，申请科研项目有多难，见到科研大咖有多么不容易，但这些在集智通通不是问题。在集智学园、研读营、人工智能群、翻译群、讲座、读书会等集智"生态圈"中，正是这个专业选手和业余爱好者混搭的生态圈凭借着"思想的碰撞"和"平等的交流"，不仅促成了像彩云 AI 和集智 AI 学园这样以人工智能应用和教育为背景的创业公司，更促成了《科学的极致——漫谈人工智能》《走近 2050——注意力、互联网与人工智能》这种具有广泛影响力的人工智能科普著作的诞生。而卡斯帕罗夫《深度思考》的中文译作，正是在集智生态下科研大咖们带领小伙伴们一起"玩"的过程中自然孵化的一个产物。

2016 年春天，集智翻译群正式成立，主营"业务"是翻译国外前沿的复杂性文摘，一时间聚集了一批热爱科学、喜欢英语、不求回报的有志青年。温柔霸气的群主秦颖（Maggie）将翻译群经营得红红火火，不仅采用积分制为译者进行排名激发翻译群的活力，而且让每一次发布任务的领取都演变成一场抢任务的"无声硝烟"。从 Complexity 到人工智能，从集智 WIKI 的文摘翻译到集智公众号的译文推送，每一次我们都翻得很痛快，"玩"得很开心。

这是一个没有边界的组织，成员遍布全球，来自各行各业，学术背景不尽相同，许多人素未谋面，甚至生活在不同的时区。但大家克服了种种困难，按时、保质地完成了这样一个好玩的任务，将这本有趣的书推介给人工智能时代的读者们，从而有机会让我们一起从回味 20 年前那场惊心动魄的人机大战开始，来探讨人工智能前世今生背后的深思。而这一切都是这个开放组织中的小伙伴们凭着自己的兴趣和激情、利用平时或周末之余实现的。

接下来，不得不隆重介绍一下参与此次书籍翻译的大咖们和小伙伴们。他们是：

集智翻译群《深度思考》书翻项目发起人：**张江**（北京师范大学系统科学学院教授）。

书翻项目审校专家：张江、**唐璐**（湖南大学电气与信息工程学院助理教授，系统理论博士）、**傅渥成**（南京大学物理学院博士）、**高德华**（山东工商学院管理科学与工程学院讲师，管理学博士）、**吴金闪**（北京师范大学系统科学学院教授）、**刘清晴**（中科院深圳先进技术研究院博士后）。

书翻项目策划与管理团队：翻译群主**秦颖**（项目总协调，Momenta 商务经理）、群管**陈开壮**（项目策划与监控，至信实业技术工程师）、群管**周瑜**（团队管理与任务支持，中国科学院博士生）、群管**刘佩佩**（团队管理与任务支持，中国民航大学学报编辑部）、群管**朱瑞鹤**（团队管理，集智 AI 学园）、群管**彭程**（团队支持，集智译友）。

作为集智翻译群宝贵智库、全程及主要参与书籍翻译的众小伙伴们：

第一组：周瑜（组长）、**周文杰**（软件工程师）、**王泽宇**（清华大学保送研究生）、**秦垍朗**（航空管制员）、**秦德盛**（中科院生态环境研究中心项目工程师），负责导言部分至第 4 章的翻译。

第二组：刘佩佩（组长）、**陈立群**（中国城市和小城镇改革发展中心规划院规划师）、**牛钞**（中国人民解放军第 5701 工厂）、**曾凡奇**（北京师范大学系统科学学院院长助理）、**李丽京**（自由职业者，服装设计师）、**崔浩川**（北京师范大学系统科学学院直博生）、**李宇峰**（华南理工大学应用物理学专业学生）、**李昉**（中体彩彩票运营管理有限公司大数据团队负责人），负责第 5 章至第 8 章的翻译。

第三组：朱瑞鹤（组长）、**蔡颖**（铂涛集团数据产品后端经理）、**饶双全**（中国电科院博士）、**雷婧**（成都信息工程大学大气科学硕士）、**汤颖**（翻译爱好者）、**邢登华**（北京交通大学计算机与信息技术学院博士生）、**徐壬捷**（西悉尼大学教育学博士生）、**赵可为**（长春理工大学光学工程硕士）、**朱福进**（悉尼科技大学博士），负责第 9 章至结语部分的翻译。

部分参与的小伙伴们：**Jamie**（集智译友）、**Haven Feng**（集智译友）、**张倩**（集智 AI 学园 CEO）、**王硕**（彩云科技 AI 算法工程师）。

最后，真诚感谢以上小伙伴们对本书翻译的辛勤参与，特别感谢各位老师对我们译文的耐心审校以及邢登华、李丽京、秦垍朗积极为全书翻译收尾和查漏补缺！

感谢集智俱乐部！欢迎读者们关注集智俱乐部，也期待小伙伴们加入我们集智翻译群！

集智俱乐部公众号二维码　　　　　　　集智翻译群入群通道二维码

集智翻译群书翻管理团队

图书在版编目（CIP）数据

深度思考：人工智能的终点与人类创造力的起点/（俄罗斯）加里·卡斯帕罗夫（Garry Kasparov）著；集智俱乐部译. —北京：中国人民大学出版社，2018.10
ISBN 978 - 7 - 300 - 25884 - 3

Ⅰ.①深… Ⅱ.①加… ②集… Ⅲ.①人工智能 - 研究 Ⅳ.TP18

中国版本图书馆 CIP 数据核字（2018）第 126148 号

深度思考
——人工智能的终点与人类创造力的起点
加里·卡斯帕罗夫　著
集智俱乐部　译
Shendu Sikao

出版发行	中国人民大学出版社			
社　　址	北京中关村大街 31 号		**邮政编码**	100080
电　　话	010 - 62511242（总编室）		010 - 62511770（质管部）	
	010 - 82501766（邮购部）		010 - 62514148（门市部）	
	010 - 62515195（发行公司）		010 - 62515275（盗版举报）	
网　　址	http://www.crup.com.cn			
	http://www.ttrnet.com（人大教研网）			
经　　销	新华书店			
印　　刷	涿州市星河印刷有限公司			
规　　格	170 mm×228 mm　16 开本		**版　　次**	2018 年 10 月第 1 版
印　　张	14.25 插页 1		**印　　次**	2018 年 10 月第 1 次印刷
字　　数	231 000		**定　　价**	58.00 元